高等学校教材

岩石力学与石油工程

楼一珊　金业权　编著

石油工业出版社

内 容 提 要

本书结合了岩石力学的基本特性和相关理论知识，对其在石油工程中的应用进行了深入系统的阐述，是能够做到理论联系实践的一本好教材。本书从内容上，包括绪论以及其他十二章内容，分别从岩石的结构特点、物理性质、力学性质、蠕变、地应力计算、测井解释、裂缝检测、水力压裂等多个角度介绍了岩石力学与石油工程的关系，并提出相关计算、预测模型。本书语言通俗易懂，理论知识重点突出，且实用性强，是岩土工程、石油工程类专业的必备教材，也可为石油勘探、开发、钻井等领域的工程技术人员和研究人员提供参考。

图书在版编目(CIP)数据

岩石力学与石油工程/楼一珊，金业权编著．
北京：石油工业出版社，2006.3
高等学校教材
ISBN 978-7-5021-5452-3

Ⅰ．岩…
Ⅱ．①楼…②金…
Ⅲ．油气钻井-岩石力学-高等学校-教材
Ⅳ．TE21

中国版本图书馆 CIP 数据核字(2006)第 019105 号

岩石力学与石油工程

楼一珊　金业权　编著

出版发行：石油工业出版社
　　　　　（北京安定门外安华里2区1号　100011）
　　　网　址：www.petropub.com
　　　编辑部：(010)64523612　图书营销中心：(010)64523633
经　　销：全国新华书店
印　　刷：北京中石油彩色印刷有限责任公司

2006年3月第1版　2015年12月第6次印刷
787×1092毫米　开本：1/16　印张：12.5
字数：307千字

定价：20.00元
（如出现印装质量问题，我社图书营销中心负责调换）
版权所有，翻印必究

前　言

　　油气勘探开发的工作对象是地层的岩石和流体，储层的岩石和流体所承受的力是研究有关地质和工程问题时的外载。因此，从某种意义上讲，油气勘探开发的许多问题都涉及岩石力学范畴，岩石力学的研究和应用越来越受到国际石油工程界的普遍重视，岩石力学对油气勘探开发的影响和作用越来越多地从各个方面表现出来。

　　国内外与油气开发相关的岩石力学理论及应用，在近十几年，尤其是在 20 世纪 90 年代以来得到了较大的发展。在综合研究与应用方面，美国的 Oklahoma 大学、Stanford 大学、MIT 麻省理工学院、Terratek 公司和加拿大 Waterloo 大学、Calgary 大学、Alberta 大学、加拿大提高采收率研究所以及西方各大石油公司处于领先地位。我国应用岩石力学理论开展了地应力及压裂优化设计等研究，最近几年又初步开展了开发中的流固耦合理论研究，并引入到了油藏数值模拟之中。但无论从理论研究还是应用程度来看都与国外有着较大的差距。目前与油气开发相关的岩石力学理论，主要应用在完井工程、油气开发和油气藏工程等领域。

　　在地质勘探方面，地质构造形成与演化、储层中油气运移和聚集、天然裂缝的形成和扩展、断层的形态和分布等，都与岩石的应力状态有密切关系。在钻井过程中，岩石的破碎、井眼轨迹的控制、井壁的稳定性以及井身结构的优化设计等，也都与岩石的力学特性有密切关系。在完井工程设计中，完井方式的优化设计、射孔方案的优化设计都要涉及岩石的力学问题。在油气开采工程中，注采井网布置、压裂优化设计、储层变形和孔隙坍塌预测、提高采收率与防止储层损坏、延长油气井开采寿命等领域的设计工作都与岩石的力学特性有着广泛和密切的关系。在油藏工程领域，孔隙随地层压力的动态变化规律及其对流体流动的影响、低渗透油藏的开发等工作也都要涉及岩石的力学行为。可以说，岩石力学已经成为石油工业的基础学科和基本理论。

　　解决油气藏开发中存在的复杂问题的客观要求，促进了岩石力学的研究与发展。目前国内外油气开发中岩石力学的研究主要集中在以下几方面：

　　(1)实际环境下的岩石力学性质及在开采过程中的变化规律；
　　(2)石油开采中的流固耦合问题及孔隙结构的变形和坍塌；
　　(3)应力场、渗流场和温度场作用下的流固耦合分析；
　　(4)油气藏开采引起的地层错动、蠕变和地面沉降研究；
　　(5)地应力测试技术；
　　(6)地应力场的演变及天然裂缝的形成与扩展的分布规律；
　　(7)实际地层环境下的岩石物性和声学的响应特性；
　　(8)岩石物理力学性质的井下地球物理解释；
　　(9)井眼稳定、储层出砂、优化射孔、稠油冷热采等井下工程研究；
　　(10)水力压裂力学研究；
　　(11)流固耦合油气藏数值模拟理论和方法研究。

　　在以上众多的研究方向上，油气开发过程中的岩石力学性质求取及变化规律、油气储层流固耦合理论、水力压裂理论、地应力测试技术和流固耦合油气藏数值模拟理论，以及这些理论方法在油气开发中的应用等课题,均为当前国内外研究的热门内容。

自1995年以来,本书的作者及其项目组成员围绕着岩石力学的强度测定、钻头选型、地应力分布规律、流变地层套管受力分析及设计、油层出砂及防砂、裂缝检测及分布规律、地应力场的动态模拟等领域开展了大量的研究工作,其中"深层盐膏岩蠕变规律及其在石油工程中的应用"荣获国家科技进步二等奖。本书是基于大量的研究成果编写而成,同时考虑全书的系统性,收录了部分岩石力学的基础理论知识。

本书第一章至第六章由金业权博士编写,第七章至第十二章由楼一珊教授编写,李忠慧老师负责资料及校对工作,在此表示感谢。

由于作者水平和知识面的限制,书中难免有一些不当之处,敬请批评和指正。

编著者

2006年1月于长江大学

目　　录

绪论 ·· (1)
　一、岩石力学的发展历史和概貌 ·· (2)
　二、岩石力学的基本研究内容和研究方法 ·· (3)
　三、岩石力学在石油工程中的应用 ·· (4)

第一章　岩石的结构和组织特点 ·· (5)
　第一节　岩石的基本构成和地质分类 ·· (5)
　第二节　岩石的微观结构 ·· (13)
　第三节　岩石的宏观结构 ·· (15)

第二章　岩石的物理性质及工程分类 ··· (17)
　第一节　岩石的工程性质 ·· (17)
　第二节　岩石的物理性质指标 ·· (18)
　第三节　岩石的非均质性和各向异性 ·· (23)
　第四节　岩石的工程分类 ·· (24)

第三章　岩石力学性质 ·· (25)
　第一节　概述 ·· (25)
　第二节　岩石的强度性质 ·· (27)
　第三节　岩石的变形性质 ·· (39)
　第四节　影响岩石力学性质的因素 ·· (48)

第四章　岩石的本构关系和强度准则 ··· (51)
　第一节　应力及应力状态分析 ·· (51)
　第二节　应变及应变状态分析 ·· (55)
　第三节　岩石的应力应变关系 ·· (56)
　第四节　岩石的强度理论 ·· (59)

第五章　岩石的蠕变 ·· (65)
　第一节　蠕变概念和蠕变曲线 ·· (65)
　第二节　岩石蠕变经验公式 ··· (67)
　第三节　蠕变模型 ·· (68)
　第四节　粘弹性常数的室内测定 ·· (71)

第六章　地应力测量及计算 ·· (74)
　第一节　地应力的成因及分布特点 ·· (75)
　第二节　地应力的测量 ··· (77)
　第三节　地应力场的模拟计算 ·· (86)
　第四节　孔隙压力的变化对地应力的影响 ·· (92)
　第五节　油田开发动态应力场的模拟方法 ·· (93)

第七章 测井解释与岩石力学 (94)
第一节 测井解释基础 (94)
第二节 利用测井资料解释岩石力学参数 (95)
第三节 地层岩石物理参数 (100)
第四节 静态弹性和动态弹性参数关系 (102)

第八章 井壁稳定的力学机理 (104)
第一节 井壁不稳定的危害和研究方法 (104)
第二节 直井的井壁稳定分析 (106)
第三节 斜井井壁稳定分析 (109)

第九章 岩石裂缝检测 (117)
第一节 储层天然裂缝的成因及其特征 (117)
第二节 裂缝检测的常规测井资料法 (123)
第三节 地层倾角及 FMI 测井检测裂缝产状 (127)
第四节 利用曲率法评价构造裂缝方向 (128)
第五节 裂缝检测结果在开发中的应用 (131)

第十章 水力压裂 (133)
第一节 裂缝高度预测分析 (133)
第二节 裂缝方位预测 (134)
第三节 裂缝扩展模型 (136)
第四节 地应力与压裂施工设计 (140)

第十一章 油气井生产出砂 (143)
第一节 国内外出砂机理研究现状 (143)
第二节 油层出砂原因及出砂方法预测 (146)
第三节 裸眼完井出砂预测模型的确定 (150)
第四节 射孔完井出砂预测模型的确定 (156)
第五节 裸眼完井与射孔完井优劣性的比较 (158)
第六节 弱胶结砂岩油藏防砂措施及对策探讨 (161)

第十二章 油气井生产套管的损坏机理 (164)
第一节 套管损坏的基本理论及文献调研 (164)
第二节 江汉油田王广地区套管损坏 (166)
第三节 中原油田盐膏层套管 (169)
第四节 盐岩蠕变分析 (171)
第五节 盐膏层套管柱的外载计算 (174)
第六节 盐膏层套管设计 (182)
第七节 软泥岩的套损分析 (187)

参考文献 (188)

绪 论

岩石力学是近代发展起来的一门新兴学科和边缘学科，也是一门应用性和实践性很强的基础学科。它的应用范围涉及采矿、土木建筑、水利水电、铁道、公路、地质、地震、石油、地下工程、海洋工程等众多的与岩石工程相关的工程领域。

1966年，美国科学院岩石力学委员会给予以下定义："岩石力学是研究岩石的力学性状的一门理论和应用科学，它是力学的一个分支，是探讨岩石对周围物理环境中力场的反应。"这一定义是从材料的"概念"出发的，带有材料力学和固体力学的深深烙印。随着岩石力学理论研究和工程实践的不断深入和发展，人们对岩石的认识有了突破。

岩石力学的发展是和人类工程实践活动分不开的。最初，由于工程数量少，规模也小，从事工程建筑时，测试技术受到当时技术水平的限制，往往凭经验来解决问题，因此岩石力学学科的形成和发展要比土力学晚得多。随着工程建筑事业的发展，工程规模越来越大，所遇到的地质条件越来越复杂；加上一些重大工程事故，如美国的圣·弗朗西斯重力坝、意大利的瓦依昂大坝、马尔帕塞大坝等失事的惨痛教训，使人们认识到为了选择相对优良的工程场址，防止重大事故，保证顺利施工，必须对建筑场地进行系统的岩石力学试验研究和理论分析，以准确预测岩体在压力场作用下的变形和稳定性，为合理的工程设计提供可靠的岩石力学数据。

因此近20年来，岩石力学这门新兴学科有了突飞猛进的发展。我国自20世纪50年代末以来，在许多工程中应用岩石力学理论、方法及试验研究，成功地解决了和正在解决着一系列复杂的岩石力学问题。诸如长江葛洲坝、乌江渡水利水电工程、大冶露天铁矿边坡工程等。

今天，由于世界上在矿产资源勘探、能源开发以及地球动力学研究方面的需要，对岩石力学提出了更多更高的要求。当前，国际上正建的大坝高达325m，水电站地下厂房的跨度达51m，地下矿井的开挖深度超过3000m，露天开采深度达300～500m，石油开采深度已达9000m，而在研究地壳变形时涉及的深度达50～60km，温度在1000℃以上，必须考虑的时间效应为几百万年。另外，当前世界上正在建筑的一些超巨型工程，都使岩石力学面临许多前所未遇的问题。因此迅速发展岩石力学理论和方法和提高其研究水平，已成为当前十分紧迫的问题。

岩石力学与工程作为一门学科在21世纪国民经济发展中所起的作用将愈来愈重要。在岩石力学与工程这个领域中最常涉及的对象就是岩石或岩体，岩石力学工作者最为关心的就是岩石或岩体在受力情况下的变形、屈服、破坏以及破坏后的力学效应等现象。而这些现象的发生与发展并不像某些金属（均质）材料那样，有较明确的规律可循。岩石或岩体是赋存于自然界中的十分复杂的介质，它是天然地质作用的产物，是自然界中各种矿物的集合体，在自然界中多彩多姿、纷繁复杂。不同岩石在其形成的过程中经历了各自不同的成因特点，同时各类岩石或岩体在形成之后的漫长地质年代中又遭受了不同的地质作用，包括地应力变化、各种构造地质作用、各种风化作用以及人类各种活动的作用等。上述作用的综合使得各种岩石甚至是同种岩石的受荷历史、成分和结构特征都各有差异，从而使岩石或岩体呈现明显的非线性、不连续性、不均质性和各向异性等复杂特性。

由于岩石或岩体的上述特性,岩石力学具有一个很重要的特点就是以实验为重要基础。随着力学、数学的蓬勃发展,特别是计算机的出现,岩石力学工作者可以进行复杂的、大量的计算。近年来,人们已经逐步认识到,数值计算的结果是定量的,但对模型的量化分析并不等于是对原型的定量描述,数值计算的结果是否具有真正的定量意义取决于研究者对原型研究的程度和对模型力学参数取值的可靠性。如果计算缺乏必要的地质基础,在没有搞清或搞不清模型边界条件的基础上就进行大量的计算,其结果只能是游戏式的演算,经不起实际工程的检验。

对原型的研究程度和对模型力学参数取值的可靠性,归根结底取决于对岩石或岩体的认知能力。岩石力学工作者必须具备这种能力,必须认识你所研究的对象——岩石或岩体的基本构成和基本分类,必须了解岩石的主要物理性质和力学性质及其影响这些性质的主要因素。其中,岩石或岩体的基本构成和基本分类尤为重要,它将从根本上影响岩石的物理性质和力学性质,是岩石力学计算模型的根本。

一、岩石力学的发展历史和概貌

岩石力学是伴随着采矿、土木、水利交通以及石油等岩石工程的建设和数学、力学等学科的进步逐步发展形成的一门新兴学科,按其发展过程可以分为四个阶段。

1. 初始阶段(19世纪末～20世纪初)

这是岩石力学的萌芽时期,产生了初步理论以解决岩体开挖的科学计算问题。例如,1912年海姆(A. Heim)提出了静水压力的理论。他认为地下岩石处于一种静水压力状态,作用在地下岩石工程上的垂直压力和水平压力相等,均等于单位面积上覆岩层的重量。由于当时地下岩石工程埋藏深度不大,因而曾一度认为这些理论是正确的。但是随着开挖深度的增加,越来越多的人认识到上述理论是不正确的。

2. 经验理论阶段(20世纪初～20世纪30年代)

该阶段出现了根据生产经验提出的地压理论,并开始用材料力学和结构力学的方法分析地下工程的支护问题。最有代表性的理论就是普罗托吉雅柯诺夫(MM. Jipotbrkohob)提出的自然平衡拱学说,即普氏理论。太沙基(K. Terzahi)也提出相同的理论,只是他认为塌落拱的形状是矩形,而不是抛物线形,靠假定的松散地层压力来进行支护设计是不合实际的。尽管如此,上述理论在一定历史时期和一定条件下还是发挥了一定作用。

3. 经典理论阶段(20世纪30年代～20世纪60年代)

这是岩石力学学科形成的重要阶段,弹性力学和塑性力学被引入岩石力学,确立了一些经典计算公式,形成围岩和支护共同作用理论。结构面对岩体力学性质的影响得到了重视,岩石力学文献和专著的出版、实验方法的完善、岩体工程技术问题的解决,这些都说明岩石力学发展到该阶段已经成为一门独立的学科。

4. 现代发展阶段(20世纪60年代～现在)

此阶段是岩石力学理论和实践的新进展阶段,其主要特点是:用更为复杂的多种多样的力学模型来分析岩石力学问题,把力学、物理学、系统工程、现代数理科学、现代信息技术等的最新成果引入了岩石力学。而电子计算机的广泛应用为流变学、断裂力学、非连续介质力学、数值方法、灰色理论、人工智能、非线性理论等在岩石力学与工程中的应用提供了可能。

二、岩石力学的基本研究内容和研究方法

1. 研究内容

岩石力学服务对象的广泛性和研究对象的复杂性,决定了岩石力学研究的内容也必须是广泛而复杂的。但对任何岩石工程领域来讲,下列的基本内容都是要首先进行研究的。

(1)岩石、岩体的地质特征。内容包括:岩石的物质组成和结构特征;结构面特征及其对岩体力学性质的影响;岩体结构及其力学特征;岩体工程分类。

(2)岩石的物理、水理与热力学性质。

(3)岩石的基本力学性质。内容包括:岩块在各种力学作用下的变形和强度特征以及力学指标参数;影响岩石力学性质的主要因素,包括加载条件、温度、湿度等;岩石的变形破坏机理及其破坏判据。

(4)结构面力学性质。内容包括:结构面在法向压应力及剪应力作用下的变形特征及其参数确定;结构面剪切强度特征及其测试技术和方法。

(5)岩体力学性质。内容包括:岩体变形与强度特征及其原位测试技术与方法;岩体力学参数的弱化处理与经验估计;影响岩体力学性质的主要因素;岩体中地下水的赋存、运移规律及岩体的水力学特征。

(6)原岩应力(地应力)分布规律及其测量理论与方法。

(7)工程岩体的稳定性。内容包括:各类工程岩体在开挖载荷作用下的应力、位移分布特征;各类工程岩体在开挖载荷作用下的变形破坏特征;各类工程岩体的稳定性分析与评价等。

(8)岩石工程稳定性维护技术。包括岩体性质的改善与加固技术等。

(9)各种新技术、新方法与新理论在岩石力学中的应用。

(10)工程岩体的模型、模拟试验及原位监测技术。

2. 研究方法

由于岩石力学是一门边缘交叉学科,研究的内容广泛、对象复杂,这就决定了岩石力学研究方法的多样性。根据所采用的研究手段或所依据的基础理论所属学科领域的不同,岩石力学的研究方法可大概归纳为以下四种。在进行研究方法论述的时候也涉及一些研究内容,可作为上述研究内容的补充。

1)工程地质研究方法

该方法着重研究岩石和岩体地质特征。如用岩矿鉴定方法,了解岩体的岩石类型、矿物组成及结构构造特征;用地层学方法、构造地质学方法及工程勘察方法等,了解岩体的成因、空间分布及岩体中各种结构面的发育情况等;用水文地质学方法了解赋存于岩体中地下水的形成与运移规律等。

2)科学实验方法

科学实验是岩石力学发展的基础,它包括实验室岩石力学参数的测定、模型试验、现场岩体的原位试验及监测技术。随着岩石力学的不断发展,其涉及的实验范围也越来越宽。如地质构造的勘测、大地层的力学测定等,可为岩石力学提供必要的研究资料。另一方面,室内岩石的微观测定也是岩石力学研究的重要手段。近代发展起来的新的实验技术都已不断地应用于岩石力学领域,如遥感技术、极光散斑和切层扫描技术、三维地震勘测成像、三维地震CT成像技术、微震技术等,都已逐渐为岩石工程服务。

3) 数学力学分析方法

数学力学分析是岩石力学研究中的一个重要环节。它是通过建立工程岩体的力学模型和利用适当的分析方法,预测工程岩体在各种力场作用下的变形与稳定性,为岩石工程设计和施工提供定量依据。其中建立符合实际的力学模型和选择适当的分析方法是数学力学分析中的关键。

4) 整体综合分析方法

该方法是以系统工程为基础就整个工程进行多种方法的综合分析。这是岩石力学与岩石工程研究中极其重要的一套工作方法。

三、岩石力学在石油工程中的应用

近年来,随着石油勘探开发工作的不断深入,岩石力学在石油工程领域的应用受到了许多有识之士的高度重视。它在解决油气藏开发中复杂技术问题的同时,也促进了与油气开发相关的岩石力学的飞速发展。目前岩石力学不仅在降低钻采事故、进行油藏工程研究、制订合理可行的开发方案、提高经济油气采收率、防止储层破坏和延长油气经济开采年限等领域得到了广泛应用,而且已形成了固定的发展和研究方向。

解决油气藏开发中存在的复杂问题的客观要求,促进了与油气藏开发相关的岩石力学的研究与发展。目前国内外油气开发中岩石力学的研究主要集中在以下几个方面:

(1)实际环境下的岩石力学性质及在开采过程中的变化规律;

(2)石油开采中的流固耦合问题及孔隙结构的变形和坍塌;

(3)应力场、渗流场和温度场作用下的流固耦合分析;

(4)油气藏开采引起的地层错动、蠕变和地面沉降研究;

(5)地应力测试技术;

(6)地应力场的演变及天然裂缝的形成与扩展的分布规律;

(7)实际地层环境下的岩石物性和声学的响应特性;

(8)岩石物理力学性质的井下地球物理解释;

(9)井眼稳定、储层出砂、优化射孔、稠油冷热采等井下工程研究;

(10)水力压裂力学研究;

(11)流固耦合油气藏数值模拟理论和方法研究。

在以上众多的研究方向上,油气开发过程中的岩石力学性质求取及变化规律、油气储层流固耦合理论、水力压裂理论、地应力测试技术和流固耦合油气藏数值模拟理论,以及这些理论方法在油气开发中的应用等课题,均为当前国内外研究的热门项目。

第一章 岩石的结构和组织特点

第一节 岩石的基本构成和地质分类

岩石是自然界中各种矿物的集合体,是天然地质作用的产物。一般而言,大部分新鲜岩石质地均较坚硬致密、孔隙小而少、抗水性强、透水性弱、力学强度高。

岩石是构成岩体的基本组成单元。相对于岩体而言,岩石可看作是连续的、均质的、各向同性的介质。但实际上只要稍微深入研究,就不难发现岩石中也存在一些如矿物解理、微裂隙、粒间空隙、晶格缺陷、晶格边界等内部缺陷,统称微结构面。因此,自然界中的岩石又是一种受到不同程度损伤的材料。

一、基本构成

岩石的基本构成是由组成岩石的物质成分和结构两大方面来决定的。

(一)岩石的主要物质成分

岩石中主要的造岩矿物有:正长石、斜长石、石英、黑云母、白云母、角闪石、辉石、橄榄石、方解石、白云石、高岭石、赤铁矿等。它们的含量,因不同成因的岩石而异。

岩石中的矿物成分会影响岩石的抗风化能力、物理性质和强度特性。

1. 岩石的矿物成分与抗风化性

岩石中矿物成分的相对稳定性对岩石抗风化能力有显著的影响。各矿物的相对稳定性主要与其化学成分、结晶特征及形成条件有关。从化学元素活动性来看,Cl 和 SO_4 最易迁移;其次是 K、Na、Ca、Mg;再次是 SiO_2;最后是 Fe_2O_3 和 Al_2O_3。至于低价铁则易氧化。

碱性和超碱性岩石主要是由易于风化的橄榄石、辉石及基性斜长石组成,所以非常容易风化;酸性岩石主要由较难风化的石英、闪长石、酸性斜长石及少量暗色矿物(多为黑云母)组成,故其抗风化能力比起同样结构的碱性岩要高;中性岩则居两者之间,变质岩的风化性状与岩浆岩类似;沉积岩主要由风化产物组成,大多数为原来岩石中较难风化的碎屑物或是在风化和沉积过程中新生成的化学沉积物。因此,它们在风化作用中的稳定性一般都较高。但是矿物成分并不是决定岩石风化性状的惟一因素,因为岩石的性状还取决于岩石的结构和构造特征,所以不能将矿物抗风化的稳定性与岩石的抗风化性等同起来。

通常可以将造岩矿物分为非常稳定、稳定、较稳定和不稳定四类。并按其稳定性顺序列于表 1—1。

表 1—1 主要造岩矿物抗风化相对稳定性

抗风化稳定性	非常稳定			稳定		较稳定				不稳定		
矿物名称	石英	锆长石	白云母	正长石	钠长石	酸性斜长石	角闪石	辉石	黑云母	基性斜长石	霞石	橄榄石	黄铁矿

2. 岩石的矿物成分与力学性质

新鲜岩石的力学性质主要取决于岩石的矿物成分和颗粒间的联结。对于具有结晶联结的岩石,其矿物成分的影响要大一些。应当指出,岩石中矿物的硬度和岩石的强度是两个既有联系而又不同的概念。例如,即使组成岩石的矿物都是坚硬的,岩石的强度也不见得一定是高的。因为矿物之间的联结可能是弱的。但就大部分岩石来说,两者之间还是有相应关系的。如在许多岩浆岩中,其强度常随暗色矿物(辉石,特别是橄榄石)的增加而增加;在沉积岩中砂岩的强度常随石英相对含量的增加而增大;石灰岩的强度常随其硅质混合物含量的增加而增大,随粘土质含量的增加而降低;在变质岩中,任何片状的硅酸盐类矿物、盐岩矿物,如云母、绿泥石、滑石、蛇纹石等的存在将使岩石强度降低,特别是当这些矿物呈平行排列时。

3. 岩石的矿物成分与物理性质

岩石中某些易溶物、粘土矿物、特殊矿物的存在,常使岩石物理力学性质复杂化。一些易溶矿物,如石膏、芒硝、岩盐、钾盐等在水的作用下易被溶蚀,从而使岩石的孔隙度加大,结构变松,强度降低。一些含芒硝的岩石,由于芒硝的物态变化(液态变固态、不含结晶水变含结晶水)能引起体积的变化,因此,在温度由32.5℃以上变成32.5℃以下,或由干燥变潮湿时,会导致芒硝由液态变固态,由无水变含水,体积增大,引起岩石膨胀;含石膏的岩石,也由于石膏($CaSO_4$)转变为水化石膏($CaSO_4 \cdot 2H_2O$)时体积增大而发生膨胀。

另外,粘土岩石中的蒙脱石遇水膨胀且强度降低,凝灰岩中一些不稳定的物质极易分解成斑脱土,遇水也易膨胀和软化。还有某些玻璃质和次生矿物(如沸石等),能促进岩石与磷之间的化学反应。

(二)常见的岩石结构类型

岩石的结构是指岩石中矿物(及岩屑)颗粒相互之间的关系,包括颗粒的大小、形状、排列、结构联结特点及岩石中的微结构面(即内部缺陷)。其中,以结构联结和岩石中的微结构面对岩石工程性质影响最大。

岩石中结构联结的类型主要有两种,分别为结晶联结和胶结联结。

1. 结晶联结

岩石中矿物颗粒通过结晶相互嵌合在一起,如岩浆岩、大部分变质岩及部分沉积岩的结构联结。这种联结使晶体颗粒之间紧密接触,故岩石强度一般较大,但随结构的不同而有一定的差异。如在岩浆岩和变质岩中,等粒结晶结构一般比非等粒结晶结构的强度大,抗风化能力强;在等粒结构中,细粒结晶结构比粗粒的强度高;在斑状结构中,细粒基质比玻璃基质的强度高。总之,晶粒愈细,愈均匀;玻璃质愈少,则强度愈高。粗粒斑晶的酸性深成岩强度最低,细粒微晶而无玻璃质的基性喷出岩强度最高。如粗粒花岗岩抗压强度一般只有120MPa,而同一成分的细粒花岗岩则可达260MPa。

具有结晶联结的一些变质岩,如石英岩、大理岩等情况与岩浆岩类似。

沉积岩中的化学沉积岩是以可溶的结晶联结为主,联结强度较大,一般以等粒细晶的岩石强度最高,如成分均一的致密细粒石灰岩其抗压强度可达260MPa。但这种联结的缺点是抗水性差,能不同程度地溶于水中,对岩石的可溶性有一定的影响。

固结粘土岩的联结有一部分是再结晶的结晶联结,其强度比其他坚硬岩石要差得很多。

2. 胶结联结

指颗粒与颗粒之间通过胶结物在一起的联结。如沉积碎屑岩、部分粘土岩之结构联结。

对于这种联结的岩石,其强度主要取决于胶结物及胶结类型。从胶结物来看,硅质、铁质胶结的岩石强度较高,钙质次之,而泥质胶结强度最低;从胶结类型来看,根据颗粒之间以及颗粒与胶结物间的关系,碎屑岩具有三种基本类型:

(1)基质胶结类型:颗粒彼此不直接接触,完全受胶结物包围,岩石强度基本取决于胶结物的性质。如图1—1(a)所示;

(2)接触胶结类型:只有颗粒接触处才有胶结物胶结,胶结一般不牢固,故岩石强度低,透水性较强。如图1—1(b)所示;

(3)孔隙胶结类型:胶结物完全或部分地充填于颗粒间的孔隙中,胶结一般较牢固,岩石强度和透水性主要视胶结物性质和其充填程度而定。如图1—1(c)所示。

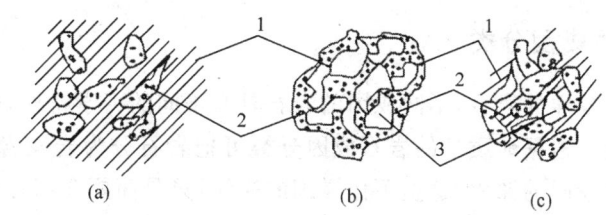

图1—1 碎屑岩胶结类型
(a)基质胶结类型;(b)接触胶结类型;(c)孔隙胶结类型
1—胶结物质;2—颗粒;3—未充填之孔隙

3.岩石中的微结构面

岩石中的微结构面(或称缺陷),是指存在于矿物颗粒内部或矿物颗粒及矿物集合体之间微小的弱面及空隙。它包括矿物的解理、晶格缺陷、晶粒边界、粒间空隙、微裂隙等。

矿物的解理面指矿物晶体或晶粒受力后沿一定结晶方向分裂成的光滑平面。它往往平行于晶体中最紧密质点排列的面网,即平行于面网间距较大的面网。某些主要的造岩矿物,如黑云母、方解石、角闪石等具有极完全或完全解理,正长石、斜长石等也具中等解理。它们都是岩石中细微的弱面。

晶粒边界:矿物晶体内部各粒子都是由各种离子键、原子键、分子键等相联结。由于矿物晶粒表面电价不平衡而使矿物表面具有一定的结合力,但这种结合力一般比起矿物内部的键联结力要小,因此晶粒边界就相对软弱。

微裂隙:指发育于矿物颗粒内部及颗粒之间的多呈闭合状态的破裂迹线。这些微裂隙十分细小,肉眼难以观察,一般要在显微镜下观察,故也称显微裂隙。它们的成因,主要与构造应力的作用有关,因此常具有一定方向。有时也由温度变化、风化等作用而引起。微裂隙的存在对岩石工程地质性质影响很大。

粒间空隙:多在成岩过程中形成,如结晶岩中晶粒之间的小空隙,碎屑岩中由于胶结物未完全充填而留下的空隙。粒间空隙对岩石的透水性和压缩性有较大影响。

晶格缺陷:有由于晶体外原子入侵结果产生的化学上的缺陷,也有由于化学比例或原子重新排列的毛病所产生的物理上的缺陷。它与岩石的塑性变形有关。

由上述可见,岩石中的微结构面一般是很小的,通常需在显微镜下观察才能见到。但是,它们对岩石工程性质的影响却是很大的。

首先,微结构面的存在将大大降低岩石(特别是脆性岩石)的强度,许多学者如霍克(Hoek)、布雷斯(Brace)、沃尔什(Walsh)等,根据格里菲斯(Griffith)强度理论,用试验论证了这一点。

其主要论点是：由于岩石中这些缺陷的存在，当其受力时，在微孔或微裂隙（缺陷）末端，易造成应力集中，使裂隙可能沿末端继续扩展，导致岩石在比完全无缺陷时所能承受的拉应力或压应力低得多的应力值的作用下受到破坏。故有人认为缺陷是影响岩石力学性质的决定性因素。

其次，由于微结构面在岩石中常具有方向性（如裂隙等），因此它们的存在常导致岩石的各向异性。

此外，缺陷能增大岩石的变形，在循环加荷时引起滞后现象；还能改变岩石的弹性波波速，改变岩石的电阻率和热传导率等。缺陷对岩石的影响，在低围压时是明显的，但在岩石受高围压时，缺陷的影响相对减弱，这是因为在高温围压下岩石微裂隙等缺陷被压密、闭合之故。

二、岩石的地质成因分类

自然界中有各种各样的岩石，不同成因的岩石具有不同的力学特性，因此有必要根据不同成因对岩石进行分类。根据地质学的岩石成因分类可把岩石分为岩浆岩、沉积岩和变质岩三大类。岩石学是一门专门的课程，这里不作详细的探讨，只是简要介绍各类岩石的基本特征。

（一）岩浆岩

地壳下部物质成分复杂，但主要是硅酸盐，并含有大量的水汽和各种其他的气体。由于放射性元素的集中，不断地蜕变而释放出大量的热能，使物质处于高温（1000℃以上）、高压（上部岩石的重量产生的巨大压力）的过热可塑状态。当地壳变动时，上部岩层压力一旦降低，过热可塑状态的物质就立即转变为高温熔融体，称为岩浆。它的化学成分很复杂，主要有 SiO_2、TiO_2、Al_2O_3、Fe_2O_3、FeO、MgO、MnO、CaO、K_2O、Na_2O 等。依其含 SiO_2 量的多少，分为碱性岩浆和酸性岩浆。碱性岩浆的特点是富含钙、镁和铁，而贫钾和纳，粘度较小，流动性较大；酸性岩浆富含钾、钠和硅，而贫镁、铁、钙，粘度大，流动性较小。岩浆内部压力很大，不断向地壳压力低的地方移动，以致冲破地壳深部的岩层，沿着裂缝上升。上升到一定高度，温度、压力都发生降低。当岩浆的内部压力小于上部岩层压力时，迫使岩浆停留，冷凝成岩浆岩。

依冷凝成岩浆岩地质环境的不同，将岩浆岩分为三大类：深成岩、浅成岩和喷出岩（火山岩）。每一类中又可根据成分的不同分出具体的各类，如表1-2所示。它们在结构上有较大的差异，这种差异往往通过岩石的力学性质反映出来。

表1-2 岩浆岩分类表

化学成分		含Si、Al为主			含Fe、Mg为主		
	酸基性	酸性	中性		基性	超基性	产状
	颜色	浅色（浅灰、浅红、黄色）			深色（深灰、绿色、黑色）		
	矿物成分	含正长石			含斜长石	不含长石	
成因及结构		石英、云母、角闪石	黑云母、角闪石、辉石	角闪石、辉石、黑云母	辉石、角闪石、橄榄石	橄榄石、辉石	
深成岩	等粒状，有时为斑状，所有矿物皆能用肉眼鉴别	花岗石	正长岩	闪长岩	辉长岩	橄榄岩、辉岩	岩基、岩株
浅成岩	斑状（斑晶较大且可分辨出矿物名称）	花岗斑岩	正长斑岩	玢岩	辉绿岩	未遇到	岩脉、岩床、岩盘

续表

化学成分		含 Si、Al 为主			含 Fe、Mg 为主		产状
酸基性		酸性		中性	基性	超基性	
颜色		浅色（浅灰、浅红、黄色）			深色（深灰、绿色、黑色）		
矿物成分		含正长石		含斜长石		不含长石	
成因及结构		石英、云母、角闪石	黑云母、角闪石、辉石	角闪石、辉石、黑云母	辉石、角闪石、橄榄石	橄榄石、辉石	
喷出岩	玻璃状,有时为细粒斑状,矿物难用肉眼鉴别	流纹岩	粗面岩	安山岩	玄武岩	未遇到	熔岩流
	玻璃状或碎屑状	黑曜岩、浮石、火山凝灰岩、火山碎屑岩、火山玻璃					火山喷出的堆积物

引自:孔宪立主编.工程地质学.中国建筑工业出版社,1997年6月

1. 深成岩

常形成较大的侵入体,有巨型岩体,大的如岩基、岩盘。它们的形成环境都处在高温高压状态之下,在形成过程中由于岩浆有充分的分异作用,常常形成碱性岩、超碱性岩、中性岩及酸性岩等。彼此往往逐渐过渡,有时也突然变化、互相穿插。在逐渐过渡的大型岩基中,有时则具有环形的岩性岩相带,一般外环偏酸性,内环偏基性,有时在外围还出现基性边缘。根据这种分带性,不论是基性或者中、酸性岩体,岩石种类也是很多的,组织结构也有所变化。在侵入岩体的边缘,常有围岩落入火成岩体之中而形成外捕房体,亦有冷却的基性边缘岩石堕入火成岩中形成内捕房体。它们的分布与火成岩的流动构造如流线、流层常相一致。围岩在高温高压的作用下,常常形成热力接触变质的混合岩带。接触岩带的规模视侵入体的规模与埋置深度而不同。

深成岩岩性较均一,变化较小,岩体结构呈典型的块状结构,结构体多为六面体和八面体。但在岩体的边缘部分也常有流线、流面和各种原生节理,结构相对比较复杂。

深成岩颗粒均匀,多为粗—中粒状结构,致密坚硬,孔隙很少,力学强度高,透水性较弱,抗水性较强,所以深成岩体的工程地质性质一般比较好。花岗岩、闪长岩、花岗闪长岩、石英闪长岩等均属常见的深成岩体,常被选作大型建筑场地。如举世瞩目的长江三峡大坝的坝基就是坐落在花岗闪长岩体之上。但深成岩体也有不足的一面。首先,深成岩体较易风化,风化壳的厚度一般比较厚;其次,当深成岩受同期或后期构造运动影响,断裂破碎剧烈,构造面很发育时,其性质将大为复杂化,岩体完整性和均一性被破坏,强度降低;此外,深成岩体常被同期或后小侵入体、岩脉穿插,有的对岩体或先期断裂起胶结作用,有的起进一步的分割作用,必须分别对待。但总的来说是岩体更加复杂化,破坏了它的均一性,岩体质量降低。深成岩与周围岩体接触,常形成很厚的接触变质带,这些变质带往往成分复杂,有时易风化,形成软弱岩带或软弱结构面,应予以注意。

2. 浅成岩

成分一般与相应的深成岩相似,但其产状和结构都不相同,多为岩床、岩墙、岩脉等小侵入体,岩体均一性差,岩体结构常呈镶嵌式结构,而岩石多呈斑状结构和均粒—中细粒结构。细粒岩石强度比深成岩高,抗风化能力强,斑状结构岩石则差一些。与其他一些类型的岩体相比,浅成岩一般还是较好的,在岩石工程中应尽量加以利用。

花岗斑岩、闪长玢岩和伟晶岩等中酸性浅成岩性质与花岗岩类似,细晶岩强度较高,但由

于产出范围较小,岩性变化比较大,岩体均一位较差。

辉绿岩为常见的基性浅成岩体,岩性致密坚硬,强度较高,抗风化能力较强,但岩体均一性较差;煌斑岩常以岩脉产出,含暗色矿物多,是最容易风化且风化程度较深的一种岩体。

3. 喷出岩

喷出岩型有喷发及溢流之别,喷发式火山岩有陆地喷发、海底喷发;有裂隙性喷发,亦有火山口式喷发。它们往往间歇性喷发及溢流,即轮回交替出现。每次喷发的压力、温度不同,所含物质成分不等。无论是喷发式或溢流式,都导致这类岩石的组织结构及成分有很大的差异,岩性岩相变化十分复杂。总的来说,喷出岩是火山喷出的熔岩流冷凝而成。由于火山喷发的多期性,火山熔岩和火山碎屑往往相间,使喷出岩具类似层状的构造。

喷出岩由于岩浆喷出后才凝固,所以岩石中含有较多的玻璃及气孔构造、杏仁构造,岩石颗粒很细,多呈致密结构,酸性熔岩在流动过程中形成流纹构造。另外,由于喷出岩是在急骤冷却条件下凝固形成的,所以原生节理比较发育,例如玄武岩的柱状节理、流纹岩的板状节理等。

上述的这些特征都使喷出岩的结构比较复杂,岩性不均一,各向异性显著,岩体的连续性较差,透水性较强,软弱夹层的弱结构面比较发育,成为控制岩体稳定性的主要因素。厚层的熔岩岩体结构类型常呈块状结构,一般呈镶嵌结构,薄的呈层状结构。

特别要注意喷出岩当中的松散岩层及松软岩层,如凝灰质碎屑岩及粘土岩等,有些岩层常含有大量的蒙脱石、拜来石及伊利石等粘土矿物,这些矿物往往具有不同程度的膨胀性。

喷出岩以玄武岩最为常见,其次是安山岩和流纹岩。

(二)水成岩(沉积岩)

水成岩又称沉积岩,是由风化剥蚀作用或火山作用形成的物质,在原地或被外力搬运,在适当条件下沉积下来,经胶结和成岩作用而形成的。其矿物成分主要是粘土矿物、碳酸盐和残余的石英长石等,具层理构造,岩性一般具有明显的各向异性。按形成条件及结构特点,沉积岩可分为火山碎屑岩、胶结碎屑岩、粘土岩、化学岩和生物化学岩等,如表1-3所示。

表1-3 沉积岩分类简表

岩类	结构		岩石分类名称	主要亚类及其组成物质
碎屑岩类	火山碎屑岩	粒径>100mm	火山集块岩	主要由大于100mm的熔岩碎块、火山灰尘等经压密胶结而成
		粒径100~2mm	火山角砾岩	主要由100~2mm的熔岩碎屑、晶屑、玻屑及其他碎屑混入物组成
		粒径<2mm	凝灰岩	由50%以上粒径小于2mm的火山灰组成,其中有岩屑、晶屑、玻屑等细粒碎屑物质
	沉积碎屑岩	砾状结构 粒径>2mm		角砾岩:由带棱角的角砾经胶结而成 砾岩:由浑圆的砾石经胶结而成
		砂质结构 粒径2.00~0.05mm		石英砂岩:石英含量>90%,长石和岩屑<10% 长石砂岩:石英含量<75%,长石>25%,岩屑<10% 岩屑砂岩:石英含量<75%,长石<10%,岩屑>25%
		粉砂结构 粒径0.05~0.005mm		主要由石英、长石的粉、粘粒及粘土矿物组成

续表

岩类	结 构	岩石分类名称	主要亚类及其组成物质
粘土岩类	泥质结构 粒径<0.005mm	泥岩	主要由高岭石、微晶高岭石及水云母等粘土矿物组成
		页岩	粘土质页岩：由粘土矿物组成 碳质页岩：由粘土矿物及有机质组成
化学及生物化学岩类	结晶结构及生物结构	石灰岩	石灰岩：方解石含量>90%、粘土矿物<10% 泥灰岩：方解石含量75%～50%、粘土矿物25%～50%
		白云岩	白云岩：白云石含量90%～100%、方解石<10% 灰质白云岩：白云石含量50%～75%、方解石50%～25%

沉积岩的形成过程，有的属海浸式沉积环境，有的属海退式沉积环境，有的则为既有海浸亦有海退，并且海浸及海退交迭出现；有的是深水宁静环境，有的则为浅水动荡环境。因之，沉积轮回及沉积相的变化则有所不同。特别是滨海及湖相沉积，往往受古地形的明显控制，无论在岩层的走向上或倾向上，岩性岩相都有变化。再加水体的季节变化以及风浪的影响，岩性岩相变化就更大。陆相滨湖环境的沉积模式就更复杂，往往在不大的范围内，砾岩常变为砂岩甚至砂质页岩或粘土岩。不但岩性岩相变化如此，厚度变化也是如此，往往形成大小不一的扁豆体或透镜体。滨海相的沉积模式亦差不多这样，而深海相沉积则为细粒的碎屑岩沉积及碳酸岩类的化学沉积。这种沉积无论是岩性岩相变化或厚度变化，在较小的范围内往往是不大的。所以，在岩体结构分析时，对滨海相沉积，特别是河湖相沉积，要作好岩石地层的详细对比。

1. 火山碎屑岩

具有岩浆和普通沉积岩的双重特性和过渡关系，包括火山集块岩、火山角砾岩、凝灰岩等。各类火山碎屑岩的性质差别很大，与火山碎屑物、沉积物和熔岩的相对含量、层理和胶结压实程度相关。

大多数凝灰岩和凝灰质岩石结构疏松，极易风化，强度很低，往往具有遇水膨胀的特性，必须加以特殊注意。

2. 沉积碎屑岩（胶结碎屑岩）

是沉积物经胶结、成岩固结硬化的岩石，包括各种砾岩、砂岩、粉砂岩。胶结碎屑岩的性质主要取决于胶结物的成分、胶结形式和碎屑物成分、特点。如硅质胶结碎屑岩的岩石强度最高，抗水性强，而钙胶结、石膏质和泥质胶结的岩石，强度较低，抗水性弱，在水作用下，可被溶解或软化，使岩石性质变坏。此外，基质胶结类型的岩石较坚硬，透水性较弱，而接触胶结类型的岩石强度较低，透水性较强。

在胶结碎屑岩中，一般粉砂岩的强度比砂砾岩差些，其中硅质胶结石英砂岩的强度比一般砂岩强度高。我国南方各省分布广泛的中生界红色砂砾岩，多为钙质泥质胶结，胶结程度较古生界砂岩差。

3. 粘土岩

包括两种类型，即页岩（具有明显的页状层理）和泥岩。总的来说，粘土岩的性质是较差的，特别是红色岩层中的泥岩，厚度薄、抗水性差、强度低、易软化和泥化。建筑物易沿这些软化和泥化后的结构面滑动。

4. 化学岩和生物岩

最常见的是碳酸盐类岩石，以石灰岩分布最广，多数为石灰岩和白云岩，结构致密、坚硬、强度较高。它们在地下水的作用下能被溶蚀,形成溶蚀裂隙、溶洞、暗河等,成为渗漏或涌水的通道,给工程带来极大的危害。泥灰岩是粘土和石灰岩之间过渡类型,强度低、遇水易软化。当石灰岩中夹有薄层泥灰岩或粘土岩时,可能产生滑动问题,对工程不利。但石灰岩及粘土岩夹层可能起阻水或隔水作用,对于防止渗漏与涌水问题又是有利的。因此应结合具体工程分析有利与否。

(三)变质岩

变质岩是在已有岩石的基础上,经过变质混合作用后形成的。由于温度、压力的不同,则有高温变质、中温变质及低温变质,再加上作用力的不同,又有更多组合的变质混合条件,如高温高压、高温中压等。若依变质深浅来看,浅变质带的压力不大,温度也不特别高,变质作用在定向压力作用下进行,主要是使岩石破碎、固体熔融交替;中变质岩带的压力和温度中等,没有碎屑,片理构造发育;深变质带的温度高,几乎接近于岩石熔解点,重力围压很大,部分可以有定向压力,片理不太发育,结晶体较大。这些不同的物理条件就使得母岩的矿物组成与组织结构有明显的不同。所以变质岩的内在岩性、岩相变化往往在不大的范围内,同一岩层随着矿物组分及组织结构的不同而发生变异。由于和变质作用力有一定的关系,这就形成了变质岩所特有的片理、剥理、板理、片麻结构、流劈理、流动扭曲褶皱等。所有这些现象,使变质岩具有极为明显的不均质性和各向异性。

变质岩形成的地质环境,大都是地壳最活跃的部位,这使得变质岩类岩石组合特别复杂。岩石种类繁多,如大理岩、蛇纹岩、变质砾岩、石英岩、石英片岩、板岩、片岩、变质的火山岩以及混合岩化而形成的片麻岩、麻粒岩、花岗片麻岩等。

变质岩的性质与变质作用的特点和原岩的性质有关。其岩石力学性质差别很大,不能一概而论。但大多数常见的变质岩是经过重结晶作用,具有一定的结晶联结,其结构一般较紧密,抗水性较强,孔隙较小,透水性弱,强度较高。如粘土质岩石经变质后其性质有所改变(如页岩变质为板岩、角岩)。但也有相反的情况,如变质岩中的片理及片麻理,往往使岩石的联结减弱,力学性质呈现各向异性,强度降低。另外,某些矿物成分的影响,也可使变质岩容易风化。此外,变质岩一般年代较老,经受地质构造变动较多,断裂及风化作用破坏了某些变质岩体的完整性,使岩体呈现不均一性。从构造以及岩性角度来看,变质岩的分类如表1—4所示;从变质岩的形成范围来看,变质岩可分为接触变质岩、动力变质岩和区域变质岩。

表1—4 变质岩分类简表

岩类	构造	岩石名称	主要亚类及其矿物成分	原 岩
片理状岩类	片麻状构造	片麻岩	花岗片麻岩:长石、石英、云母为主,其次为角闪石,有时含石榴子石 角闪石片麻岩:长石、石英、角闪石为主,其次为云母,有时含石榴子石	中酸性岩浆岩、粘土岩、粉砂岩、砂岩
	片状构造	片岩	云母片岩:云母、石英为主,其次有角闪石等 滑石片岩:滑石、绢云母为主,其次有绿泥石、方解石等 绿泥石片岩:绿泥石、石英为主,其次有滑石、方解石等	粘土岩、砂岩、中酸性火山岩、超碱性岩、白云质泥灰岩 中基性火山岩、白质泥灰岩
	千枚状构造	千枚岩	以绢云母为主,其次有石英、绿泥石等	粘土岩、粘土质粉砂岩、凝灰岩
	板状构造	板岩	粘土矿物、绢云母、石英、绿泥石、黑云母、白云母等	

续表

岩类	构造	岩石名称	主要亚类及其矿物成分	原岩
块状岩类	块状构造	大理岩	方解石为主，其次有白云石等	石灰岩、白云岩
		石英岩	方解石为主，有时含有绢云母、白云母等	砂岩、硅质岩
		蛇纹岩	蛇纹石、滑石为主，其次有绿泥石、方解石等	超碱性岩

1. 接触变质岩

接触变质岩体出现在侵入体的周围，其范围和性质取决于侵入体大小、类型和原岩质。这种岩石主要受重结晶作用，因此其强度一般比原来岩体高。但由于侵入体的挤压，接触带附近易发生断裂，使岩体透水性增加，抗风化能力降低。所以，对接触变质岩应着重研究其构造特征。

2. 动力变质岩

动力变质岩是构造作用形成的断裂带及其附近受影响的岩石，如前所述这类岩石包括压碎岩、角砾岩、糜棱岩、断层等。

动力变质岩的性质取决于破碎物质成分的大小和压密胶结程度。通常，这类岩石胶结不好，裂隙、孔隙发育，强度低，透水性强，在岩体中常形成软弱结构面或软弱岩体。

3. 区域变质岩

这类变质岩分布范围较广，岩石厚度较大，变质程度较为均一，最常见的有片麻岩、片岩、千枚岩、板岩、石英岩和大理岩。混合岩是介于片麻岩与岩浆岩之间的一种岩石，一般来说，块状岩石性质较好，而层状、片状岩石，尤其是千枚岩和片麻岩的性质较差。

片麻岩随着黑云母含量的增多和片麻理的发育，其强度和抗风化能力明显降低，因此，角闪石片麻岩、角闪岩、变粒岩的强度较黑云母片麻岩要高。花岗片麻岩的分布最广，其性质近似花岗岩，但岩体性质较不均一，抗风化能力较花岗岩低。

片麻岩包括很多类型，由于岩石的矿物成分、结晶程度、片理构造的不同，岩石性质差别很大。其中以石英片岩、角闪石片岩性质较好，岩石强度和抗滑稳定性相对较高；云母片岩、绿泥石片岩、滑石片岩、石墨片岩等性质较差，其强度和抗滑稳定性亦较低。在片岩地区筑坝，要注意抗滑稳定性和可能破碎的片理产生渗透。

千枚岩和板岩是变质较浅的岩石，千枚岩和板岩脆，劈理明显，裂隙比较发育，易于滑动。

上述的千枚岩、绿泥石片岩、滑石片岩、绢云母片岩、双云母片岩、黑云母片岩、石墨片岩等，有时单独构成岩组，有时与其他坚硬岩组交互，形成不稳定的软弱夹层。

石英岩性质均一，致密坚硬，强度极高，抗水性好且不易风化，但性脆。受地质构造破坏后，裂隙发育，夹有软弱泥质板岩时，由于岩性软硬相间，沿层面易发生层间错动；板岩顶面易发生泥化，形成软弱夹层；大理岩的强度较高，但有微弱溶解性，岩溶是一个主要问题。

岩石的结构和组织特点在地质学中已有过详细的论述，本节着重介绍与岩石的物理、力学以及破碎特性有关的一些内容。

第二节 岩石的微观结构

所有岩石都是矿物颗粒的集合体。石油钻井中遇到的多数是沉积岩，有时也碰到一些变质岩。这些岩石很少由一种矿物组成，多数是由两种以上矿物所组成。这些岩石按其结构特点可以区分为晶质岩石和碎屑岩石两类,前者多属于变质岩,而后者多为沉积岩。

矿物的性质,例如硬度、强度、解理、劈裂方向等,在某些条件下决定着岩石抵抗外力的能力。特别是当岩石中占有数量众多的较软的具有明显劈裂性质的矿物或含有硬的矿物(如石英)时就更为明显。一般说来(特别对于晶质岩石),由强度较高的矿物所组成的岩石,其强度也较高。尤其是当岩石只含有少数种类的矿物时更为明显。但是,对于某些岩石来说,会出现严重的矛盾,例如滑石或石膏所组成的纤维结构的岩石,虽然组成矿物的强度较低,但该种岩石却具有较高的强度。

虽然矿物的物理性质会对岩石的工程力学性质产生影响,但是实际上由于矿物颗粒是如此的微小,在岩石中颗粒的排列方向又无一定规律,矿物结晶结构特性的影响相对减小。因此,在一般情况下,组成矿物对岩石性质的单独影响是很小的。更主要的,岩石的基本力学性质将取决于组成矿物颗粒间的联结情况。这对于沉积岩石来说,更是如此。

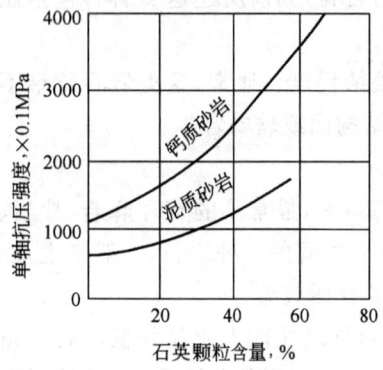

图1-2 砂岩的强度与其石英含量及胶结的关系

普赖斯(Price)曾建立了某些钙质及泥质胶结的砂岩的强度(单轴抗压强度)与石英颗粒含量之间的关系(图1-2),可以明显地看出,随着石英含量的增加,砂岩的强度将增大。当然,同样是砂岩,但钙质胶结的强度要比泥质胶结的大,而硅质或铁质胶结的,又比钙质胶结的高。

因此,岩石的许多工程力学性质取决于矿物颗粒在岩石中的结构及其联结(或胶结)的形式。

在图1-3中给出了四种具有代表性的岩石切片显微结构示意图。前两种为晶质岩石,后两种为碎屑岩。

玄武岩是一种火山岩,具有微细的结构,含有辉石和斜长石的微晶,靠紧密的机械联结使其组织非常致密。

花岗岩强度也是大的,但它的结构较粗并存在有较大的结晶正长石的颗粒,使它的强度比起其他细颗粒火山岩来要小些。花岗岩的强度在某种程度上取决于其他使胎体变弱的矿物(例如云母)的存在。

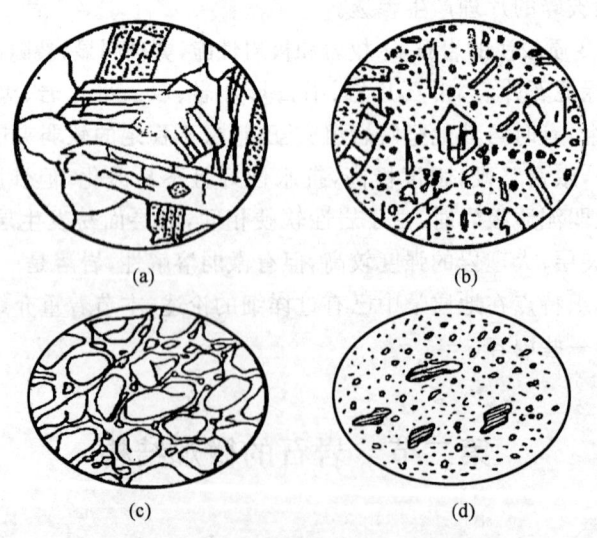

图1-3 典型岩石结构的切片
(a)花岗岩;(b)玄武岩;(c)砂岩;(d)泥岩

砂岩是一种典型的沉积岩,它是由许多变圆了的石英颗粒被碳酸钙(方解石)、粘土矿物铁质或硅质的胎体胶结而成的。其强度主要决定于胎体的强度以及其中所含有的空隙的类型和数量。硅质石英岩的强度很高,甚至比花岗岩大;粗粒的灰质砂岩胶结弱,不接触的空隙占有很高的比例,所以其强度很低;泥质胶结的砂岩的强度就更弱。石英颗粒的尺寸(一般为0.1~1mm)也能影响到孔隙的数量及颗粒间的接触面积,因而也对岩石的强度起影响作用。

页岩(泥岩)是压实了的粘土,由微细的一般具有微米级(小于0.01mm)的高岭土、胶岭土、云母和石英的细颗粒所组成。页岩与粘土的区别在于其致密性。若给粘土矿物以一定的分子联结力,即使在湿化的条件下仍不会完全消失,而粘土在湿化时则丧失其全部强度,它的破坏完全取决于其密度及外荷的大小。页岩中的片状结构有助于它的湿化破坏。页岩中的高孔隙度、不够致密也是它强度较弱的一个主要原因。如施以高压,减小其孔隙能相应地增大其强度,最终将变成板岩;如其中含有高组分的细粒石英,则其强度还要增大。

一般说来,岩石中的矿物颗粒是由胎体胶结在一起,或在颗粒的界面处靠接触力而联结在一起。因此,岩石的强度将首先决定于胎体(或胶结物)的强度和颗粒间的接触面积。在其他因素不变的情况下,同类岩石的强度便与颗粒的接触面积成正比,而与颗粒的尺寸成反比。

由于岩石微观结构上的特点使多数岩石具有内部的孔隙空间,其孔隙度随岩石的类型及其内部结构而异。岩石的孔隙空间,一般是由连续的不规则的由矿物颗粒所分开的毛细裂缝所构成。沉积岩的孔隙度在很大程度上取决于所含胶结物的数量、颗粒组成的粒度及其排列充填情况。

岩石的力学性质受其孔隙、裂隙、含有薄弱杂质点等的影响。岩石中的孔隙在很大程度上影响岩石的密度;岩石的密度和机械性能的关系是令人感兴趣的;岩石内部孔隙的存在影响岩石组分间的接触因而影响联结力,也就是影响岩石的强度。根据大量的资料可以绘制出如图1-4所示的岩石强度与其密度间的近似关系。

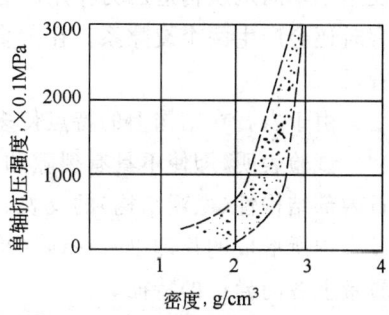

图1-4 岩石的强度与其密度间的近似关系

一般认为,岩石的孔隙度会随其埋藏深度的增加而减小,或岩石的密度会随埋深的增加而增大。这已由密度测井所证实。因此,一般地讲,岩石的强度将随其埋深的增加而增大,但是有时也会出现例外的情况。例如对于非正常压实的泥页岩地层,由于孔隙中的水分未被充分排出而显现密度异常,从而降低了它的强度。

有些泥页岩具有明显的层理,泥浆中的水分常沿这些层理面侵入而引起井壁坍塌,从地下取出这些岩层的岩心也常由于地应力的解除和吸水,会沿层理面裂开而破碎。

第三节 岩石的宏观结构

上面讲的岩石的微观结构是以岩石内部结构的不完全性(火成岩、变质岩)和颗粒间的胶结情况的不均匀性(沉积岩)为特点,而岩石的宏观结构则是以岩石的断裂(即岩石的裂隙性)和层理等为特点。

岩石的结构性是与岩石的成因类型和形成条件以及它的存在的整个历史环境和条件密切

相关的。

火成岩的宏观结构特征对钻井过程中破碎岩石时岩石的机械性质没有显著的影响,而沉积岩和变质岩的宏观结构却有着重要的意义。

沉积岩的主要外部结构特征是在沉积岩沉积过程中所形成的层理。层理可定义为在垂直方向上岩石成分变化的情况。层理的形成主要取决于下列原因:成分相同时颗粒大小在垂直方向上的变化,不同成分颗粒的交替和某些矿物颗粒在一定方向上的指向等,如图1-5所示。

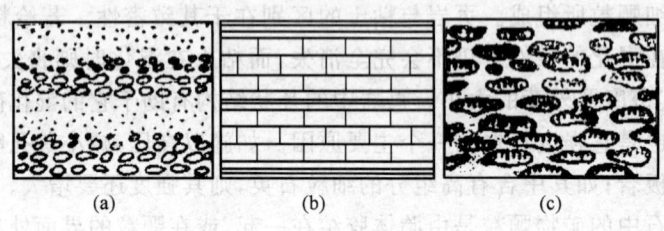

图1-5 岩石的层理
(a)颗粒大小在垂直方向上的变化;(b)不同成分的交替;(c)某些矿物颗粒的水平指向

在某些岩石中,特别是在化学沉积物中和在碳酸盐类岩石中,层理表现得很不明显。甚至在砂岩和层状岩石中,只有在很大块岩石中才可以区别出层理来。在钻井地质剖面上所表现的岩性变化、软硬夹层等就是层理变化的反映。

片理是岩石沿平行的平面分裂为薄片的能力。片理面常常不与层理面相一致,片理面常发生于单向地质构造压力作用的方向,而这种压力可以和层理面成不同的角度。除了片理外,有时还会产生两个裂隙系。在大多数情况下,这种裂隙系成斜角相交,并垂直于片理面而分布着。

由于岩石在结构上的特点使多数岩石的性质具有不均匀性和各向异性。

试验表明,即使不具有裂隙和明显层状的岩块试件,也可以带有各向异性的特点。这是岩石内部结构性(微观结构)的反映。岩石中的矿物定向排列、沉积过程中具有的微层理性、变质过程中所形成的片理以及在地壳构造力作用下所形成的劈理等,都会使岩石的物理—力学性质带上各向异性的特征。

岩石的各向异性,表现在它的强度及变形特性等各方面。

这些数据说明,在平行于和垂直于层理面方向上,岩石的物理—力学性质是具有明显差异的,亦即是各向异性的。

岩石(岩块)的力学性质的含义包括两个:岩石的变形特征和强度特征。岩石的变形特征是指岩石试件在各种荷载作用下的变形规律,其中包括岩石的弹性变形、塑性变形、粘性流动和破坏规律,它反映了岩石的力学属性;岩石强度是指岩石试件在荷载作用下开始破坏时的最大应力(强度极限)以及应力与破坏之间的关系,它反映了岩石抵抗破坏的能力和破坏规律。

岩石的变形特征和强度特征,由岩石试件在单轴或三轴试验机上所得到的应力—应变曲线来描述。由于试验条件不同(单轴的或三轴的,刚性的或非刚性的),所得到的试验结果也会各不相同。

第二章 岩石的物理性质及工程分类

第一节 岩石的工程性质

岩石是由矿物组成的,按成因岩石可划分为岩浆岩、沉积岩和变质岩。成因类型不一样,差别也很大,因此,工程性质极为多样。

1. 岩浆岩的性质

岩浆岩具有较高的力学强度,可作为各种建筑物良好的地基及天然建筑石料。但各类岩石的工程性质差异很大。

深成岩具结晶联结,晶粒粗大均匀,孔隙率小、裂隙较不发育,岩块大、整体稳定性好。但值得注意的是,这类岩石往往由多种矿物结晶组成,抗风化能力较差,特别是含铁镁质较多的基性岩,则更易风化破碎,故应注意对其风化程度和深度的调查研究。

浅成岩中细晶质和隐晶质结构的岩石透水性小、抗风化性能较深成岩强。但斑状结构岩石的透水性和力学强度变化较大。特别是脉岩类,岩体小,且穿插于不同的岩石中,易蚀变风化,使强度降低、透水性增大。

喷出岩常具有气孔构造、流纹构造和原生裂隙,透水性较大。此外,喷出岩多呈岩流状产出,岩体厚度小,岩相变化大,对地基的均一性和整体稳定性影响较大。

2. 沉积岩的性质

碎屑岩的工程地质性质一般较好。但其胶结物的成分和胶结类型影响显著,如硅质基底式胶结的岩石比泥质接触式胶结的岩石强度高、孔隙率小、透水性低等。此外,碎屑的成分、粒度、级配对工程性质也有一定的影响,如石英质的砂岩和砾岩比长石质的砂岩更好。

粘土岩和页岩的性质相近,抗压强度和抗剪强度低,受力后变形量大,浸水后易软化和泥化。若含蒙脱石成分,还具有较大的膨胀性。这两种岩石对水工建筑物地基和建筑场地边坡的稳定都极为不利。但其透水性小,可作为隔水层和防渗层。

化学岩和生物化学岩抗水性弱,常具不同程度的可溶性。硅质成分化学岩的强度较高,但性脆易裂,整体性差。碳酸盐类岩石如石灰岩、白云岩等具中等强度,一般能满足水工设计要求,但存在于其中的各种不同形态的喀斯特,往往成为集中渗漏的通道。易溶的石膏、岩盐等化学岩,往往以夹层或透镜体存在于其他沉积岩中,质软、浸水易溶解,常常导致地基和边坡的失稳。

上述各类沉积岩都具有成层分布的规律,存在各向异性特征,因此,在水工建设中尚需特别重视对其成层构造的研究。

3. 变质岩的性质

变质岩的工程性质与原岩密切相关,往往与原岩的性质相似或相近。一般情况下,由于原岩矿物成分在高温高压下重结晶的结果,岩石的力学强度较变质前相对增高。但是,如果在变质过程中形成某些变质矿物,如滑石、绿泥石、绢云母等,则其力学强度(特别是抗剪强度)会相对降低,抗风化能力变差。动力变质作用形成的变质岩(包括碎裂岩、断层角砾岩、糜棱岩等)的力学强度和抗水性均很差。

变质岩的片理构造(包括板状、千枚状、片状及片麻状构造)会使岩石具有各向异性特征,水工建筑中应注意研究其在垂直及平行于片理构造方向上工程性质的变化。

岩体是地壳表层圈层经建造和改造而形成的具有一定组分和结构的地质体。岩体在一般情况下是非均质的、各向异性的不连续体。在其形成过程中,经受了构造变动、风化作用及卸荷作用等各种内外力地质作用的破坏与改造,因此,岩体经常被软弱夹层、节理、断层、层面及片理面等地质界面所切割,使其成为具有一定结构的多裂隙体。一般把切割岩体的这些地质界面称为结构面。结构面在空间按不同组合,可将岩体切割成不同形状和大小的块体,这些被结构面所围限的岩块称为结构体。岩体就是由结构面、结构体这两个基本单元所组成的组合体。

岩体和岩石的概念是不同的。岩石是矿物的集合体,其特征可以用岩块来表征,其变形和强度性质取决于岩块本身的矿物成分、结构构造;岩体则是由一种岩石或多种岩石组成,是由结构面和结构体构成的组合体,其变形和强度性质取决于结构面和岩体结构的特性。

第二节 岩石的物理性质指标

岩石和土一样,也是由固体、液体和气体组成的。它的物理性质是指在岩石中三相组分的相对含量不同所表现的物理状态。与工程密切相关的基本物理性质有密度和孔隙性。

一、岩石的密度

岩石密度是指单位体积内岩石的质量,单位为 g/cm^3。它是研究岩石风化、岩体稳定性、围岩压力和选取建筑材料等必需的参数。岩石密度又分为颗粒密度和块体密度。

1. 颗粒密度

岩石的颗粒密度(ρ_s)是指岩石固体相部分的质量与其体积的比值。它不包括孔隙在内,因此其大小仅取决于组成岩石的矿物密度及其含量。如碱性、超碱性岩浆岩,含密度大的矿物比较多,岩石颗粒密度也偏大,一般为 $2.7\sim3.2\ g/cm^3$;酸性岩浆岩含密度小的矿物较多,岩石颗粒密度也小,其 ρ_s 值多在 $2.5\sim2.85g/cm^3$ 之间变化;而中性岩浆岩则介于二者之间。又如硅质胶结的石英砂岩,其颗粒密度接近于石英密度;石灰岩和大理岩的颗粒密度多接近于方解石密度,等等。

岩石的颗粒密度属实测指标,常用比重瓶法进行测定。

2. 块体密度

块体密度(或岩石密度)是指岩石单位体积内的质量。按岩石试件的含水状态,又有干密度(ρ_d)、饱和密度(ρ_{sat})和天然密度(ρ)之分。在未指明含水状态时,一般是指岩石的天然密度。各自的定义如下:

$$\rho_d = \frac{m_s}{V} \tag{2-1}$$

$$\rho_{sat} = \frac{m_{sat}}{V} \tag{2-2}$$

$$\rho = \frac{m}{V} \tag{2-3}$$

式中 m_s、m_{sat}、m——岩石试件的干质量、饱和质量和天然质量；

V——试件的体积。

岩石的块体密度除与矿物组成有关外，还与岩石的孔隙性及含水状态密切相关。致密而裂隙不发育的岩石，块体密度与颗粒密度很接近，随着孔隙、裂隙的增加，块体密度相应减小。

岩石的块体密度可采用规则试件的量积法及不规则试件的蜡封法测定。

二、岩石的孔隙性

岩石是有较多缺陷的矿物材料，在矿物间往往留有孔隙。同时，由于岩石又经受过多种地质营力作用，往往发育有不同成因的结构面，如原生裂隙、风化裂隙及构造裂隙等。所以，岩石的孔隙性比土复杂得多，即除了孔隙外，还有裂隙存在。另外，岩石中的孔隙有些部分往往是互不连通的，而且与大气也不相通，因此，岩石中的孔隙有开型孔隙和闭型孔隙之分。开型孔隙按其开启程度又有大、小开型孔隙之分。与此相对应，可把岩石的孔隙率分为总孔隙率(n)、总开孔隙率(n_0)、大开孔隙率(n_b)、小开孔隙率(n_a)和闭孔隙率(n_c)几种，各自的定义如下：

$$n = \frac{V_V}{V} \times 100\% = (1 - \frac{\rho_d}{\rho_s}) \times 100\% \tag{2-4}$$

$$n_0 = \frac{V_{V0}}{V} \times 100\% \tag{2-5}$$

$$n_b = \frac{V_{Vb}}{V} \times 100\% \tag{2-6}$$

$$n_a = \frac{V_{Va}}{V} \times 100\% = n_0 - n_b \tag{2-7}$$

$$n_c = \frac{V_{Vc}}{V} \times 100\% = n - n_0 \tag{2-8}$$

式中，V_V、V_{V0}、V_{Vb}、V_{Va}、V_{Vc} 为岩石中孔隙的总体积、总开孔隙体积、大开孔隙体积、小开孔隙体积及闭孔隙体积；其他符号意义同前。

一般提到的岩石孔隙率系指总孔隙率 n，其大小受岩石的成因、时代、后期改造及其埋深的影响，其变化范围很大。新鲜结晶岩类的 n 一般小于 3%；沉积岩的 n 较高，为 1%~10%；而一些胶结不良的砂砾岩，其 n 可达 10%~20%，甚至更大。

岩石的孔隙性对岩块及岩体的水理、热学性质影响很大。一般说来，孔隙率愈大，岩块的强度愈低、塑性变形和渗透性愈大，反之亦然。同时岩石由于孔隙的存在，使之更易遭受各种风化营力作用，导致岩石的工程地质性质进一步恶化。对可溶性岩石来说，孔隙率大，可以增强岩体中地下水的循环与联系，使岩溶更加发育，从而降低了岩石的力学强度并增强其透水性。当岩体中的孔隙被粘土等物质充填时，则又会给工程建设带来诸如泥化夹层或夹泥层等岩体力学问题。因此，对岩石孔隙性的全面研究，是岩体力学研究的基本内容之一。

三、岩石的水理性质

岩石在水溶液作用下表现出来的性质，称为水理性质。主要有吸水性、软化性、抗冻性、渗透性、膨胀性及崩解性等。

1. 岩石的吸水性

岩石在一定的试验条件下吸收水分的能力,称为岩石的吸水性。常用吸水率、饱和吸水率与饱水系数等指标表示。

(1)吸水率。

岩石的吸水率(ω_a)是指岩石试件在大气压力条件下自由吸入水的质量(m_{w1})与岩样干质量(m_s)之比,用百分数表示,即

$$\omega_a = \frac{m_{w1}}{m_s} \times 100\% \tag{2-9}$$

实测时先将岩样烘干并称干质量,然后浸水饱和。由于试验是在常温常压下进行的,岩石浸水时,水只能进入大开孔隙,而小开孔隙和闭孔隙水不能进入。因此可用吸水率来计算岩石的大开孔隙率(n_b),即

$$n_b = \frac{V_{Vb}}{V} \times 100\% = \frac{\rho_d \omega_a}{\rho_w} = \rho_d \omega_a \tag{2-10}$$

式中 ρ_w——水的密度,取 $\rho_w = 1\text{g/cm}^3$。

岩石的吸水率大小主要取决于岩石中孔隙和裂隙的数量、大小及其开裂程度,同时还受到岩石成因、时代及岩性的影响。大部分岩浆岩和变质岩的吸水率多为 0.1%～2.0% 之间;沉积岩的吸水性较强,其吸水率多变化在 0.2%～7.0% 之间。

(2)饱和吸水率。

岩石的饱和吸水率(ω_p)是指岩石在高压(一般压力为 15MPa)或真空条件下吸入水的质量(m_{w2})与岩样干质量(m_s)之比,用百分数表示,即

$$\omega_p = \frac{m_{w2}}{m_s} \times 100\% \tag{2-11}$$

在高压(或真空)条件下,一般认为水能进入所有开孔隙中,因此岩石的总开孔隙率可表示为:

$$n_0 = \frac{V_{v0}}{V} \times 100\% = \frac{\rho_d \omega_p}{\rho_w} = \rho_d \omega_p \tag{2-12}$$

岩石的饱和吸水率也是表示岩石物理性质的一个重要指标。由于它反映了岩石总开孔隙率的发育程度,因此亦可间接地用它来判定岩石的风化能力和抗冻性。

(3)饱水系数。

岩石的吸水率(ω_a)与饱和吸水率(ω_p)之比,称为饱水系数。它反映了岩石中大、小开孔隙的相对比例关系。一般说来,饱水系数愈大,岩石中的大开孔隙相对愈多,而小开孔隙相对愈少。另外,饱水系数大,说明常压下吸水后余留的孔隙就愈少,岩石愈容易被冻胀破坏,因而其抗冻性差。

2. 岩石的软化性

岩石浸水饱和后强度降低的性质,称为软化性,用软化系数(K_R)表示。K_R 定义为岩石试件的饱和抗压强度(R_{cw})与干压强度 R_c 的比值,即

$$K_R = \frac{R_{cw}}{R_c} \tag{2-13}$$

显然,K_R 愈小则岩石软化性愈强。研究表明:岩石的软化性取决于岩石的矿物组成与孔

隙性。当岩石中含有较多的亲水性和可溶性矿物,且含大开孔隙较多时,岩石的软化性较强,软化系数较小。如粘土岩、泥质胶结的砂岩、砾岩和泥灰岩等岩石,软化性较强,软化系数一般为 0.4~0.6,甚至更低。岩石的软化系数都小于 1.0,说明岩石均具有不同程度的软化性。一般认为,软化系数 $K_R>0.75$ 时,岩石的软化性弱,同时也说明岩石抗冻性和抗风化能力强;而 $K_R<0.75$ 的岩石则是软化性较强和工程地质性质较差的岩石。

软化系数是评价岩石力学性质的重要指标,特别是在水工建设中,对评价坝基岩体稳定性具有重要意义。

3. 岩石的抗冻性

岩石抵抗冻融破坏的能力,称为抗冻性。常用冻融系数和质量损失率来表示。

冻融系数(R_d)是指岩石试件经反复冻融后的干抗压强度(R_{c2})与冻融前干抗压强度(R_{c1})之比,用百分数表示,即

$$R_d = \frac{R_{c2}}{R_{c1}} \times 100\% \tag{2-14}$$

质量损失率(K_m)是指冻融试验前后干质量之差($m_{s1}-m_{s2}$)与试验前干质量(m_{s1})之比,以百分数表示,即

$$K_m = \frac{m_{s1}-m_{s2}}{m_{s1}} \times 100\% \tag{2-15}$$

试验时,要求先将岩石试件浸水饱和,然后在 $-20\sim20℃$ 下反复冻融 25 次以上。冻融次数和温度可根据工程地区的气候条件选定。

岩石在冻融作用下强度降低和破坏的原因有二:一是岩石中各组成矿物的体膨胀系数不同,以及在岩石变冷时不同层中温度的强烈不均匀性,因而产生内部应力;二是由于岩石孔隙中冻结水的冻胀作用所致。水冻结成冰时,体积增大达 9% 并产生膨胀压力,使岩石的结构和联结遭受破坏。据研究,冻结时岩石中所产生的破坏应力取决于冰的形成速度及其局部压力消散的难易程度间的关系。自由生长的冰晶体向四周的伸展压力是其下限(约 0.05MPa),而完全封闭体系中的冻结压力,在 $-22℃$ 作用下可达 200MPa,使岩石遭受破坏。

岩石的抗冻性取决于造岩矿物的热物理性质和强度、粒间联结、开孔隙的发育情况以及含水率等因素。由坚硬矿物组成,且具强的结晶联结的致密状岩石,其抗冻性较高。反之,则抗冻性低。一般认为 $R_d>75\%$,$K_m<2\%$ 时,为抗冻性高的岩石;另外,$\omega_a<5\%$,$K_R>0.75$ 和饱水系数小于 0.8 的岩石,其抗冻性也相当高。

4. 岩石的膨胀性

岩石的膨胀性是指岩石浸水后体积增大的性质。某些含粘土矿物(如蒙脱石、水云母及高岭石)成分的软质岩石,经水化作用后在粘土矿物的晶格内部或细分散颗粒的周围生成结合水溶剂膜(水化膜),并且在相邻近的颗粒间产生楔劈效应。只要楔劈作用力大于结构联结力,岩石显示膨胀性。大多数结晶岩和化学岩是不具有膨胀性的,这是因为岩石中的矿物亲水性小和结构联结力强的缘故。如果岩石中含有绢云母、石墨和绿泥石一类矿物,由于这些矿物结晶具有片状结构的特点,水可能渗进片状层之间,同样产生楔劈效应,有时也会引起岩石体积增大。

岩石膨胀大小一般用膨胀力和膨胀率两项指标表示,这些指标可通过室内试验确定。目前国内大多采用土的固结仪和膨胀仪的方法测定岩石的膨胀性。

5. 岩石的崩解性

岩石的崩解性是指岩石与水相互作用时失去粘结性并变成完全丧失强度的松散物质的性能。这种现象是由于水化过程中削弱了岩石内部的结构联络引起的。常见于由可溶盐和粘土质胶结的沉积岩地层中。岩石崩解性一般用岩石的耐崩解性指数表示。

对于松散的岩石及耐崩解性低的岩石，还应综合考虑崩解物的塑性指数、颗粒成分与耐崩解性指数划分岩石质量等级。有的试验规程建议，根据耐崩解指数 $Id2$ 的大小，可将岩石耐崩性划分六个等级，很低的（$Id2<30$）、低的（$Id2$ 为 $31\sim60$）、中等的（$Id2$ 为 $61\sim85$）、中高的（$Id2$ 为 $86\sim95$）、高的（$Id2$ 为 $96\sim98$）及很高（$Id2>98$）。

四、岩石的热理性质

岩石的热理性是指岩石温度发生变化时所表现出来的物理性质。与其他力学材料一样，岩石也具有热胀冷缩的性质，并且有时表现得相当明显。当温度升高时，岩石不仅发生体积膨胀及线膨胀，而且其强度也要降低，变形特性也随之改变。表征岩石热理性的参数主要有体胀系数、线胀系数、热导率等。

1. 体胀系数及线胀系数

岩石受热后体积或长度发生膨胀的性质称为热胀性，常用体胀系数来度量。岩石的体胀系数（a_{vs}）是指温度上升 1℃ 所引起体积的增量与其初始体积之比：

$$a_{vs} = \frac{V_t - V_0}{V_0} \tag{2-16}$$

线胀系数（a_{ls}）是指温度上升 1℃ 所引起长度的增量与其初始长度之比：

$$a_{ls} = \frac{L_t - L_0}{L_0} \tag{2-17}$$

式中　V_0、V_t——岩石的初始体积、岩石在 t℃ 时的体积；

L_0、L_t——岩石的初始线密度、岩石在 t℃ 时的线密度。

一般认为，岩石的体胀系数为线胀系数的三倍，即 $a_{vs} = 3a_{ls}$。

2. 热导率

岩石的热导率是度量岩石的热传导能力的参数。岩石的热导率 C_t 是指当温度上升 1℃ 时，热量 Q_T 在单位时间内传递单位距离的损耗值：

$$C_t = \frac{Q_T}{LtT} \tag{2-18}$$

式中　L——热量传递的距离；

t——热量传递 L 距离所用的时间；

T——上升的温度。

岩石的热导率不仅取决于它的矿物组成及结构构造，而且还与其赋存的环境关系密切。岩石的热理性是稠油热采过程中，研究地层中热传播速度、热效率、地层热稳定性所必需的重要参数，同时，也是钻井过程中分析井壁热稳定性所必需的基础参数。

岩石除具有密度、孔隙性、水理性、热理性等特征外，还具有放射性磁性、导电性和弹性等特征。不同岩石所具有的放射性、磁性导电性和弹性等特征的差异，是石油工业利用地球物理测井研究和分析地下岩层岩性、孔隙结构以及开展岩石力学研究的基础和依据。

第三节　岩石的非均质性和各向异性

岩石的结构和构造特征决定了岩石的非均匀性、各向异性和裂隙性，岩石非均匀性、各向异性和裂隙性是岩石材料区别于其他力学材料的最突出的结构特征。

一、非均质性

岩石的非均质性是表征岩石的物理、力学等性质随空间而变化的一种性质。岩石组成的物质粒度、圆度等性质的非均质性，决定了岩石的非均质性。岩浆岩中的晶体颗粒，有的小到显微镜下也难观察，有的大到数十厘米；沉积岩中，有的小到肉眼不能看见，像石灰岩、泥岩和粉砂岩中的微细颗粒，也有的粒度达数十厘米，如砾岩中的粗大颗粒。同一地点同一种岩石，矿物或岩屑颗粒的尺寸往往也相差很大。一般地说，在其他条件相同的情况下，岩石组成物质的颗粒越细小、岩石越致密、颗粒大小越均匀、一致，则其力学性质越均匀。

岩石的非均质性可用实验数据的偏差系数 $\zeta(\%)$ 进行估计，即

$$\zeta = \frac{S}{\bar{X}} \times 100\% \tag{2-19}$$

$$S = \sqrt{\sum_{i=1}^{n} \frac{(X_i - \bar{X})^2}{n-1}} \tag{2-20}$$

式中　$\bar{X}$——各观测值的算术平均值；

X_i——第 i 个观测值；

n——试件个数。

通过对砂岩弹性模量（垂直于层理）进行试验后，得到了用于实验的不同砂岩的弹性模量的偏差系数，即：粗砂岩 17.0、中砂岩 17.8、细砂岩 4.4。由试验结果可以看出，随着砂岩颗粒尺寸的减小，砂岩弹性模量的偏差系数减小，砂岩的力学性质变得越均匀。

二、各向异性

岩石的各向异性是由其生成条件所决定的。岩浆在运移、冷凝成岩过程中，会使片状、板状、柱状矿物做定向排列，形成典型的流纹构造、流线构造和流层构造等。岩石在变质作用过程中，会使原岩中那些本来没有明显方向性排列的片状、板状、柱状矿物，重新做定向排列，或新产生一些变质矿物做定向发育，形成片麻岩的麻理构造、片岩的片理构造和板岩的板理构造。层理是沉积岩最普遍的构造，也叫做层状构造，是由沉积岩石在成分或结构上的变化所表现出的层次叠置现象。

上述这些构造往往造成岩石力学性质的明显的非均匀性。沿着这些结构面，抗剪能力很弱，表现为明显的较弱面；垂直于结构面的方向上，则承受拉力性能又很差。即使以受压而论，岩石也会因结构面的方向不同而表现出不同的强度特征。因此，岩石的力学性质，不仅与组成岩石的矿物性质有关，而且与岩石的构造特征有关。从统计角度分析，有两种情况，一种是如前所述，具有定向排列，岩石表现为各向异性；另一种情况是岩石中的各种矿物都是沿着各个不同方向均匀排列，这样，即使岩石含有某些具有明显弱面的矿物，但是从统计角度来看，较弱

面在各个方向上出现的概率是相同的,这就使得较弱面的作用在各个方向上分散了。因此,从宏观上看,就可以把岩石近似地看作为均质体。

第四节 岩石的工程分类

一、岩石按坚硬程度分类

《岩土工程勘察规范》(GB 50021—2001)规定岩石的坚硬程度可按表 2-1 分类。

表 2-1 岩石按坚硬程度分类

坚硬程度	坚硬岩	较硬岩	较软岩	软岩	极软岩
饱和单轴抗压强度,MPa	$f_r>60$	$60 \geq f_r>30$	$30 \geq f_r>15$	$15 \geq f_r>5$	$f_r \leq 5$

注:①当无法取得饱和单轴抗压强度数据时,可用点荷载试验强度换算,换算方法按现行国家标准《工程岩体分级标准》(GB 50218)执行;
②当岩体完整程度为极破碎时,可不进行坚硬度分类。

二、岩石按风化程度分类

国标《岩土工程勘察规范》(GB 50021—2001)中提出岩石按风化程度分类如表 2-2 所示。

表 2-2 岩石按风化程度分类表

风化程度	野 外 特 征	风化程度参数指标		
		压缩波速度 V_p,m/s	波速比 K_v	风化程度 K_f
未风化	岩质新鲜,偶见分化痕迹	>5000	0.9~1.0	0.9~1.0
微风化	结构基本未变,仅节理面有渲染或略有变色。有少量风化裂隙	4000~5000	0.8~0.9	0.8~0.9
中等风化	结构部分破坏,沿节理面有次生矿物。风化裂隙发育,岩体被切割成岩块。用镐难挖,岩心钻方可钻进	2000~4000	0.6~0.8	0.4~0.8
强风化	结构大部分破坏,矿物成分显著变化,分化裂隙发育,岩体破碎。用镐可挖掘,干钻不易钻进	1000~2000	0.4~0.6	<0.4
全风化	结构基本破坏,但尚可辨认,有残余结构强度,可用镐挖,干钻可钻进	500~1000	0.2~0.4	—
残积土	组织结构已全部破坏,已风化成土状,锹镐易挖掘,干钻易钻进,具可塑性	<500	<0.2	—

注:①波速比 K_v 为风化岩石与新鲜岩石压缩波速度之比;
②风化系数 K_f 为风化岩石与新鲜岩石饱和单轴抗压强度之比;
③岩石风化程度,除按表列野外特征和定量指标划分外,也可根据当地经验划分;
④花岗岩类岩石,可采用标准贯入试验划分,$N \geq 50$ 为强风化;$50>N \geq 30$ 为全风化;$N<30$ 为残积土;
⑤泥岩和半成岩,可不进行风化程度划分。

第三章 岩石力学性质

第一节 概　　述

一、概述

岩石的力学性质的含义包括两个：岩石的变形特征和强度特征。

岩石的变形特征：是指岩石试件在各种荷载作用下的变形规律，其中包括岩石的弹性变形、塑性变形、粘性流动和破坏规律，它反映了岩石的力学属性。

岩石强度：是指岩石试件在荷载作用下开始破坏时的最大应力（强度极限）以及应力与破坏之间的关系，它反映了岩石抵抗破坏的能力和破坏规律。

岩土工程中，存在着与岩石强度密切相关的问题，如岩基的承载力、岩坡稳定性、地下洞室开挖洞周围岩石（围岩）的应力分布及其稳定、钻井井眼稳定性等，都与岩石的强度有着密切关系。因此，研究岩石的破坏形式以及岩石抵抗外力破坏的能力——岩石的强度，具有重要工程意义。

岩体是一个复杂的地质体，它的强度不仅与组成岩体的岩石性质有关，而且与岩体内的软弱结构面（节理、裂隙、层理、断层等）有关，此外还与岩体所受应力状态有关。软弱结构面常常是岩体最薄弱的地方，几组软弱结构面可以将岩体分割成各种形状和大小不同的岩块。岩体的强度决定于这些岩块的强度和结构面的强度。当然，岩块本身也有一些微结构面（细微裂隙），但这些微结构面甚小（肉眼不易觉察），一般对试件强度影响甚微。岩块内微结构面的作用将直接反映到岩石试件的力学性质上。通常所讲的岩石强度，一般是指岩石试件的强度，它实际上代表岩体内岩块的强度。

而对于坚硬、新鲜（未风化的）岩体来说，其特点是岩体内岩石（岩块）的强度特别高，而岩体内软弱结构面的强度显得非常低，这种岩体的强度主要由软弱结构面的强度和产状特征所决定。对于岩性软弱的（风化的、破碎的）岩体来说，其岩石（岩块）的强度很低，软弱结构面的作用就显得不那么突出。因此，这种岩体的强度既决定于岩石，也决定于软弱结构面。

二、岩石的破坏形式

根据大量的试验和观察证明，岩石的破坏常常表现为下列三种形式。

1. 脆性破坏

大多数坚硬岩石在一定的条件下都表现出脆性破坏的性质。也就是说，这些岩石在荷载作用下没有显著觉察的变形就突然破坏。产生这种破坏的原因可能是岩石中裂隙的发生和发展的结果。例如，在地下洞室开挖后，由于洞室周围的应力显著增大，洞室围岩可能产生许多裂隙，尤其是洞室顶部的张裂隙，这些都是脆性破坏的结果。

2. 塑性破坏

在两向或三向受力情况下,岩石在破坏之前的变形较大,没有明显的破坏荷载,表现出显著的塑性变形、流动或挤出,这种破坏即为塑性破坏。塑性变形是岩石内结晶晶格错位的结果。在一些软弱岩石中这种破坏较为明显。有些洞室的底部岩石隆起、两侧围岩向洞内鼓胀都是塑性破坏的例子。

3. 弱面剪切破坏

由于岩层中存在节理、裂隙、层理、软弱夹层等软弱结构面,岩层的整体性受到破坏。在荷载作用下,这些软弱结构面上的剪应力大于该面上的强度时,岩体就产生沿着弱面的剪切破坏,从而使整个岩体滑动。图 3—1 为几种破坏形式的简图。

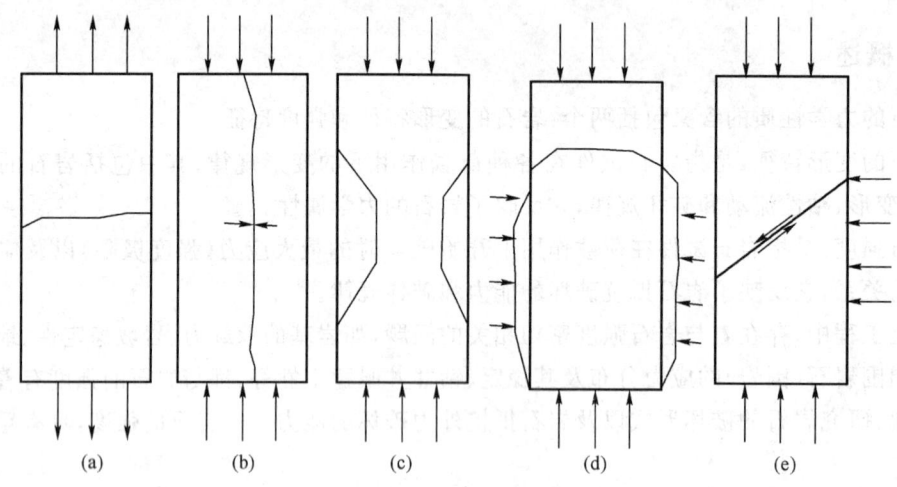

图 3—1 岩石的破坏形式
(a)、(b)脆性断裂破坏;(c)脆性剪切破坏;(d)延性破坏;(e)弱面剪切破坏

三、岩石的破坏机理

通过光学显微镜的岩石学研究,我们得知岩石的矿物构成,但是对其中存在的微裂纹是不易观察清楚的。自 1974 年以来,随着电子扫描显微镜的广泛使用,以及标本制作技术的进步,使我们能观察到岩石试件在未加载前的微观结构,以及加载时微观结构的变化,从而对岩石破坏的机理有进一步的认识。电子显微镜可以分辨 $0.02\mu m$ 宽的微空穴。为了便于说明,通常定义空穴截面的纵横比相近的称为空隙(pores),细长状的称为微裂纹。当然,电子显微镜只能观察到二维的情况。

在未经受力的试件中,观察到各种形状的微空穴,有些是圆形、三角形或其他不规则形状,也有长条形,没有明显方向性。空穴的特点是端部成圆形或钝角形,极少锐角形;最小宽度约 $1\mu m$ 或更小。有些微裂纹中间为不宽的"桥"断开,如果在低倍数的视野里,会被看成细长的空穴。根据岩石类别不同,或多或少的在结晶颗粒的边缘上都有微裂纹存在,但长度都比结晶颗粒小很多,例如结晶颗粒为 $2000\mu m$ 大小,晶边裂纹长只有 $30\sim260\mu m$,约为 1/10。结晶体内也有微空穴存在,多为纵横相等的形状,其数量因矿物而异,如长石中较多、石英中较少,但与颗粒边界的裂纹并不联通。有些微裂纹是过去加载历史的遗迹,但后来又有愈合现象,形成带"桥"的微裂纹。

试件加载后,微空穴发生变化:结晶颗粒边界上的微裂纹发展,其长度常常达到晶体颗粒的大小,裂缝变宽,有的空穴发展由基质穿过结晶;裂纹间的桥被破坏,形成长达 $10\sim100\mu m$

的微裂纹;新出现两端尖锐的脆性微裂纹;联通的空穴与新生成的微裂纹数量增多;联通的空穴和裂纹有的相互交叉,并逐渐有方向也大约平行于主应力方向。

加载到一定应力水平,几乎所有结晶颗粒边缘都出现晶间裂纹,某些裂纹在接近最大主应力方向上增大了宽度。颗粒边界间的点接触是应力集中的部分。贯晶裂纹常常在这些地区发展或晶间裂纹穿过接触点。花岗岩的试件中,在云母中发现劈裂垂直于作用应力的现象,可能是过去应力作用的遗迹,有些则是加载的结果。由加载产生的晶内裂纹不是直线状,但端部尖锐。加载后产生的裂纹的发展强烈地受到原有微空穴或其他以前加载裂纹的影响。裂纹间应力较为集中,容易使之联通;同时由微裂纹联通情况可以看出裂纹附近的局部应力的方向并不与加载应力方向一致。观察表明:所有加载形成的裂纹均是张性裂纹。

利用电子显微镜观察到了破坏的时间效应。当应力维持不变,随时间增加,裂纹长度增大;新的裂隙继续出现,并向着作用应力方向集中;微裂纹与微裂纹和微裂纹与微空穴之间的联通继续发展。

以上这些结论说明利用电子显微镜使我们进入岩石的亚微观世界,观察在荷载作用下的结构变化,为建立宏观的理论提供物质基础。虽然这方面的工作刚刚开展,可以看到它是一种有效的研究方法。

第二节 岩石的强度性质

岩石在各种荷载作用下达到破坏时所能承受的最大应力称为岩石的强度。例如,在单轴压缩荷载作用下所能承受的最大压应力称为单轴抗压强度,或非限制性抗压强度;在单轴拉伸荷载作用下所能承受的最大拉应力称为单轴抗拉强度;在纯剪力作用下所能承受的最大剪应力称为非限制性剪切强度,等等。

进行岩石强度试验所选用的试件必须是完整岩块,而不应包含节理裂隙。因为在一个小试样中的节理、裂隙是随机的,不具有代表性。要做含有节理、裂隙的试件的强度试验,须作现场大型原位试验,试验所获得的强度值是岩体的强度值。

各种强度都不是岩石的固有性质,而是一种指标值。什么是岩石的固有性质?凡是不受试件的形状、尺寸、采集地、采集人等影响而保持不变的特征,如岩石的颜色,密度等都是岩石的固有性质。而通过试验所确定的各种岩石强度指标值却要受下列因素的影响:

(1)试件尺寸。一般情况下,试件尺寸大,试验所获得的岩石强度值也高。

(2)试件形状。例如,使用正方体、长方体、圆柱体试件进行试验所获得的强度指标值是不相同的。

(3)试件三维尺寸比例。例如,进行单轴压缩和拉伸试验时,使用宽度与高度之比大的试件所测得的强度指标值比使用宽高比小的试件所测得的强度指标值要高。

(4)加载速率。例如,岩石的单轴抗压强度与加载速率成正比,即加载速率越大,所测得的强度指标值越高。

(5)湿度。例如,使用水饱和的页岩和某些沉积岩试件所测得的单轴抗压强度仅为使用同一种岩石干试件所测强度值的一半。

为了保证不同的岩石强度试验所获得的岩石强度指标具有可比性,国际岩石力学学会(ISRM)对岩石强度试验所使用的试件的形状、尺寸、加载速率和湿度等先后制定了标准,对不符合标准试件和标准试验条件所获得的强度指标值,必须根据国际标准作相应的修正。

一、岩石的应力—应变曲线

研究岩石力学性质的最普遍的方法是在试验机上对长度为直径的 2~3 倍的圆柱形岩样进行轴向压缩试验,称为单轴压缩试验。将试验测得的应力和应变作图,就得到应力—应变曲线。在刚性试验机上得到的典型的岩石全应力—应变曲线如图 3-2 所示。

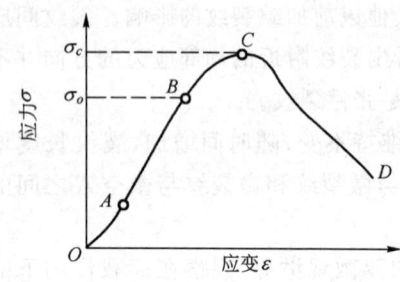

图 3-2 岩石典型的全应力—应变曲线

用一般的(非刚性的或称为柔性的)试验机所得到的试验结果,仅仅反映了岩石在破坏前期的应力、应变关系,其特点是当应力达到极限强度时岩石产生猛烈的破坏之后,便失去了承载能力。这个现象是不真实的。这是由于一般的材料试验机的刚度小于岩样刚度的缘故。因此,在试验中,储存于试验机中的弹性变形能很大。当试件发生破坏时,试验机内储存的大量弹性能也立即释放,并对试件产生冲击作用,使试件产生猛烈破坏。实际上岩石从开始破坏到完全失去其承载能力的过程,是个渐进的过程,不是突如其来的过程。这种过程一直延缓到试件的变形能超过其裂隙的表面能为止。采用刚性试验机,并应用伺服控制系统,控制加载速度以适应试件变形速度,就可以得到岩石的全应力—应变曲线,如图 3-2 所示。

OA 段,曲线稍向上凹,这反映岩石试件内部裂隙逐渐被压密,随着岩石内裂隙被压密进入 AB 段;

AB 段,它的斜率为常数或接近于常数。其斜率定义为岩石的杨氏弹性模量 E。随着荷载的继续增大,变形和荷载呈非线性关系,裂隙进入不稳定发展状态,这是破坏的先行阶段,即 BC 段;

BC 段,这一段应力—应变曲线的斜率随着应力的增加逐渐地减小到零,曲线向下凹,在岩石中引起不可逆变化。发生弹性到延性行为过渡的点 B,通常称为屈服点,而相应的应力,称为屈服应力。最高点 C 的应力称为强度极限。

CD 段,曲线下降,是由于裂隙发生了不稳定传播,新的裂隙分叉发展,使岩石开始解体。CD 段以脆性性态为其特征。C 点以前的阶段,可以称为破坏前阶段。这一段的力学表现大体来说,由一般试验机和刚性试验机试验所得到的结果,基本无什么区别。但一般试验机得不出 CD 段过程,所以认为岩石在 C 点发生了破坏。实际岩石是有后破坏特征的。虽然此时裂隙大量发展,但破坏是个渐进过程,不是突如其来的过程。并且在应力超过峰值以后仍然具有一定助承载能力。这对于我们研究岩石的破碎过程和井壁岩石的失稳破坏以及支护时是应该加以考虑的。

二、岩石的抗压强度

岩石的抗压强度就是岩石试件在单轴压力下达到破坏的极限值,它在数值上等于破坏时的最大压应力。岩石的抗压强度一般在实验室内用压力机进行加压试验测定,如图 3-3 所示。

试件通常用圆柱形(钻探岩心)或立方柱状(用岩块加工)。试件的断面尺寸,圆柱形试件采用直径 $D=5$cm,也有采用 $D=7$cm 的;立方柱状试件,采用 5cm×5cm 或 7cm×7cm。试件

的高度 h 应当满足下列条件:

圆柱形试件 $\qquad h=(2\sim2.5)D$

立方柱形试件 $\qquad h=(2\sim2.5)A^{0.5}$

这里 D 为试件的横断面直径，A 为试件的横断面积。当试件高度不足时，其两端与加荷板之间的摩擦力可以影响到测定强度的结果。为了使试件两端平整光滑，可以用石膏浆将它摩光滑，有时也可利用混有碎粘土的液体硫磺进行摩光。

试验结果按下式计算抗压强度:

$$R_c = \frac{P}{A} \qquad (3-1)$$

式中　R_c——岩石单轴抗压强度，MPa；

　　　P——试件破坏时的荷载，MN；

　　　A——试件的横断面面积，m²。

在图 3—4 上表示有岩石试件在单轴向压力作用下的破坏情况。试验证明，破裂面与荷载轴线的夹角近似为 $45°-\varphi/2$（φ 是岩石内摩擦角），这一结果与理论上的角度相符合。表 3—1 列出一些岩石的单轴抗压强度值。

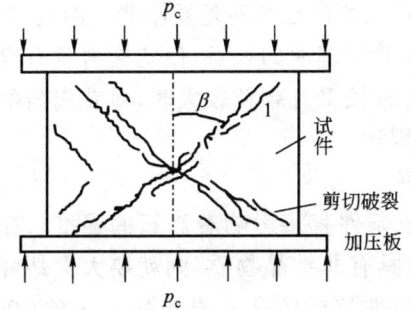

图 3—3　抗压试验

β—破坏角；1—剪切破坏面

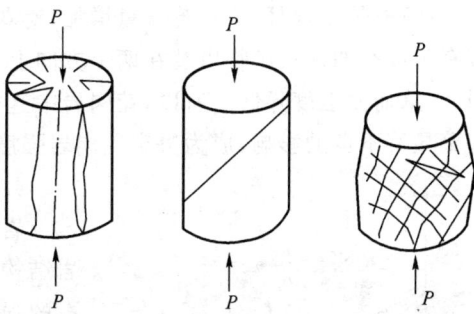

图 3—4　岩石试件在单轴压缩时的破坏

表 3—1　岩石的单轴抗压强度和抗拉强度　　（单位：MPa）

岩石名称	抗压强度 R_c	抗拉强度 R_t	岩石名称	抗压强度 R_c	抗拉强度 R_t
花岗岩	100～250	7～25	石灰岩	30～250	5～25
闪长岩	180～300	15～30	白云岩	80～250	15～25
粗玄岩	200～350	15～35	煤	5～50	2～5
玄武岩	150～300	10～30	片麻岩	50～200	5～20
砂　岩	20～170	4～25	大理岩	100～250	7～20
页　岩	10～100	2～10	板　岩	100～200	7～20

大量试验证明，影响岩石的抗压强度的因素很多，这些因素可分为两方面：

一方面岩石本身，如颗粒大小、矿物成分、颗粒联结及胶结情况、块体密度、层理和裂隙的特性和方向、风化程度、含水情况等；另一方面是试验方法，如试件大小、尺寸、相对比例、形状、试件加工情况和加荷速率等。分述如下。

1. 结晶程度和颗粒大小

岩石的结晶程度和颗粒大小对其抗压强度的影响是显著的。一般来说，结晶岩石比非结晶岩石强度高，细粒结晶的岩石比粗粒结晶的岩石强度高。如以粗晶方解石组成的大理岩强度为80～120MPa，而晶粒为千分之几毫米组成的致密石灰岩的强度能达到260MPa；细晶花岗岩的强度能达到260MPa，而粗晶花岗岩的强度就会降低到120MPa。

2. 胶结情况

对沉积岩来说，胶结情况和胶结物对强度的影响很大。石灰质胶结的岩石强度较低，如石灰质胶结的砂岩的强度在20～100MPa之间；而硅质胶结的具有很高的强度，例如致密的砂岩和胶结物为硅质的砂岩的强度都很高，有时可达200MPa；泥质胶结的岩石强度最低，软弱岩石往往属于这类。以粘土颗粒而论，由硅质胶结的泥板岩的强度可达200MPa，而由泥质胶结的泥质页岩的强度最高也不会超过100MPa。

3. 矿物成分

不同矿物组成的岩石，具有不同的抗压强度，这是由于矿物本身的特点，不同的矿物有着不同的强度。但即使相同矿物组成的岩石，也因受到颗粒大小、联结胶结情况、生成条件等影响，它们的抗压强度也可相差很大。例如，石英是已知造岩矿物中强度较高的矿物，如果石英的颗粒在岩石中互相联结成骨架，则随着石英的含量的增加岩石的强度也增加。石英岩中石英颗粒是成结晶状，所以石英的强度很高(大于300MPa)。而在花岗岩中如果石英颗粒是分散的，未组成骨架，则即使石英含量增加，对花岗岩强度的影响也相对地要小些。而且，花岗岩中含有云母类的片状矿物以及在两个方向上有很发育的解理面的长石，使花岗岩具有隐蔽的软弱面，从而使强度降低。所以，花岗岩中这类矿物含量较多且颗粒较大时，对花岗岩的强度就起着显著不良的影响，成为决定花岗岩强度的主要因素。

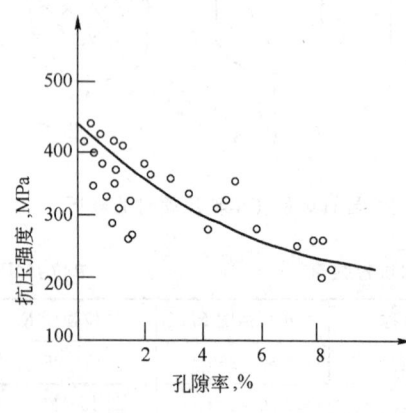

图3-5 石英类岩石的抗压强度与孔隙率的关系

4. 生成条件

岩石的生成条件直接影响着岩石的强度。在岩浆岩结构中，形成具有非结晶物质，则就要大大地降低岩石的强度。例如细粒橄榄玄武岩的强度达到300MPa以上，而玄武质熔岩的强度却降低到30～150MPa。生成条件的影响的又一方面就是埋藏深度，例如，埋藏在深部的岩石的强度比接近地面的岩石强度要高。这是由于埋藏愈深，岩石受压愈大，孔隙率愈小，因而岩石强度增加。图3-5表示石英类岩石(石英岩及石英砂岩)抗压强度与孔隙率的关系。

5. 水的作用

水对岩石的抗压强度起着明显的影响。当水侵入岩石时，水就顺着裂隙、孔隙进入润湿岩石全部自由面上的每个矿物颗粒。由于水分子的侵入改变了岩石物理状态，削弱了粒间联系，使强度降低。其降低程度取决于孔隙和裂隙的状况、组成岩石的矿物成分的亲水性和水分含量、水的物理化学性质等。因此，岩石受水饱和状态试件的抗压强度(湿抗压强度)和干燥状态试件的抗压强度是不同的，它们的比值称为软化系数。

6. 块体密度的影响

块体密度也常常是反映强度的因素，如石灰岩的块体密度从1500kg/m³增加到2700kg/m³，其抗压强度就由5MPa增加到180MPa。

7. 风化作用

风化作用对岩石的强度有重要影响。例如，未风化的花岗岩的抗压强度一般超过100MPa，而强风化的花岗岩的抗压强度可降至4MPa。

以上讨论了岩石本身方面的影响因素。下面再来看试验方法上的因素。

8. 试验方法

主要影响因素有试件形状、尺寸、岩样加工程度、压力机的加压板和岩样的加压面之间的接触情况、加荷速率等。

一般而言，圆柱形试件的强度高于棱柱形试件的强度，这是因为后者应力集中之故；而在棱柱形试件中，截面为六角形试件的强度高于四角形，而四角形的又高于三角形。这种影响称为"形状效应"，岩石试件的尺寸愈大，则强度愈低，反之愈高，这一现象称为"尺寸效应"，这是由于试件内分布着从微观到宏观的细微裂隙，它们是岩石破坏的基础。试件尺寸愈大，细微裂隙愈多，破坏的概率也加大，因此强度降低。根据研究，强度随着试件横断面增大而减小的规律性可用公式(3－2a)表示：

$$R_c = (R_c)_0 \left(\frac{D_0}{D}\right)^m \qquad (3-2a)$$

式中 R_c——直径(圆柱形试件)或截面边长(立方柱形试件)为 D 时的抗压强度；

$(R_c)_0$——当所采用的标准直径或边长为 D_0 时的抗压强度；

m——指数，其值一般在 0.1～0.5 之间。

这个关系式可以用来确定各种不同直径 D 的试件的抗压强度，其中的指数 m 值与岩石的裂隙度成正比，在这一意义上来说，m 值也可用作为评价岩石裂隙性的一种准则。

9. 加荷速率

加荷速率对岩石强度也有影响，因为快速的加荷方式就具有动力的特性。加荷速率增加，其抗压强度也就增大。表 3－2 中列出了在两种不同的加荷速率时，测出的砂岩和辉长岩的抗压强度，由此看出加荷速率的重大影响。

表 3－2　加荷速率对抗压强度的影响

岩石名称	单轴抗压强度，MPa		增加强度，%
	到破坏的时间 30s	到破坏的时间 0.03s	
砂　岩	56	84	50
辉长岩	218	282	30

10. 长度效应

圆柱体试件长度与直径之比(L/D)对试验结果有很大影响。以 σ_c 表示实际的岩石单轴抗压强度，以 σ_c' 表示试验所测得的岩石单轴抗压强度，则 σ_c 和 σ_c' 之间的关系可用公式(3－2b)和图 3－6 予以表示：

$$\sigma_c = \frac{\sigma_c'}{0.778 + 0.222 L/D} \qquad (3-2b)$$

由图中可见，当 $L/D \geqslant 2.5 \sim 3$ 时，σ_c 曲线趋于稳定，试验结果(σ_c')值不随 L/D 的变化而

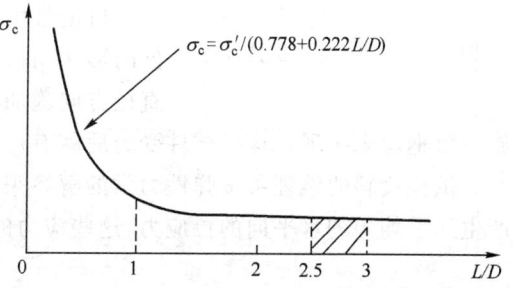

图 3－6　单轴抗压强度长度效应图

明显变化。因此 ISRM(国际岩石力学学会)建议进行岩石单轴抗压强度试验时所使用的试件长度(L)与直径(D)之比为 2.5~3。

11. 端部效应

进行压缩试验时,试件的端部效应也必须予以注意。如图 3-3 所示,当试件由上、下两个铁板加压时,铁板与试件端面之间存在摩擦力,因此在试件端部存在剪应力,并阻止试件端部的侧向变形,所以试件端部的应力状态不是非限制性的,也不是均匀的。只有在离开端面一定距离的部位,才会出现均匀应力状态。为了减少"端部效应",必须在试件和铁板之间加润滑剂,以充分减少铁板与试件端面之间的摩擦力。同时必须使试件长度达到规定要求,以保证在试件中部出现均匀应力状态。如铁板与试件端面之间不存在摩擦力,则均匀应力状态将在整个试件中出现。

三、岩石的抗拉强度

岩石的抗拉强度是指岩石试件在单向拉伸条件下试件达到破坏的极限值,它在数值上等于破坏时的最大拉应力。和岩石的抗压强度相比较,抗拉强度的研究要少得多。这可能是直接进行抗拉强度的试验比较困难,目前大多是进行各种各样的间接试验,再通过理论公式算出抗拉强度。关于在这方面的试验方法还没有标准化,还有待进一步发展。

在水工建筑中,岩石还是可能受到拉应力作用的,例如,高压水工隧洞的围岩,大坝坝踵附近地基,都可能产生一定的拉应力。根据试验,岩石的抗拉强度比起抗压强度来要小得多,甚至最坚硬的岩石也只有 30MPa 左右。许多岩石的抗拉强度小于 2MPa。岩石的抗拉强度一般小于或等于抗压强度的 1/10。

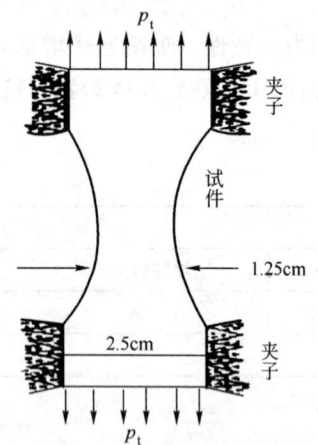

图 3-7 岩石直接抗拉试件

岩石的直接抗拉试验的试件如图 3-7 所示。在试验时将这种试件的两端固定在拉力机上。然后对试件施加轴向拉力直至破坏,算出试件的抗拉强度:

$$R_t = \frac{P_t}{A} \quad (3-3)$$

式中　R_t——岩石的抗拉强度,MPa;
　　　P_t——试件破坏时的最大拉力,MN;
　　　A——试件中部的横截面面积,m^2。

该法的缺点是,试件制备困难,它不易与拉力机固定,而且在试件固定处附近往往有应力集中现象,同时难免在试件两端面有弯曲力矩。因此,这个方法用得不多。

目前常用混凝土试验中的劈裂法测定岩石的抗拉强度。试件的形状用得最多的是圆柱体和立方体。试验时沿着圆柱体的直径方向施加集中荷载,这可以在试件与上、下承压板接触处各放一根钢丝来实现。这样试件受力后就有可能沿着受力的直径裂开,如图 3-8 所示。

试验资料的整理可按弹性力学的解答来进行。根据弹性力学公式,这时沿着垂直向直径产生几乎均匀的水平向的拉应力,这些应力的平均值为:

$$\sigma_x = \frac{2P}{\pi Dl} \quad (3-4)$$

式中　P——作用荷载;

D——圆柱形试件的直径；

l——圆柱形试件的长度(单位用国际标准单位)。

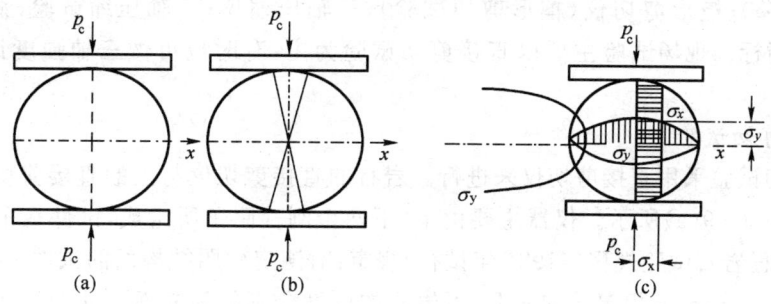

图 3-8 岩石劈裂试验
(a)加荷情况；(b)试件开裂；(c)试件内应力分布

在水平向直径平面内，产生最大的压应力为(在圆柱形的中心处)：

$$\sigma_y = \frac{6P}{\pi Dl} \tag{3-5}$$

这两个直径内的应力分布如图 3-8(c)所示，圆柱形试件的压应力只有拉应力的 3 倍，但岩石的抗压强度往往是抗拉强度的 10 倍。这就说明岩石试件在这条件下总是受拉破坏而不是受压破坏的。因此，可利用劈裂法来求岩石的抗拉强度，这时只需在公式(3-4)中用破裂时的最大荷载代替其中的 P，即得抗拉强度

$$R_t = \frac{2P_{max}}{\pi Dl} \tag{3-6}$$

式中，P_{max} 为破裂时的最大荷载；其余符号同前。

如果试件为立方体，则抗拉强度按公式(3-7)计算：

$$R_t = \frac{2P_{max}}{\pi a^2} \tag{3-7}$$

式中，a 为立方体试样的边长；其余符号同前。

这个方法的优点是简便易行，不需特殊设备，只要有普通的压力机就可进行试验。因此，该法在生产实践中已经获得了广泛的应用。

表 3-1 给出了某些岩石的抗拉强度，一般而言，岩石的抗拉强度与抗压强度之间一般存在着线性关系，可以近似地表示为：

$$R_c = C_m R_t \tag{3-8}$$

式中，C_m 在 4~10 范围内变化，依据岩石的类型而定。

四、岩石的抗剪强度

岩石的抗剪强度就是岩石抵抗剪切滑动的能力，它是岩石力学中需要研究的最重要指标之一，往往比抗压和抗拉强度更有意义。根据莫尔—库仑强度理论，岩石的抗剪强度可用凝聚力 c 和内摩擦角 φ 来表示，它们可以通过室内外的剪切试验确定。为了结合岩石的实际破坏情况，取得相应的剪切指标，通常，岩石的剪切试验可分为抗剪断试验、抗剪试验(或称摩擦试

验)以及抗切试验(在剪切面上不加法向荷载的情况下剪切)三种。

决定抗剪断(抗剪)强度的方法可分为室内和现场两大类。室内试验常用直接剪切仪(直接剪切试验)、楔形剪切仪(楔形剪切试验)、三轴压缩仪(三轴压缩试验)测定岩石的抗剪断(抗剪)指标。现场试验主要以直接剪切试验为主,有时也可做三轴强度试验。现分述如下。

1. 直接剪切试验

直接剪切试验采用直接剪切仪来进行。岩石的直接剪切仪与土的直接剪切仪类似,试验仪器装置如图3—9(a)所示。仪器主要由上、下两个刚性匣子所组成,试件在平面内的尺寸,《水利水电工程岩石试验规程》(1981年试行)规定:对测定软弱结构面的试件,规定为15cm×15cm~30cm×30cm,并规定结构面上、下岩石的厚度分别约为断面尺寸的1/2左右;对于测定岩石本身抗剪强度的试件没有明确规定,一般为5cm×5cm。在制备试件时,可以将试件沿着四周切成凹槽状(图3—9(b))。当试件不可能做成规则形状时,可以用砂浆将它浇制在一起进行剪切(图3—9(c))。将制备好的岩石试件放入剪切仪的上、下匣之间。一般上匣固定,下匣可以水平移动。上下匣的错动面就是岩石的剪切面。进行这种试验,就可以将试件在所选定的平面内进行剪切。

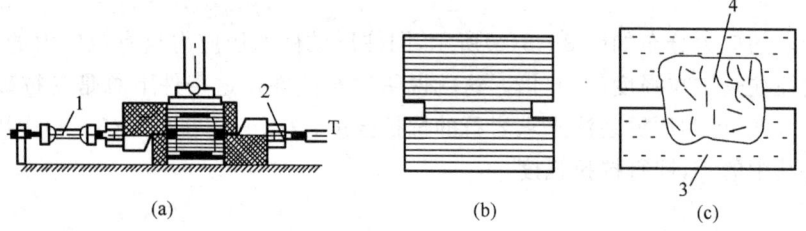

图3—9 直接剪切试验及试件制备
1—测力计;2—旋转接合;3—岩样;4—砂浆
(a)直接剪切;(b)试件;(c)不规则试件

每次试验时,先在试件上施加垂直荷载P,然后在水平方向逐渐施加水平剪切力T,直至达到最大值T_{max}发生破坏为止。剪切面上的正应力σ和剪应力τ按公式(3—9)、公式(3—10)计算:

$$\sigma = \frac{P}{A} \quad (3-9)$$

$$\tau = \frac{T}{A} \quad (3-10)$$

式中 A——试件的剪切面面积(单位用国际标准单位)。

2. 楔形剪切试验

楔形剪切试验用楔形剪切仪进行。这种仪器的主要装置如图3—10(a)所示。试验时的受力情况如图3—10(b)所示。把装有试件的这种装置放在压力机上进行加压,直至试件沿着AB面发生剪切破坏。所以这种试验实际上也是另一种形式的直接剪切试验。根据平衡条件,可以列出下列方程式:

$$N - P\cos\alpha - Pf\sin\alpha = 0 \quad (3-11)$$

$$Q + Pf\cos\alpha - P\sin\alpha = 0 \quad (3-12)$$

式中　P——压力机上施加的总垂直力,kN；
　　　N——作用在试件剪切面上的法向总压力,kN；
　　　Q——作用在试件剪切面上的切向总剪力,kN；
　　　f——压力机垫板下面的滚珠的摩擦系数,可由摩擦校正试验决定；
　　　α——剪切面与水平面所成的角度。

将式(3—11)和式(3—12)分别除以剪切面积,即得

$$\sigma = \frac{P}{A}(\cos\alpha + f\sin\alpha) \tag{3-13}$$

$$\tau_f = \frac{P}{A}(\sin\alpha - f\cos\alpha) \tag{3-14}$$

式中　A——剪切面面积,cm^2。

试件尺寸为 10cm×10cm×5cm,最大的有达 30cm×30cm×30cm 的。在试验时应当采用多个试件,分别以不同的 α 角进行试验。当破坏时,对应于每一个 α 值可以得出一组 σ 和 τ_f 值,由此便可以得到如图 3—11 所示的曲线。从图中曲线可以看出,铅直压力变化范围较大时,τ_f—σ 为一曲线关系,但当 $\sigma<10$MPa 时就可视为直线。

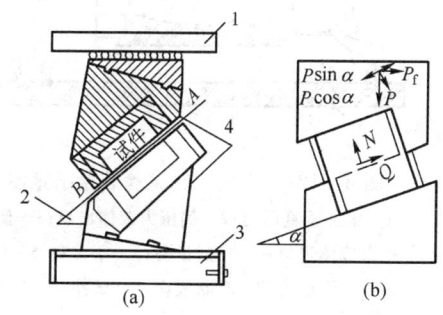

图 3—10　楔形剪切仪
(a)楔形剪切仪装置；(b)剪切受力情况
1、3—上、下压板；2—倾角；4—夹具

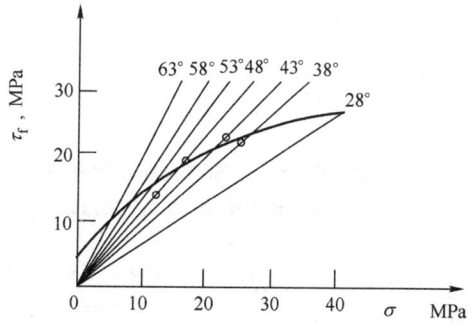

图 3—11　楔形剪切试验结果

如果采用不规则试件,则把试件浇在砂浆内,形成规则形状,便于试验。对于具有裂隙和层理的岩块,要确定沿裂隙和层理的抗剪强度也可以这样做,这时只要把裂隙面或层理面安放在 AB 的位置上(图 3—10)。这种试验方法的主要缺点是由于仪器构造上 α 角不能太大,它不能反映低压段的情况,此外,为了获得强度曲线,需要多个试件和各次改变 α 值,工作量较大。

3. 三轴压缩试验

岩石在三向压缩荷载作用下,达到破坏时所能承受的最大压应力称为岩石的三轴抗压强度。与单轴压缩试验相比,试件除受轴向压力外,还受侧向压力。侧向压力限制试件的横向变形,因而三轴试验是限制性抗压强度试验。

三轴压缩试验的加载方式有两种。一种是真三轴加载,试件为立方体,加载方式如图 3—12a 所示。其中 σ_1 为主压应力,σ_2 和 σ_3 为侧向压应力。这种加载方式试验装置繁杂,且六个面均可受到由加压铁板所引起的摩擦力,对试验结果有很大影响,因而实用意义不大。故极少有人做这样的三轴试验。常规的三轴试验是伪三轴试验,试件为圆柱体,试件直径为 25~150mm,长度与直径之比为 2∶1 或 3∶1。加载方式如图 3—12b 所示,轴向压力 σ_1 的加

载方式与单轴压缩试验时相同。但由于有了侧向压力,其加载时的端部效应比单轴加载时要轻微得多。侧向压力($\sigma_2=\sigma_3$)由圆柱形液压油缸施加。由于试件侧表面已被加压油缸的橡皮套包住,液压油不会在试件表面造成摩擦力,因而侧向压力可以均匀施加到试件中。在上述两种试验条件下,三轴抗压强度均为试件达到破坏时所能承受的最大 σ_1 值。

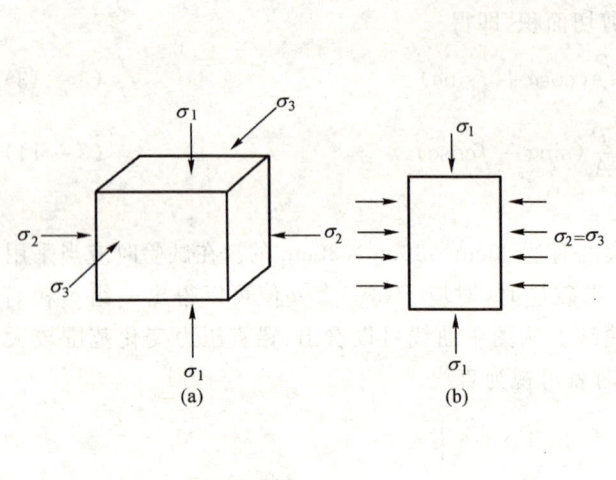

图 3-12a　三轴试验加载示意图
(a)真三轴加载;(b)常规三轴加载

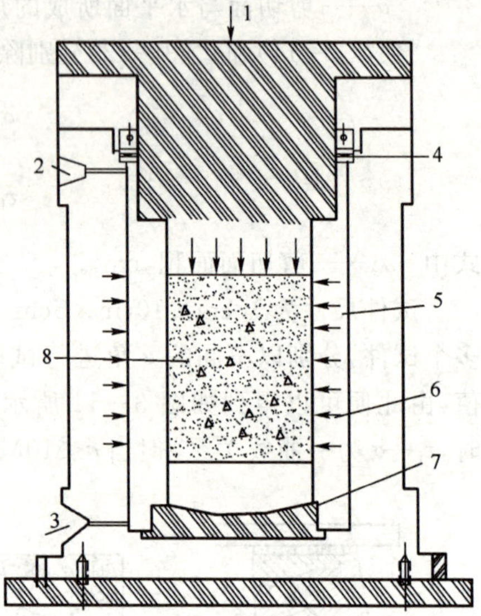

图 3-12b　常规三轴试验装置示意图
1—施加垂直压力;2—侧压力液体出口;3—侧压力液体进口;4—密封设备;5—压力室;6—侧压力;7—球状底座;8—试件

这种试验就是利用三轴向压力试验的结果来求出剪切面上的 σ 与 τ_f 的关系。试验的装置(图 3-12b)与试验的方法和土的三轴压力试验相类似,不过所能施加的侧向压力和垂直压力要比土的三轴仪大得多。例如,"长江 500 型"的垂直总荷载为 5000kN,侧压力为 150MPa,试件尺寸为 9cm×20cm 圆柱体。由于荷载很大,垂直荷载和侧向荷载都借油压施加。

在进行三轴试验时,先将试件施加侧压力,即小主应力 σ_3',然后逐渐增加垂直压力,直至破坏,得到破坏时的 σ_1',从而可得出一个破坏时的应力圆。采用相同的岩样,改变侧压力,即 σ_3'',施加垂直压力直至破坏,得 σ_1'',从而又得到一个破坏应力圆。重复上述试验可得数个应力圆,绘出这些应力圆的包络线,即可求得岩石的抗剪强度曲线,如图 3-13 所示。曲线绘成后,如果把它看作是一根近似的直线,则可根据该线在纵轴上的截距和该线与水平线的夹角,求得岩石的凝聚力 c 和内摩擦角 φ。图 3-14 绘出了角闪岩的三轴试验结果。

与单轴压缩试验一样,三轴试验试件的破裂面与大主应力 σ_1 方向间的夹角为 $45°-\dfrac{\varphi}{2}$。

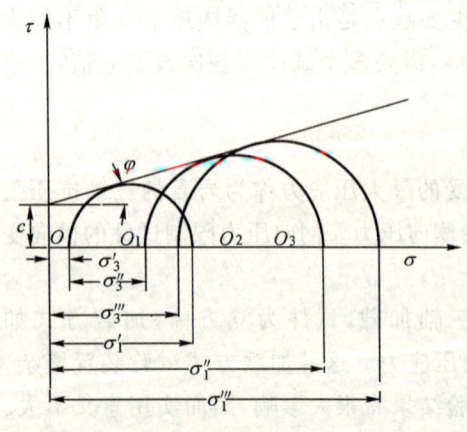

图 3-13　极限莫尔应力圆

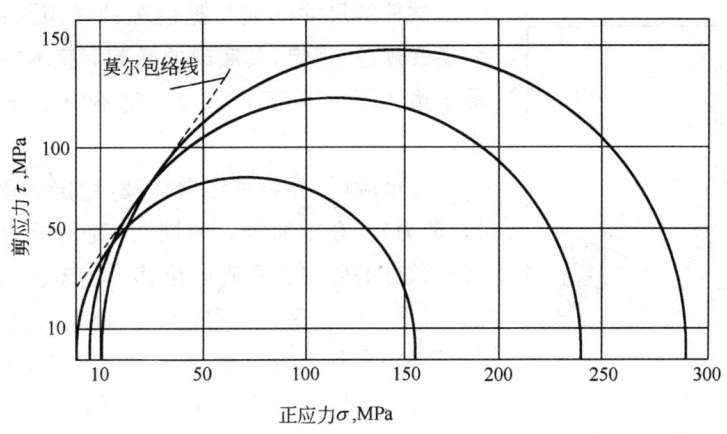

图 3—14 角闪岩的三轴试验结果

表 3—3 某些岩石的凝聚力、内摩擦角参考值

岩石种类	凝聚力,MPa	内摩擦角 φ	岩石种类	凝聚力,MPa	内摩擦角 φ
花岗岩	14～50	45°～60°	页岩	3～30	15°～30°
粗玄岩	25～60	55°～60°	石灰岩	10～50	35°～50°
玄武岩	20～60	50°～55°	石英岩	20～60	50°～60°
砂岩	8～40	35°～50°	大理岩	15～30	35°～50°

由于岩石中有细微裂隙和层理等软弱面,它的强度就表现出明显的各向异性。需要指出的是,岩石的抗拉强度、抗压强度以及三轴试验强度都与岩石的孔隙度有关。研究表明这三种强度与孔隙度呈指数关系,显然随着岩石孔隙度的增大,岩石的三种强度迅速降低。在表3—3上列示某些岩石的抗剪断强度指标,供参考。

4. 现场强度试验

前面讨论的抗剪强度试验都是用小块试件进行的,这些试验对于我们认识岩石的强度无疑是有益的。但是小块试件难于反映现场天然岩石的某些地质缺陷,如裂隙、节理、层理等。致使试验结果与现场岩石有一定出入。为了克服这一缺点,可以进行现场强度试验,即岩体强度试验。但应指出,目前的现场试验成果,由于受到试验条件、设备和方法等的种种限制,要达到全面而真实地反映岩体的实际工作情况,仍有一定的困难(这对于现场变形试验也是如此)。

下面介绍两种现场强度试验:岩体的直接剪切试验和三轴强度试验。

1)现场直接剪切试验

在我国许多工程中普遍采用的试验方法是双千斤顶法,此法是用两个油压千斤顶(有的单位用两个压力钢枕)按图 3—15 所示的方式布置,一个用来施加垂向荷载,另一个用来施加侧向推力。试验多数是放在岩壁上专门开凿的试洞中进行;如果采用反力框架,也可以在露天的坑道或大口径钻井的井底进行。施加侧向推力的方式有平推法和斜推法两种。在采用斜推法时应当使垂向荷载与侧向推力的合力通过剪切面的中心,这样可使应力分布均匀。

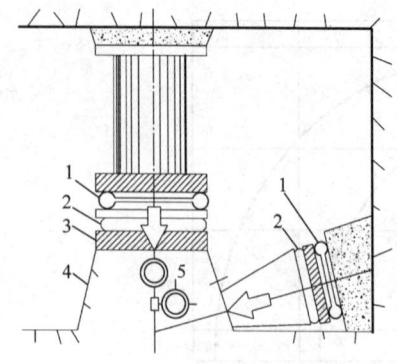

图 3—15 岩体现场抗剪试验
1—加压钢枕；2—侧力钢枕；3—传压钢板；
4—岩石试件；5—千分表

试件的尺寸一般根据裂隙的间距来决定。《岩土工程堪察规范》规定，其底部的受剪面积不得小于 2500cm²，最小边长不宜小于 50cm，高度不应小于最小边长的一半。

在试验时，先施加法向荷载，稳定后逐级施加侧向推力(剪力)。在施加压力的同时，利用千分表(或测微计)观测试件的侧向和垂直向位移。随着侧向推力的逐渐增加，水平位移和垂直位移也不断增大，直至试件产生剪断(或滑动)破坏为止。根据试验的结果，可以绘制出剪应力 τ 与水平位移 δ_h 的关系曲线(图 3—16)。根据该曲线可以求出在该垂直应力下试件的峰值强度和剩余强度。对多个相同试件分别在不同垂直应力 σ 的作用下重复试验，即可获得每个垂直应力下的多个峰值强度和剩余强度。如室内直接剪切试验一样整理资料，绘出抗剪强度与垂直应力的关系曲线，如图 3—17 所示。在设计时，为安全起见，不宜采用峰值强度，根据有些单位的经验，可以取用峰值强度的 0.8~0.85。

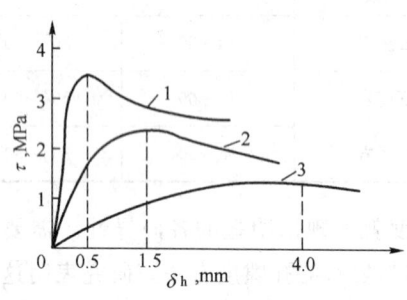

图 3—16 角闪岩的三轴试验结果

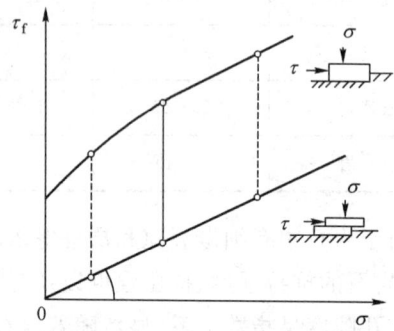

图 3—17 强度曲线

在图 3—18 上给出了现场直接剪切试验时试件垂直变形曲线。测点的布置见图的上部，在试件上部前缘(三角形)、后缘(圆圈)和两个侧缘各有一个测点。从变形曲线可以看出：(1)当剪力增加时，后缘的垂直变形开始为零，然后逐渐增长，说明剪切区发生膨胀；(2)前缘的垂直位移说明了试件开始为压缩，而后在接近破坏剪应力的剪力作用下也开始膨胀；(3)两个侧缘的垂直变形相应于前、后缘变形值之间的某一平均值。从曲线上还可看出，当剪力为一定时，前缘的垂直变形最后还改变符号(改为负值)，即表明剪切区材料体积增大。材料体积的增大表示开始破坏过程，达到了强度极限，因此，在进行直接剪切试验时也可根据垂直变形的情况来判断抗剪强度的大小。此外，在工程实践中，常借助于预应力锚杆来减少剪切区岩体的膨胀发生的可能性，可以大大地提高岩体的抗剪强度。

2) 现场岩体三轴强度试验

大型岩体三轴强度试验是采用同直剪试验一样的方法制备试件；垂直荷载是用扁千斤顶通过传力柱传到上部围岩产生的反力供给；侧向荷载分别由 x 轴、y 轴上的两对扁千斤顶组产生。图 3—19 是瑞士工程师吉尔格(Gilg)和迪特里契(Dietlicher)所采用的岩体三轴强度试验装置。

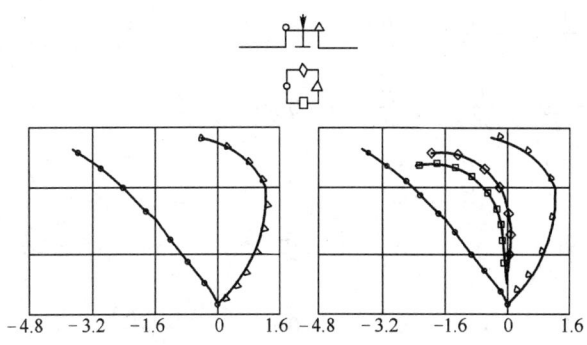

图 3—18 现场直接剪切试验时试件垂直位移曲线

（$\sigma=0.1$MPa；垂直位移向下为正）

试验时,荷载的大小可以根据岩体受力状态来选定。当岩体各向异性明显时,则要求改变水平荷载的方向和大小,做一组或几组试验。无疑每组试验所绘制的莫尔应力圆包络线将不会相同,各组试验的 c 值与 φ 值也将是不同的。由于岩体三轴强度试验能够模拟岩体内的受力情况,所以,它比直接剪切试验求得的指标更接近于实际情况。

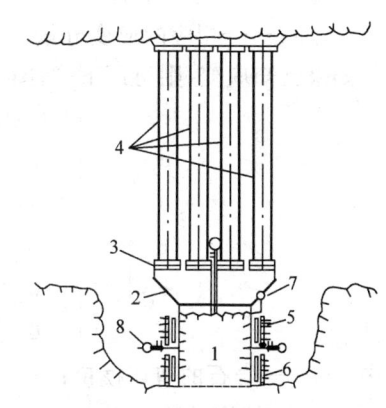

图 3—19 岩体三轴强度试验装置
1—试件；2—垫块；3—扁千斤顶；4—传力柱；
5—横向扁千斤顶；6—钢架；7,8—千分表

由于岩体内往往有多组不同方向的不连续面,而且不同方向的不连续面上的抗剪强度也可能不同,因而现场岩体的抗剪强度是各向异性的。岩体中裂隙、剪切破碎带等不连续面的存在,使得岩体的抗剪强度比室内岩块试验的强度要低得多,特别是在平行于这些不连续面的方向内更为显著。当加荷的方向正交于或近乎正交于潜在破坏面时,抗剪强度即将接近于完整岩块的抗剪强度。当加荷方向平行或近乎平行于不连续面时,则抗剪强度就决定于这个不连续面上的抗剪能力,抗剪强度要比室内岩块试验的强度低得多。后一种情况是危险的,也就是某些大坝导致失事的原因。这种情况的危险性已经得到了国内外岩石力学工作者的关注,近年来对岩体不连续面强度的研究日渐深入。

第三节 岩石的变形性质

一、岩石的变形特征

1. 岩石变形的概念

岩石的变形是指岩石在任何物理因素作用下形状和大小的变化。工程最常研究的变形是由于力的影响所产生的,例如在岩石上施加荷载或在岩石中开挖都要引起岩石变形。

岩石的变形特性常用弹性模量 E 和泊松比 μ 两个常数来表示。当这两个常数为已知时,就可用三维应力条件的广义胡克定律计算出给定应力状态下的变形：

$$\begin{Bmatrix} \varepsilon_x \\ \varepsilon_y \\ \varepsilon_z \\ \gamma_{xy} \\ \gamma_{yz} \\ \gamma_{zx} \end{Bmatrix} = \begin{bmatrix} \dfrac{1}{E} & -\dfrac{\mu}{E} & -\dfrac{\mu}{E} & 0 & 0 & 0 \\ -\dfrac{\mu}{E} & \dfrac{1}{E} & -\dfrac{\mu}{E} & 0 & 0 & 0 \\ -\dfrac{\mu}{E} & -\dfrac{\mu}{E} & \dfrac{1}{E} & 0 & 0 & 0 \\ 0 & 0 & 0 & \dfrac{2(1+\mu)}{E} & 0 & 0 \\ 0 & 0 & 0 & 0 & \dfrac{2(1+\mu)}{E} & 0 \\ 0 & 0 & 0 & 0 & 0 & \dfrac{2(1+\mu)}{E} \end{bmatrix} \begin{Bmatrix} \sigma_x \\ \sigma_y \\ \sigma_z \\ \tau_{xy} \\ \tau_{yz} \\ \tau_{zx} \end{Bmatrix} \quad (3-15)$$

式中 σ_x、σ_y——应力分量；

ε_x、ε_y——相应的应变分量。

如果已知应变,则可用下式计算应力:

$$\begin{Bmatrix} \sigma_x \\ \sigma_y \\ \sigma_z \\ \tau_{xy} \\ \tau_{yz} \\ \tau_{zx} \end{Bmatrix} = \begin{bmatrix} \lambda+2G & \lambda & \lambda & 0 & 0 & 0 \\ \lambda & \lambda+2G & \lambda & 0 & 0 & 0 \\ \lambda & \lambda & \lambda+2G & 0 & 0 & 0 \\ 0 & 0 & 0 & G & 0 & 0 \\ 0 & 0 & 0 & 0 & G & 0 \\ 0 & 0 & 0 & 0 & 0 & G \end{bmatrix} \begin{Bmatrix} \varepsilon_x \\ \varepsilon_y \\ \varepsilon_z \\ \gamma_{xy} \\ \gamma_{yz} \\ \gamma_{zx} \end{Bmatrix} \quad (3-16)$$

式中 G——岩石的剪切模量；

λ——拉梅常数。

它们都可用 E 和 μ 来计算出来：

$$G = \frac{E}{2(1+\mu)} \quad (3-17)$$

$$\lambda = \frac{E\mu}{(1+\mu)(1-2\mu)} \quad (3-18)$$

另一个变形常数是体积弹性模量 K，它表示平均应力 $\sigma_m = (\sigma_x + \sigma_y + \sigma_z)/3$ 与体积应变 $\Delta V/V$（这里 V 为原来的体积，ΔV 为体积改变量）之比，即

$$K = \frac{\sigma_m}{\dfrac{\Delta V}{V}} \quad (3-19)$$

$$K = \frac{E}{3(1-2\mu)} \quad (3-20)$$

但是仅仅用这些弹性常数来表征岩石的变形性质是不够的，因为许多岩石的变形是非弹性的。在现场条件下，岩石有裂隙、破碎、层理面、粘土夹层，大多数岩体不是完全弹性的。荷载卸除后变形不完全恢复，有永久变形（残余变形）。

2. 岩石变形性质

1）岩石应力—应变的一般关系

对于较多数的岩石来说，应力—应变曲线具有近似直线的形式，如图 3—20(a)所示，在直

线的末端 F 点处发生突然破坏,这种应力—应变关系可用公式(3—21)表示
$$\sigma = E\varepsilon \qquad (3-21)$$
式中 E——弹性模量,即 OF 线的斜率。

如果岩石严格地遵循公式(3—21)的关系,那么这种岩石就是线性弹性的,可以用弹性力学的理论。

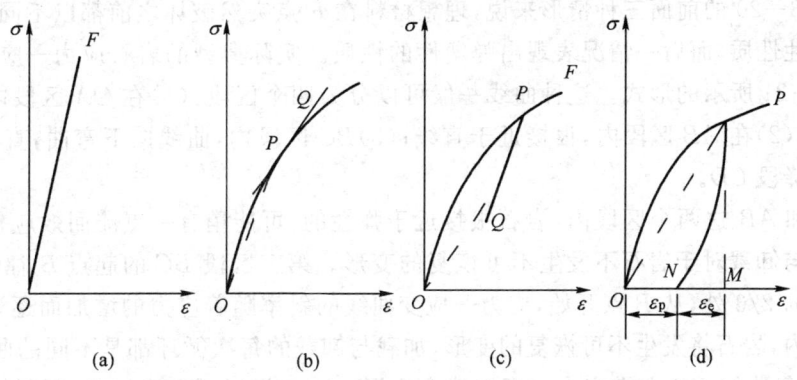

图 3—20 几种典型的岩石的应力—应变曲线
(a)线性弹性;(b)完全弹性;(c)弹性;(d)弹塑性

如岩石的应力—应变关系是曲线,如图 3—20(b)所示,但应力与应变之间有着惟一的关系,即
$$\sigma = f(\varepsilon) \qquad (3-22)$$
则这种材料称为完全弹性的,当荷载逐渐施加到任何点 P,得加载曲线 OP。如果在 P 点将荷载逐渐卸去,则卸载曲线仍沿 OP 曲线的路线退到原点 O,亦即仍按上式相同的路线进行。由于应力—应变是—曲线关系,所以这里没有惟一的模量,但对于相应于 P 点的任何的 σ 值,都有一个切线模量和割线模量。切线模量就是 P 点在曲线上的切线 PQ 的斜率:
$$E = \frac{\mathrm{d}\sigma}{\mathrm{d}\varepsilon} \qquad (3-23)$$
而割线模量就是割线 OP 的斜率,它等于 σ/ε。

如果逐渐加载至某点 P,然后再逐渐卸载至零,应变也退至零,但卸荷曲线不走加载曲线 OP 的路线,如图 3—20(c)中虚线所示,则这种材料称为弹性的。这是产生了所谓滞回效应。在这种情况下,加载时在物体上做的功大于卸载时的功,因此,在加载与卸载的循环中能量在物体中消散。卸载曲线上 P 点的切线 PQ 的斜率就是相应于该应力的卸载模量。

如果逐渐加荷至某点 P,得加载曲线 OP,然后再逐渐卸载至零,不仅卸载曲线不走加载曲线的路线,而且应变也不恢复到零(原点),如图 3—20(d)所示的 N 点,则这种材料称为弹塑性的,能够恢复的变形叫做弹性变形,以 ε_e 表示(MN 段),而不可恢复的变形,称为塑性变形或残余变形、永久变形,以 ε_p 表示。加载曲线与卸载曲经所组成的环,叫做塑性滞回环。弹性模量 E 就是加载曲线直线段的斜率,而加载曲线直线段大致与卸载曲线的割线相平行。这样,一般可将卸载曲线的割线的斜率作为弹性模量,即 $E = \frac{PM}{NM}$。

而岩石的变形模量 E_o 取决于总的变形量,即取决于弹性变形 ε_e 与塑性变形 ε_p 之和,$\varepsilon = \varepsilon_e + \varepsilon_p$。它是正应力 σ 与总的正应变 ε 之比,其值可按公式(3—24)计算:
$$E_o = \frac{\sigma}{\varepsilon} \qquad (3-24)$$

在图 3—20(d)上,它相应于割线 OP 斜率:$E_c = \dfrac{PM}{OM}$。

在线性弹性材料中,变形模量等于弹性模量。在弹塑性材料中,当材料屈服后,其变形模量不是常数,它与荷载的大小或范围有关。在应力—应变曲线上的任何点与坐标原点相连的割线的斜率,表示该点所代表的应力的变形模量。

对于图 3—20 的前面三种情形来说,理想材料在 F 点突然破坏之前都以不同的形式表现出不同的弹性性质,而后一情况表现出弹塑性的性质。实际典型的岩石应力—应变曲线则往往是如图 3—21 所示的形式。这种曲线一般可以分为四个区段:(1)在 OA 区段内,该曲线稍微向上弯曲;(2)在 AB 区段内,很接近于直线;(3)BC 区段内,曲线向下弯曲,直至 C 点的最大值;(4)下降段 CD。

在 OA 和 AB 这两个区段内,岩石很接近于弹性的,可能稍有一点滞回效应,但是在这两个区内加载与卸载对于岩石不发生不可恢复的变形。第三区段 BC 的起点 B 往往是在 C 点最大应力值的 2/3 处,从 B 点开始,应力—应变曲线的斜率随着应力的增加而逐渐降低到零。在这一范围内,岩石将发生不可恢复的变形,加载与卸载的每次循环都是不同的曲线。在图 3—21 上的卸载曲线 PQ 在零应力时还有残余变形 ε_p。如果岩石上再加载,则再加载曲线 QR 总是在曲线 $OABC$ 以下,但最终与之连接起来。

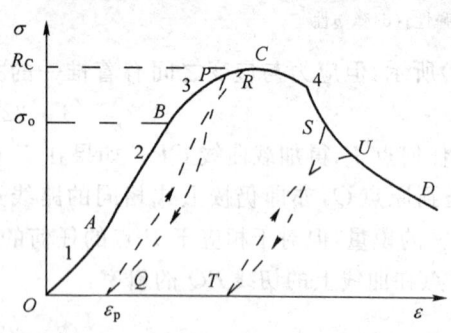

图 3—21 完全的应力—应变曲线

第四区段 CD,开始于应力—应变曲线上的峰值 C 点,其特点是这一区段上曲线的斜率为负值。在这一区段内卸载可能产生很大的残余变形。图中 ST 表示卸载曲线,TU 表示再加载曲线。可以看出,TU 线在比 S 点低得多的应力下趋近于 CD 曲线。这一范围内的特点是岩石表现出脆性性质。从图 3—21 上所示破坏后的荷载循环 STU 来看,破坏后的岩石仍可能具有一定的刚度,从而也就可能具有一定的承载能力。

以上分析了应力—应变曲线的四个区段。根据近几年来的研究表明:第一区段属于压密阶段,这是由于细微裂隙的闭合造成的;第二区段 AB 相应于弹性工作阶段;第三阶段 BC 为材料的塑性性状阶段,主要是由于平行于荷载轴的方向内开始强烈地形成细微裂隙;最后区段为材料的破坏阶段;

经过上面的讨论,我们可以进一步写出下列基本定义:

(1)塑性或塑性状态:如果材料承受永久变形而没有失去其承载能力,则这种材料称为塑性的或处于塑性状态。在有些文献中也有把这种材料称为韧性的或处于韧性状态。

(2)脆性或脆性状态:如果材料的承载能力随着变形的增加而减少,则材料就称为脆性的或处于脆性状态。

因此,在图 3—21 上,在 BC 范围内岩石是处于塑性状态(韧性状态),在 CD 区段内岩石处于脆性状态,通常将下降段 CD 的最大斜率定义为脆性度(Brittleness)。

曲线上纵坐标值最大的 C 点标志着岩石从塑性到脆性的转变,该点的纵坐标就是大家熟知的单轴抗压强度 R_c。破坏从 C 点开始,整个脆性区段 CD 都不断地破坏,实际试验时常常在 CD 曲线上某点发生突然破坏,它相应于岩石内某平面上凝聚力完全损失的时刻,这个情况就是所谓脆性破裂。

在曲线上的 B 点，是岩石从弹性转变为塑性的转折点，也就是所谓屈服点，相应于该点的应力 σ_s 称为屈服应力。

2）应力—应变曲线类型

米勒（Miller）根据岩石的应力—应变曲线随着岩石的性质不同有各种不同形式的特点，采用 28 种岩石进行了大量的单轴试验后，将岩石的应力—应变曲线分成 6 种类型，如图 3—22 所示。

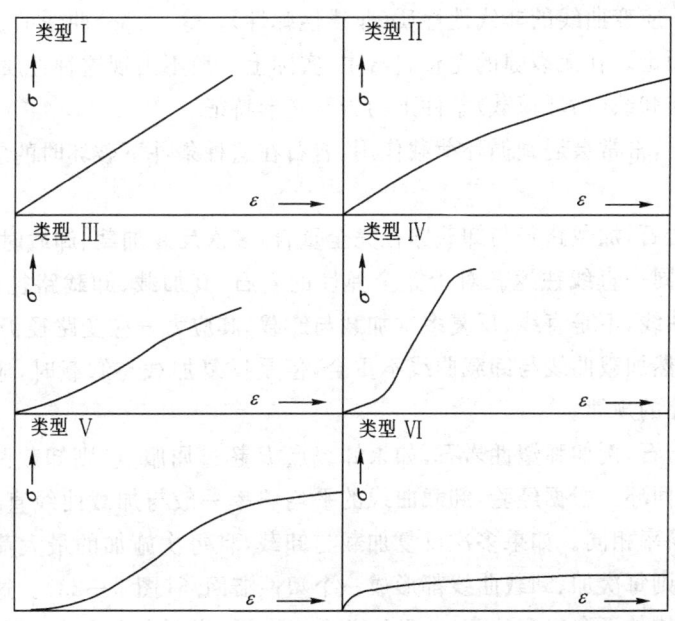

图 3—22 岩石典型的应力—应变曲线类型

类型 Ⅰ：弹性关系，应力与应变的关系是一条直线或者近似直线，直到试件发生突然破坏为止。具有这种变形类型的岩石有玄武岩、石英岩、白云岩以及极坚固的石灰岩。

类型 Ⅱ：弹—塑性，在应力较低时，应力—应变关系近似于直线，当应力增加到一定数值后，应力—应变曲线向下弯曲变化，且随着应力逐渐增加，曲线斜率也愈来愈小，直至破坏，具有这种变形性质的典型岩石有较软弱的石灰岩、泥岩以及凝灰岩等。

类型 Ⅲ：塑—弹性，在应力较低时，应力—应变曲线略向上弯曲，当应力增加到一定数值后，应力—应变曲线就逐渐变为直线，直至试件发生破坏。具有这种变形性质的代表性岩石有花岗岩、片理平行于压力方向的片岩以及某些辉绿岩等。

类型 Ⅳ：塑—弹—塑性，压力较低时，曲线向上弯曲。当压力增加到一定值后，变形曲线就成为直线。最后，曲线向下弯曲，曲线似 S 形。这种变形类型的岩石大多数是变质岩，例如大理岩、片麻岩等。

类型 Ⅴ：基本上与 Ⅳ 相同，也呈 S 形，不过曲线的斜率较平缓，一般发生在压缩性较高的岩石中。压力垂直于片理的片岩具有这种性质。

类型 Ⅵ：弹—塑—蠕变性，应力—应变关系曲线是岩盐的特征，开始先有很小一段直线部分，然后有非弹性的曲线部分，并继续不断地蠕变。某些软弱岩石也具有类似特性。

在以上这些应力—应变关系曲线中,向下弯的曲线(类型Ⅱ)和S形曲线在高应力时出现的下弯段,是由于高压力作用下岩石内部形成细微裂隙和局部破坏的缘故;而向上弯曲的曲线(类型Ⅲ)以及S形曲线在低压时出现的向上弯曲段,是由于岩石在压力作用下其张开裂隙或微裂隙闭合的结果。由于张开裂隙或微裂隙闭合而引起的岩石变形是不可恢复的,这就属于塑性变形的性质。此外,在裂隙两侧面上一般并不光滑平整,而总是在裂隙面有高低不平的"丘状"部分。裂隙闭合过程中,裂隙面上的"丘状"部分先接触,这些"丘状"部分就产生弹性变形。随着荷载的增加,这些"丘状"部分接触处的总面积也就增大,而"丘状"部分的高度减小,这就决定了应力—应变曲线的非线性性质(非线性弹性)。这一部分曲线的长度依据岩石裂隙性的状态和性质而定。在无裂隙的完整岩石中,实际上一般不出现这种性质(类型Ⅰ)。

3)反复加载与卸载(循环荷载)条件下的岩石变形特征

在岩石工程中,常常会遇到循环荷载作用,岩石在这种条件下破坏时的应力往往低于其静力强度。

对于线弹性岩石,加载路径与卸载路径完全重合,多次反复加载、卸载时,其应力—应变路径是相同的,都沿同一直线往返。对于完全弹性的岩石,其加载、卸载路径也完全重合,但应力—应变关系是曲线,不是直线,反复多次加载与卸载,其应力—应变路径仍服从此曲线关系。对于弹性岩石,虽然加载曲线与卸载曲线不重合,但是反复加载与卸载时,应力—应变关系曲线总是服从此环路的规律。

对于非弹性岩石,例如弹塑性岩石,如果卸载点P超过屈服点,则卸载曲线不与加载曲线重合,形成塑性滞回环。根据经验,卸载曲线的平均斜率一般与加载曲线直线段的斜率相同,或者和原点切线斜率相同。如果多次反复加载与卸载,且每次施加的最大荷载与第一次施加的最大荷载一样,则每次加、卸载曲线都形成一个塑性滞回环(图3—23)。这些塑性滞回环随着加、卸载的次数增加而愈来愈狭窄,并且彼此愈来愈近,岩石愈来愈接近弹性变形,一直到某次循环没有塑性变形为止,如图3—23中的HH'环。当循环应力峰值小于某一数值时,循环次数即使很多,也不会导致试件破坏;而超过这一数值岩石将在某次循环中发生破坏(疲劳破坏),这一数值称为临界应力,临界应力与岩石种类有关。当循环应力峰值超过临界应力时,反复加载、卸载的应力—应变曲线将最终和岩石全应力—应变曲线的峰后段相交,并导致岩石破坏。此时,给定的应力称为疲劳强度。

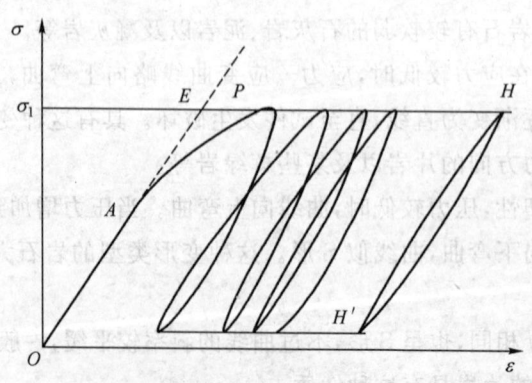

图3—23 等荷载循环加、卸载时的应力—应变曲线

如果多次反复加载、卸载循环,每次施加的最大荷载比前一次循环的最大荷载大,则可得图 3-24 所示的曲线。随着循环次数的增加,塑性滞回环的面积也有所扩大,卸载曲线的斜率(它代表着岩石的弹性模量)也逐次略有增加,表明卸载应力下的岩石材料弹性有所增强。此外,每次卸载后再加载,在荷载超过上一次循环的最大荷载以后,变形曲线仍沿着原来的单调加载曲线上升(图 3-24 中的 OC 线),好像不曾受到反复加载的影响似的,这种现象称为岩石的变形记忆。

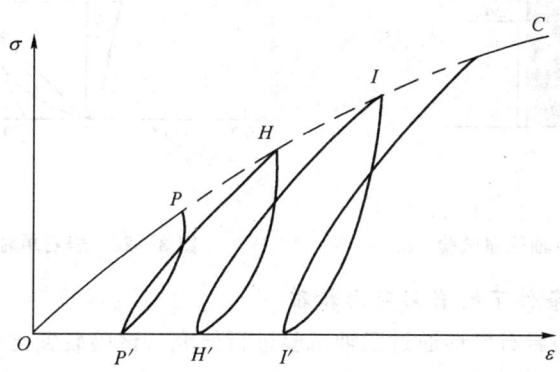

图 3-24 不断增大荷载循环加、卸载时的应力—应变曲线

二、岩石变形性质的室内测定

岩石变形指标以及应力—应变关系,可以在实验室内测定,也可在现场测定。目前用得较多的方法是:实验室的单轴压缩试验、实验室或现场的波速测定法、室内三轴试验等,有时候还可以做弯曲试验、现场水压试验等。

1. 单轴压缩试验

在单轴压缩试验时,试件大多采用圆柱形,一般要求试件的直径为 5cm,高度为 10cm,两端摩平光滑,按照试验要求,在侧面粘贴电阻丝片,以便观测变形,然后用压力机对试件加压,如图 3-25 所示。在任何轴向压力下都测量试件的轴向应变和侧向应变。设试件的长度为 l,直径为 d,试件在荷载 P 作用下轴向缩短 Δl,侧向膨胀 Δd,则试件的轴向应变为 $\varepsilon_y = \dfrac{\Delta l}{l}$,以及侧向应变为 $\varepsilon_x = \dfrac{\Delta d}{d}$。如果试件截面积为 A,则应力是: $\sigma = \dfrac{P}{A}$。

假如岩石服从胡克定律(线性弹性材料),则压缩时的弹性模量 E 由下式给出:

$$E = \frac{\sigma}{\varepsilon} = \frac{P/A}{\Delta l/l} = \frac{P \cdot l}{\Delta l \cdot A} \tag{3-25}$$

以及泊松比为:

$$\mu = \frac{\varepsilon_x}{\varepsilon_y} = \frac{\Delta d \cdot l}{d \cdot \Delta l} \tag{3-26}$$

图 3-26 为单轴压缩试验得到的岩石在轴向力作用下轴向应力 σ_r 与轴向应变 ε_y 的关系曲线,以及轴向应力 σ 与侧向应变 ε_x 的关系曲线。由图可见,要精确地定义 E 是比较困难的。

曲线的坡度(斜率)分别代表 E 和 μ，它们都是随着应力(或应变)而变化的。

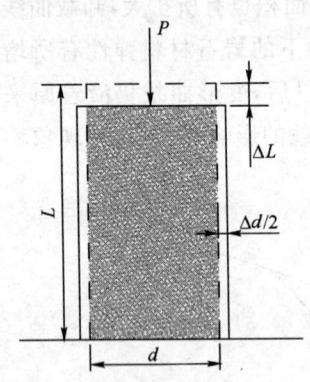

图 3—25　岩石单轴压缩试验

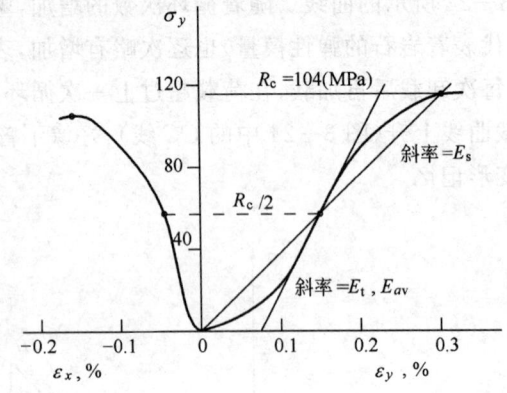

图 3—26　岩石单轴压缩试验结果

2. 三轴压缩试验条件下的岩石变形特征

三轴压缩条件下的岩石变形通过三轴试验进行研究。试验装置已在前面上节作了介绍。

常规三轴试验条件下的试验研究结果表明：有围压作用时，岩石的变形性质与单轴压缩时不尽相同。图 3—27 和图 3—28 为大理石和花岗岩在不同围压($\sigma_1-\sigma_3$)下的曲线。由图可知：首先，破坏前岩石的应变随围压增大而增加；另外，随围压增大，岩石的塑性也不断增大，且由脆性逐渐转化为延性。如图 3—27 所示的大理岩，在围压为零或较低的情况下，岩石呈脆性状态；当围压增大至 50MPa 时，岩石显示出由脆性到塑性转化的过渡状态，围压增加到 68.5MPa 时，呈现出塑性流动状态；围压增至 165MPa 时，试件承载力($\sigma_1-\sigma_3$)则随围压增长而稳定增长，出现所谓应变硬化现象。这说明围压是影响岩石力学属性的主要因素之一，通常把岩石由脆性转化为塑性的临界围压称为转化压力。图 3—28 所示的花岗岩也有类似特征，所不同的是其转化压力比大理石大得多，且破坏前的应变随围压增加更为明显。某些岩石的转化压力如表 3—4 所示，由表可知：岩石越坚硬，转化压力越大，反之亦然。

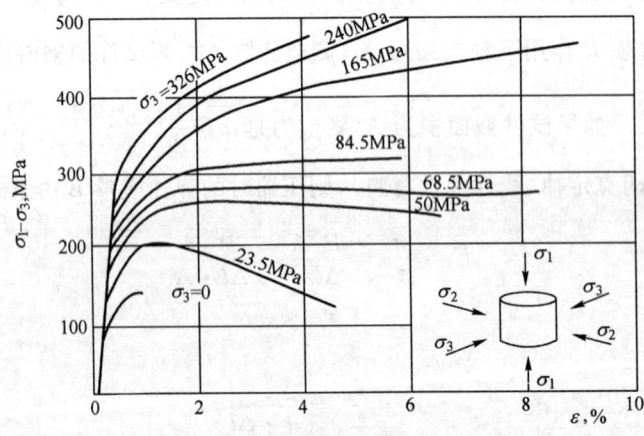

图 3—27　不同围压下大理石的应力—应变曲线

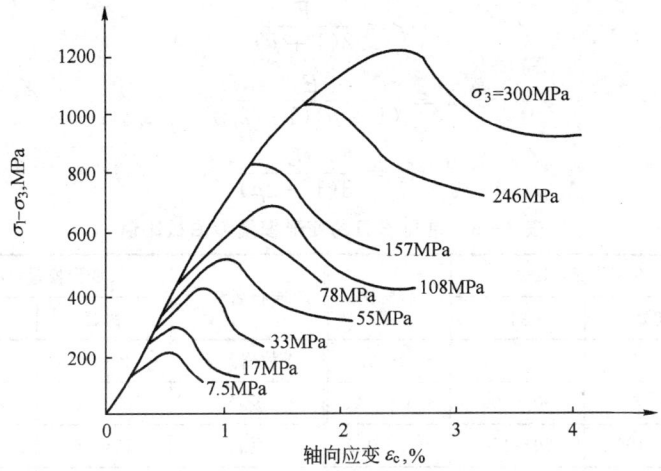

图 3-28 不同围压下花岗岩的应力—应变曲线

表 3-4 几种岩石的转化压力（室温）

岩石类型	转化压力,MPa	岩石类型	转化压力,MPa
盐岩	0	石灰岩	20～100
白垩	<10	砂岩	>100
密实页岩	0～20	花岗岩	≥100

通过图 3-27 和图 3-28 分析，可对围压对岩石变形的影响得出如下结论：

(1) 随着围压($\sigma_2=\sigma_3$)的增大，岩石的抗压强度显著增加；

(2) 随着围压($\sigma_2=\sigma_3$)的增大，岩石的变形显著增大；

(3) 随着围压($\sigma_2=\sigma_3$)的增大，岩石的弹性极限显著增大；

(4) 随着围压($\sigma_2=\sigma_3$)的增大，岩石的应力—应变曲线形态发生明显改变，岩石的性质发生了变化：由弹脆性→弹塑性→应变硬化。

用岩石三轴仪也可直接测定岩石试件的弹性模量。设施加在试件上的轴向应力为 σ_1，压力室的侧压力为 σ_3，测得的轴向应变为 ε_1，则弹性模量为：

$$E = \frac{\sigma_1 - 2\mu\sigma_3}{\varepsilon_1} \tag{3-27}$$

如测得侧向应变 ε_3，令 $\varepsilon_3/\varepsilon_1=B$，则可用下式计算泊松比：

$$\mu = \frac{B\sigma_1 - \sigma_3}{\sigma_3(2B-1) - \sigma_1} \tag{3-28}$$

在岩石的弹性工作范围内，泊松比一般为常数，但超越弹性范围以后，泊松比将随应力的增大而增大，直到 $\mu=0.5$ 为止。

岩石的变形模量和泊松比受岩石矿物组成、结构构造、风化程度、空隙性、含水率、微结构面及与荷载方向的关系等多种因素的影响，变化较大。表 3-5 列出了常见岩石的变形模量和泊松比的经验值。

除变形模量和泊松比两个最基本的参数外，还有一些从不同角度反映岩石变形性质的参数。如剪切模量 G、拉梅常数 λ 及体积模量 K_v 等。这些参数与变形模量 E 及泊松比 μ 之间有如下关系：

$$G = \frac{E}{2(1+\mu)} \tag{3-29}$$

$$\lambda = \frac{E_v}{(1+\mu)(1-2\mu)} \tag{3-30}$$

$$K_v = \frac{E}{3(1-2\mu)} \tag{3-31}$$

表 3—5　常见岩石的变形模量和泊松比值

岩石名称	变形模量,GPa		泊松比	岩石名称	变形模量,GPa		泊松比
	初始	弹性			初始	弹性	
花岗岩	20~40	50~100	0.2~0.3	千枚岩片岩	2~50	10~80	0.2~0.4
流纹岩	20~80	50~100	0.1~0.25	板岩	20~50	20~80	0.2~0.3
闪长岩	70~100	70~150	0.1~0.3	页岩	10~35	20~80	0.2~0.4
安山岩	50~100	50~120	0.2~0.3	砂岩	5~80	10~100	0.2~0.3
辉长岩	70~150	70~150	0.12~0.2	砾岩	5~80	20~80	0.2~0.35
辉绿岩	80~100	80~150	0.1~0.3	石灰岩	10~80	50~190	0.2~0.35
玄武岩	60~100	60~120	0.1~0.35	白云岩	40~80	40~80	0.2~0.35
石英岩	60~200	60~200	0.1~0.5	大理岩	10~90	10~90	0.2~0.35
片麻岩	10~80	10~100	0.22~0.35				

第四节　影响岩石力学性质的因素

岩石的力学性质是指岩石抵抗外力作用的性能,包括两个方面的意义:岩石的变形特征和强度特征。影响岩石力学性质的因素很多,归纳起来主要有两个方面:一是岩石的地质特征,如岩石的矿物成分、结构、构造等,这是造成岩石具有不同力学性质的本质原因;二是岩石形成后所受外部环境因素的影响,如温度、水以及风化剥蚀作用等。此外,试验岩样的制备过程及试验过程也直接影响到所测量的岩石强度数据。

1. 岩石的矿物组成

岩石是由矿物组成的,岩石的矿物成分对岩石的物理力学性质产生直接的影响。如辉长石的比重比花岗岩大,因为辉长石的主要矿物成分是辉石和角闪石,其比重比构成花岗石的石英和正长石大。又如石英岩的抗压强度比大理岩要高得多,是因为石英的强度比方解石高的缘故。可见,尽管岩类相同,结构和构造也相同,但如果矿物成分不同,岩石的物理力学性质也会呈现明显的差别,但也不能简单地认为,含有高强度矿物的岩石强度就一定高。岩石受力后,如果其中强度较高的矿物在岩石中互不接触,则应力传递将会受到中间低强度矿物的影响,岩石就不一定能显示出高的强度,只有当矿物分布均匀,高强度矿物在岩石的结构中形成牢固的骨架时,才能起到提高岩石强度的作用。

2. 岩石的结构特征

岩石的结构特征是影响岩石物理力学性质的重要因素。根据岩石的结构特征,可将岩石分为两类:结晶岩类,如大部分的岩浆岩、变质岩和一部分沉积岩;另一类为胶结物联结的岩石,如沉积岩中的碎屑岩等。

结晶联结是由岩浆或溶液中结晶,以及重结晶形成。矿物晶体靠直接接触产生的力牢固地联结在一起,结合力强。结晶联结岩石的孔隙度小、结构致密、吸水率变化小,比胶结联结的岩石具有更高的强度和稳定性。但就结晶联结来讲,结晶晶粒的大小对岩石的强度有明显影响,如粗粒花岗岩的抗压强度一般在 118～137MPa 之间,而细粒花岗岩有的则可达 196～245MPa;又如大理岩的抗压强度一般在 79～118MPa 之间,而最坚固的石灰岩则可达 196MPa 左右,甚至可达 255MPa。说明矿物成分和结构类型相同的岩石,矿物结晶晶粒的大小对其强度的影响是十分明显的。

胶结联结是矿物碎屑由胶结物联结在一起,是沉积岩的特有结构。其强度和稳定性主要取决于胶结物的成分和胶结形式,同时受碎屑成分的影响,变化很大。就胶结物的成分而言,硅质胶结的强度和稳定性高,泥质胶结的强度和稳定性低,钙质和铁质胶结则介于二者之间。如泥质砂岩的抗压强度一般只有 59～79MPa,钙质胶结的抗压强度达 118MPa,而硅质胶结的抗压强度则可达 137MPa,高的甚至可达 206MPa。

胶结联结的形式,有基底胶结、孔隙胶结和接触胶结,对岩石的强度有重要影响。基底胶结的碎屑物质散布于胶结物中,碎屑颗粒互不接触,因此,基底胶结岩石的孔隙度小,强度和稳定性完全取决于胶结物的成分。孔隙胶结的碎屑颗粒之间直接接触,胶结物充填于碎屑间的孔隙中,因而其强度与碎屑和胶结物的成分都有关系。接触胶结则仅在碎屑的相互接触处有胶结物联结,所以,接触胶结的岩石,一般孔隙度都比较大、吸水率高、强度低、易透水。如果胶结物为泥质,与水作用还容易软化而丧失岩石的强度和稳定性。

3. 岩石构造

岩石的构造对其物理力学性质的影响,主要是由岩石各组成部分的空间分布及其相互间的排列关系所决定的。如当岩石具有片状构造、板状构造、千枚状构造、片麻状构造,以及流纹状构造时,其矿物成分在岩石中分布极不均匀。一些强度低、易风化的矿物,多沿一定方向富集成条带状分布,或者成为局部的聚集体,而使岩石的物理力学性质沿一定方向或局部发生很大变化。岩石受力破坏和岩石遭受风化,首先都是从岩石的这些缺陷开始发生的。另一种情况是,不同的矿物成分虽然在岩石中的分布是均匀的,但由于存在着层理、裂隙和各种成因的孔隙,而使岩石的强度和透水性在不同的方向上呈现明显的差异。一般来说,垂直层面的抗压强度大于平行层面的抗压强度,平行层面的透水性大于垂直层面的透水性。假如上述两种情况同时存在,则岩石的强度和稳定性将会明显降低。

4. 温度的作用

由于目前石油钻井的深度不断增大(世界上超过 7000m 的深井不断增加,也已进行了深度超过万米的超深井的设计和钻探的科学实验),因此,地壳深部高温、高压对岩石的力学性质的影响不容忽视。

研究表明,在三轴压缩应力条件下,岩石的强度随着温度的升高而降低,但是随着温度的升高,不是所有的岩石塑性都会增大。例如花岗岩的塑性随着温度的升高而增大,但 Muddy 页岩的塑性却随温度的升高反而降低。塑性变形能力随温度升高而降低的还有白云岩和粉砂岩,而塑性变形能力随温度升高而增大的还有石灰岩、石膏和盐岩。但总的来说,在高温的各向压缩条件下,大部分沉积岩具有塑性变形能力,而且沉积岩开始呈现塑性变形的压力和温度值要比硅质的火成岩和变质岩低得多。对于火成岩来说,甚至在 500～800℃ 及 500MPa 压力作用下(相当于埋藏深度 20000m)基本上只具有不太大的残余变形能力,而沉积岩在相当于埋深几千米的条件下就能够呈现出这种变形能力。

5. 水的作用

岩石被水饱和后会使岩石的强度降低,已为大量实验资料证实。当岩石与水接触时,水沿着岩石中的孔隙、裂隙浸入,浸湿岩石全部自由表面上的矿物颗粒,并继续沿着矿物颗粒间的接触面向深部浸入,削弱矿物颗粒间的联结,使岩石的强度受到影响。如石灰岩和砂岩被水饱和后其极限抗压强度会降低25%~45%左右。即使是花岗岩、闪长岩及石英砂岩等致密岩石,被水饱和后,其强度也都会有一定程度的降低,降低程度在很大程度上取决于岩石的孔隙度。当其他条件相同时,孔隙度大的岩石,被水饱和后其强度降低的幅度也大。

水对岩石强度的影响在一定程度上是可逆的,当岩石干燥后其强度仍然可得到一定的恢复。但是,若发生干湿循环,出现化学溶解、结晶膨胀等,使岩石的结构状态发生改变,则岩石强度的降低就不可逆了。

6. 风化作用

风化作用对岩石的影响主要体现在以下3个方面:

(1)促使岩石中原有的裂隙进一步扩大,并产生新的风化裂隙;

(2)使矿物颗粒间的联结松散,以及矿物颗粒沿解理面崩解;

(3)促使岩石的结构、构造和整体性遭到破坏,孔隙度增大,吸水性和透水性显著增高,强度和稳定性大为降低。随着化学风化过程的加强,则会引起岩石中的某些矿物发生次生变化,从根本上改变岩石原有的力学性质。

综上可见,影响岩石力学性质的因素很多,因此,在油气田开发过程中,应结合具体的工程作业过程开展具体分析。

7. 动载(冲击加载速度)的影响

动荷载的主要特点是它的作用速度快,在几秒钟内施加荷载。岩石对动载的抗力要比静载大得多。

(1)岩石的动载抗拉强度都比静载抗拉强度大好多倍(10倍)。

(2)岩石的抗压强度也是随着试件加载速度的增大而增大的。

变形速率的增大引起了抗压强度的相应增大。在所试验的变形速率范围内,岩石的抗压强度最多可提高两倍左右。

(3)在三轴试验条件下,同样也观察到了岩石的强度随加载速度的增加而增大的现象。

动载条件下岩石强度增大的原因是,应力作用的短暂性使岩石变形和破坏的有关机理(不论其特性如何,都在一定程度上依赖于时间),在应力波的作用时间内不能达到完全的程度。

(4)在动载条件下岩石的抗压入破碎试验中,随着冲击速度的增加,塑性系数降低,而硬度和屈服极限却增大。研究还表明,变形速度对低强度、高塑性及多孔岩石的性质的影响要比对高强度、低塑性性质的岩石的影响大。

在目前牙轮钻头冲击岩石的速度范围内(不大于5m/s),动压入和静压入破碎岩石时,岩石的机械性质不呈现本质上的差异。

第四章 岩石的本构关系和强度准则

第一节 应力及应力状态分析

一、基本概念

1. 应力

应力是研究岩石变形与强度分析中的最基本概念之一,应力状态分析是岩石力学理论的基础。

岩石在外力和温度的作用下,其内部各部分间将产生相互平衡的内力。为了研究岩石内某一点 P 处的内力,假想用经过 P 的一个截面 mn 将包含 P 点的岩石分为 A' 和 B' 两部分,将 B' 部分撇开,如图 4-1 所示,撇开 B' 部分将在截面 mn 上对留下的 A' 部分作用一定的内力。在截面 mn 上截取一个包含着点 P 的微元面积 ΔA,并假定作用于 ΔA 上的内力等于 ΔQ,则内力的平均集度,即平均应力为 $\frac{\Delta Q}{\Delta A}$。取 ΔA 无限减小而趋于 P 点,假定内力连续分布,则 $\frac{\Delta Q}{\Delta A}$ 将趋于一定的极限 S,即:

$$S = \lim_{\Delta A \to 0} \left(\frac{\Delta Q}{\Delta A} \right) \qquad (4-1)$$

这个极限矢量 S 就是岩石在截面 mn 上的、在 P 点的应力。在岩石力学中,应力的符号规定与弹性力学相反。通常取压应力为正,拉应力为负。

对于应力,除了在推导某些公式的过程中以外,通常都不用它沿坐标轴方向的分量,因为这些分量与岩石的形变或强度都没有直接的关系。与岩石的形变和强度直接相关的,是应力在其作用截面的法线方向的分量及切线方向的分量,其中,沿截面法线方向的应力分量(σ)称为正应力;切线方向的应力分量(τ)称为剪应力,如图 4-1 所示。

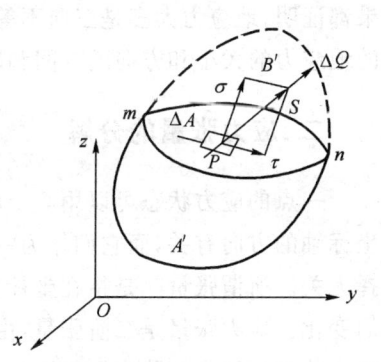

图 4-1 岩体内部任意点的应力

如果经过 P 点的某一斜面上的剪应力等于零,则该斜面上的正应力称为在 P 点的一个主应力,该斜面称为在 P 点的一个应力主面,而斜面的法线方向称为在 P 点的一个应力主方向。

2. 应力状态

岩石的内应力不仅随考察的位置不同而不同,而且对于同一点应力的大小还取决于所取截面的方向。为了分析岩石内某点 P 的应力状态,在这一点从岩石内取出一个微小的平行六面体,如图 4-2 所示。该平行六面体的棱边平行于坐标轴而长度分别为 $PA=\Delta x$、$PB=\Delta y$、$PC=\Delta z$,将每个面上的应力分解为一个正应力(σ)和两个剪应力(τ),分别与3个坐标轴平行。

图 4-2 中，正应力的角码代表与该正应力的作用面相垂直的坐标轴和该正应力的作用方向；

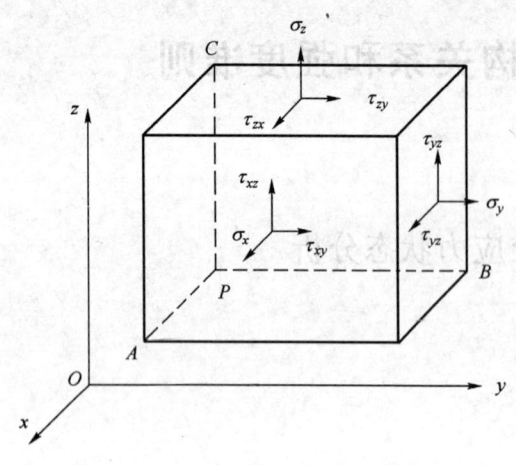

图 4-2 应力状态

剪应力的第一个角码表示与作用面垂直的坐标轴，第二个角码表示剪应力的作用方向。

由弹性力学的基本理论可知，剪应力存在如下关系：

$$\tau_{xy}=\tau_{yx}, \tau_{yz}=\tau_{zy}, \tau_{zx}=\tau_{xz}$$

因此，由图 4-2 可见，作用于单元体 6 个面上的 9 个应力分量 σ_x、σ_y、σ_z、τ_{xy}、τ_{xz}、τ_{yz}、τ_{yx}、τ_{zx} 和 τ_{zy} 中，实际上独立的应力分量只有 6 个。

同样，由弹性力学的推导可知，在岩石内任意一点，如果已知 σ_x、σ_y、σ_z、τ_{xy}、τ_{xz}、τ_{yz} 6 个应力分量，就可以求得经过该点的任意截面上的正应力和剪应力，上述 6 个应力分量可以完全确定该点的应力状态。

3. 原地应力

原地应力是指存在于地壳岩体中的内应力。它是由地壳内部的垂直运动和水平运动的力及其他因素的力引起的介质内部单位面积上的作用力。原地应力大小一般通过 3 个主应力表示，即：垂向应力(σ_v)、水平向最大主应力(σ_H)和水平向最小主应力(σ_h)。由于岩石的变形和破坏取决于其所受到的有效应力的大小，因此，在岩石力学的研究过程中，常常把地层孔隙压力也作为原地应力的一个重要组成部分。地应力的大小、方向随时间和空间变化而变化，但除少数构造活动带外，短期内时间上的变化可以不予考虑。现代对地应力实测和理论分析的结果都证明，地应力大多是三向不等压的、空间的、非稳定的。地壳中不同地区、不同深度地层中的地应力的大小和方向随空间和时间变化而变化，从而构成地应力场。

二、应力张量的分解

一点的应力状态可以用 6 个应力分量来表示，在给定的受力情况下，各应力分量的大小与坐标轴的方向有关，而它们作为一定整体用来表示一点应力状态的这一物理量则与坐标的选择无关。所谓张量就是指在坐标变换时，按某种指定形式变化的量，张量的分量随坐标的变换而变化。应力张量是二阶张量，由剪应力互等定理得知，应力张量又是二阶对称张量。一点的应力状态可以用矩阵表示如下：

$$\sigma_{ij}=\begin{bmatrix} \sigma_x & \tau_{xy} & \tau_{xz} \\ \tau_{yx} & \sigma_y & \tau_{yz} \\ \tau_{zx} & \tau_{zy} & \sigma_z \end{bmatrix} \tag{4-2}$$

应力张量可以分解为：

$$\begin{aligned} \sigma_x &= \sigma_0 + (\sigma_x - \sigma_0) \\ \sigma_y &= \sigma_0 + (\sigma_y - \sigma_0) \\ \sigma_z &= \sigma_0 + (\sigma_z - \sigma_0) \end{aligned} \tag{4-3}$$

则

$$\sigma_{ij} = \begin{bmatrix} \sigma_0 & 0 & 0 \\ 0 & \sigma_0 & 0 \\ 0 & 0 & \sigma_0 \end{bmatrix} + \begin{bmatrix} \sigma_x - \sigma_0 & \tau_{xy} & \tau_{yz} \\ \tau_{yx} & \sigma_y - \sigma_0 & \tau_{yz} \\ \tau_{zx} & \tau_{zy} & \sigma_z - \sigma_0 \end{bmatrix} \qquad (4-4)$$

$$\sigma_{ij} = \delta_{ij}\sigma_0 + S_{ij} \qquad (4-5)$$

其中　　$\sigma_0 = \dfrac{\sigma_x + \sigma_y + \sigma_z}{3}$；

$\delta_{ij}\sigma_0 = \begin{bmatrix} \sigma_0 & 0 & 0 \\ 0 & \sigma_0 & 0 \\ 0 & 0 & \sigma_0 \end{bmatrix}$，称为球形应力张量；

$S_{ij} = \begin{bmatrix} \sigma_x - \sigma_0 & \tau_{xy} & \tau_{xz} \\ \tau_{yx} & \sigma_y - \sigma_0 & \tau_{yz} \\ \tau_{zx} & \tau_{zy} & \sigma_z - \sigma_0 \end{bmatrix}$，称为应力偏量。

任意一点的应力状态都可以分解为球形应力张量和应力偏量。球形应力张量表示各向均匀受力状态，也称为静水压力状态；应力状态减去静水压力状态得到的是应力偏量状态。球形应力张量引起岩石体积的改变，而应力偏量引起岩石形状的变化。

三、应力平衡微分方程

(一)直角坐标系下的应力平衡微分方程

如图 4-1 所示，在分析一点的应力状态时，采用了微元体的分析方法，但未考虑微元体相邻面上应力分量的差别。事实上，考虑一点附近应力状态时，若微元体一侧的正应力是 σ_x，则作用在微元体相对一侧的正应力就必然有一个微小的应力增量 $\mathrm{d}\sigma_x$。取微元体对应边长为 $\mathrm{d}x$，则利用微分的形式可以将作用在微元体相对一侧的正应力表示为 $\sigma_x + \dfrac{\partial \sigma_x}{\partial x}\mathrm{d}x$。

鉴于上述考虑，仍然从岩石内取出一个微小的正六面体，如图 4-3 所示，取该正六面体的边长分别为 $\mathrm{d}x$、$\mathrm{d}y$、$\mathrm{d}z$，当在此正六面体上作用于应力时，各面上的应力大小关系如图 4-3 所示，各面上的应力大小满足力的平衡方程式。由于该微元体在力的作用下处于平衡态，因此，可以得到在 x 方向的平衡方程：

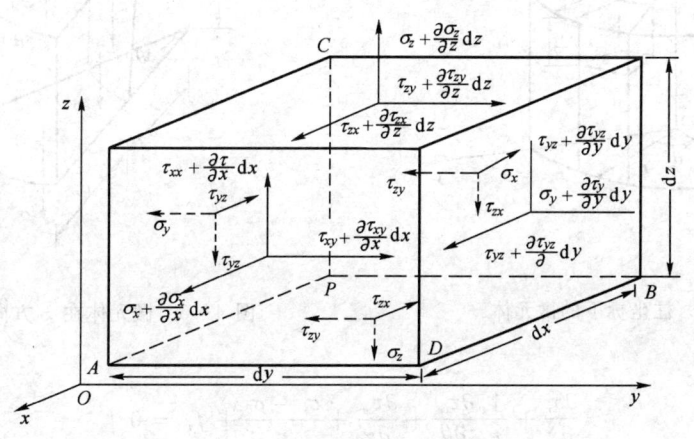

图 4-3　微元体受力示意图

$$\left(\sigma_x + \frac{\partial \sigma_x}{\partial x}\mathrm{d}x\right)\mathrm{d}y\mathrm{d}z - \sigma_x \mathrm{d}y\mathrm{d}z + \left(\tau_{yx} + \frac{\partial \tau_{yx}}{\partial y}\mathrm{d}y\right)\mathrm{d}x\mathrm{d}z - \tau_{yx}\mathrm{d}x\mathrm{d}z$$

$$+ \left(\tau_{zx} + \frac{\partial \tau_{zx}}{\partial z}\mathrm{d}z\right)\mathrm{d}x\mathrm{d}y - \tau_{zx}\mathrm{d}x\mathrm{d}y + f_x \mathrm{d}x\mathrm{d}y\mathrm{d}z = 0 \qquad (4-6)$$

式中 f_x——单位体积中的体积力。

将上式进一步转换可以得到：

$$\frac{\partial \sigma_x}{\partial x} + \frac{\partial \tau_{xx}}{\partial y} + \frac{\partial \tau_{xx}}{\partial z} + f_x = 0$$

同理可以得到，沿 y、z 方向的平衡方程式。综上可以得到，岩石内任意微元体的平衡方程组：

$$\frac{\partial \sigma_x}{\partial x} + \frac{\partial \tau_{xx}}{\partial y} + \frac{\partial \tau_{xx}}{\partial z} + f_x = 0 \qquad \left(= \rho_b \frac{\partial^2 u}{\partial t^2}\right) \qquad (4-7)$$

$$\frac{\partial \tau_{yx}}{\partial x} + \frac{\partial \sigma_y}{\partial y} + \frac{\partial \tau_{yz}}{\partial z} + f_y = 0 \qquad \left(= \rho_b \frac{\partial^2 v}{\partial t^2}\right) \qquad (4-8)$$

$$\frac{\partial \tau_{zx}}{\partial x} + \frac{\partial \tau_{zy}}{\partial y} + \frac{\partial \tau_z}{\partial z} + f_z = 0 \qquad \left(= \rho_b \frac{\partial^2 w}{\partial t^2}\right) \qquad (4-9)$$

式中 ρ_b——岩石材料的密度；

u、v、w——沿 x、y、z 轴方向的位移。

如果岩石处于运动状态，则各方程式的右端应包括括弧中的各项，该方程称为纳维叶(Navier)平衡微分方程，是 Navier 于 1827 年首次导出的。

(二)柱坐标系下的应力平衡微分方程

对于圆柱形或圆筒形的岩石采用柱坐标比较方便。在柱坐标中，任一点的位置采用坐标 r、θ、z 表示，如图 4-4 所示。

图 4-4 中有一个微元体，该微元体是由径向坐标增量 $\mathrm{d}r$、周向坐标增量 $\mathrm{d}\theta$ 以及轴向坐标增量 $\mathrm{d}z$ 分割出来的。微元体在 z 方向的受力状况如图 4-5 所示，利用与前面相同的方法，可以导出柱坐标中的平衡微分方程为：

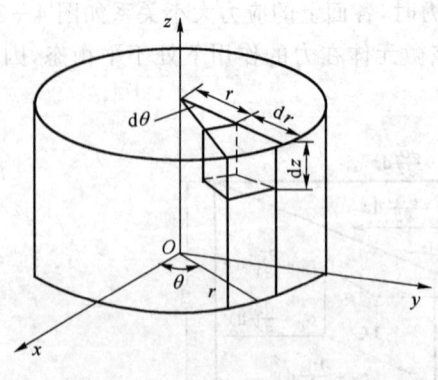

图 4-4 柱坐标下的微元体

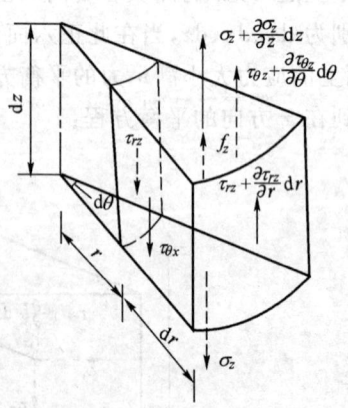

图 4-5 微元体在 z 方向的应力图

$$\frac{\partial \sigma_r}{\partial r} + \frac{1}{r}\frac{\partial \tau_{\theta r}}{\partial \theta} + \frac{\partial \tau_{zr}}{\partial z} + \frac{\sigma_r - \sigma_\theta}{r} + f_r = 0 \qquad (4-10)$$

$$\frac{\partial \tau_{r\theta}}{\partial r} + \frac{1}{r}\frac{\partial \sigma_\theta}{\partial \theta} + \frac{\partial \tau_{z\theta}}{\partial z} + \frac{2\tau_{r\theta}}{r} + f_\theta = 0 \qquad (4-11)$$

$$\frac{\partial \tau_{rz}}{\partial r} + \frac{1}{r}\frac{\partial \tau_{\theta z}}{\partial \theta} + \frac{\partial \sigma_z}{\partial z} + \frac{\tau_{rz}}{r} + f_z = 0 \qquad (4-12)$$

当取极坐标时，$\sigma_z = \tau_{zr} = \tau_{z\theta} = 0$，则上述平衡微分方程组简化为：

$$\frac{\partial \sigma_r}{\partial r} + \frac{1}{r}\frac{\partial \tau_{\theta r}}{\partial \theta} + \frac{\sigma_r - \sigma_\theta}{r} + f_r = 0 \qquad (4-13)$$

$$\frac{\partial \tau_{r\theta}}{\partial r} + \frac{1}{r}\frac{\partial \sigma_\theta}{\partial \theta} + \frac{2\tau_{r\theta}}{r} + f_\theta = 0 \qquad (4-14)$$

当研究轴对称问题时，$\tau_{r\theta} = \tau_{z\theta} = 0$，而其余各应力分量都与 θ 无关，此时有：

$$\frac{\partial \sigma_r}{\partial r} + \frac{\partial \tau_{zr}}{\partial z} + \frac{\sigma_r - \sigma_\theta}{r} + f_r = 0 \qquad (4-15)$$

$$\frac{\partial \tau_{r\theta}}{\partial r} + \frac{\partial \sigma_z}{\partial z} + \frac{\tau_{rz}}{r} + f_z = 0 \qquad (4-16)$$

在石油工程领域，柱坐标系中的应力平衡方程式在研究井筒、钻井井壁稳定性、套管损毁机理，以及管柱优化设计过程中得到广泛应用，是开展这些研究的力学基础。

第二节 应变及应变状态分析

一、应变

岩石在外力或温度的作用下，内部各点的相对位置要发生变化，表现为岩石形状的改变，即岩石发生形变。岩石的形状总可以用它各部分的长度和角度来表示。因此，岩石的形变可以归结为长度的改变和角度的改变。

应变是对形变的度量，可以用位移分量表示。为了分析岩石在其某一点 P 的形变状态，就要在这一点沿着坐标轴 x、y、z 的正方向取三个微小的线段 PA、PB、PC，如图 4-6 所示。岩石变形以后，这三个线段的长度以及它们之间的角度一般都将有所改变。各线段每单位长度的伸缩，即单位伸缩或相对伸缩，称为正应变(ε)；各线段之间的角度的改变，用弧度表示，称为剪应变(γ)。正应变(ε)的角码表示产生应变的方向，如 ε_x 表示 x 方向的线段 PA 的正应变；剪应变(γ)的2个角码表示发生应变的角度的两边的坐标轴方向，如 γ_{yz} 表示 y 与 z 两方向的线段(即 PB 与 PC)之间的角度的改变。

正应变与正应力的正负号规定相适应，以压缩为正，拉伸为负。剪应变与剪应力的正负号规定相适应，以角度变小时为正，变大时为负。应变是无因次的变量。

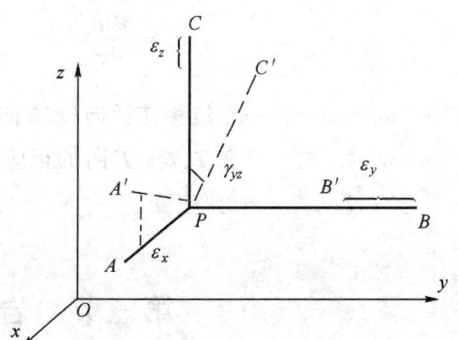

图 4-6 岩体内部任意点的应变

二、应变与位移的关系

为了研究应变与位移的关系,要假设由一变形体中取出一个微小的平行六面体,并将该平行六面体的各面投影到直角坐标系的各个坐标平面上,如图 4-7 所示。通过研究这些平面投影的变形,并进而根据这些平面投影的变形规律来判断整个平行六面体的变形。图 4-8 给出了平行六面体在 xoz 面上的投影 $ABCD$。

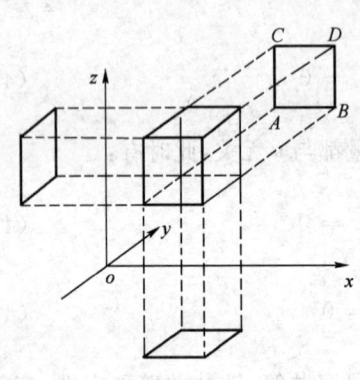
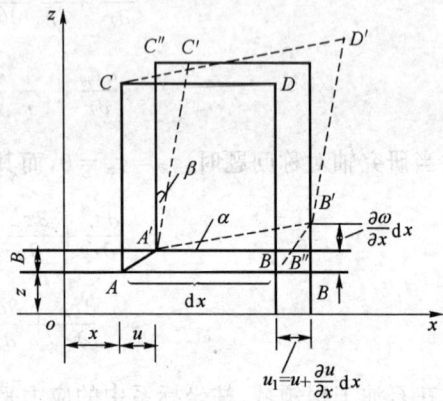

图 4-7 变形体在各个坐标平面的投影　　　图 4-8 平行六面体在 xoz 平面的投影

通过推导,可以得到在直角坐标系下,该平行六面体用位移表示的应变几何关系:

$$\begin{aligned}
\varepsilon_x &= \frac{\partial u}{\partial x} & \gamma_{xy} &= \frac{\partial u}{\partial y} + \frac{\partial v}{\partial x} \\
\varepsilon_y &= \frac{\partial v}{\partial y} & \gamma_{yz} &= \frac{\partial w}{\partial y} + \frac{\partial v}{\partial z} \\
\varepsilon_z &= \frac{\partial w}{\partial z} & \gamma_{zx} &= \frac{\partial w}{\partial x} + \frac{\partial u}{\partial z}
\end{aligned} \quad (4-17)$$

利用类似的方法,可以导出平行六面体柱坐标系下的应变几何关系:

$$\begin{aligned}
\varepsilon_r &= \frac{\partial u}{\partial r} & \gamma_{r\theta} &= \frac{\partial v}{\partial r} + \frac{1}{r}\frac{\partial u}{\partial \theta} - \frac{v}{r} \\
\varepsilon_y &= \frac{1}{r}\frac{\partial v}{\partial \theta} + \frac{u}{r} & \gamma_{z\theta} &= \frac{1}{r}\frac{\partial w}{\partial \theta} + \frac{\partial v}{\partial z} \\
\varepsilon_z &= \frac{\partial w}{\partial z} & \gamma_{zx} &= \frac{\partial w}{\partial r} + \frac{\partial u}{\partial z}
\end{aligned} \quad (4-18)$$

式中　u、v、w——一点位移在径向(r 方向)和周向(θ)方向以及轴(z)的分量;

ε_r、ε_θ、ε_z——在 r、θ、z 方向的正应变;

$\gamma_{r\theta}$、$\gamma_{\theta z}$、γ_{zx}——剪应变。

第三节　岩石的应力应变关系

求解岩石力学问题是从岩石的单元微分体出发,研究微分体的力的平衡关系(平衡方程)、位移与应变的关系(几何方程)以及应力与应变的关系(物理方程或本构方程),得到相应的基本方程。然后结合岩石的边界条件,联立、积分求解这些方程,从而求得整个岩石内部的应力场和位移场。平衡方程和几何方程与岩石材料的性质无关,只有本构关系反映岩石材料的性质。所谓岩石本构关系是指岩石的应力或应力速率与其应变或应变速率的关系。在只考虑静力问题情况下,本构关系就是指应力与应变,或者应力增量与应变增量之间的关系。

岩石在弹性阶段的本构关系称为岩石弹性本构关系,岩石在塑性阶段的本构关系称为岩石塑性本构关系,岩石弹性本构关系和塑性本构关系统称为弹塑性本构关系。弹性本构关系按是否为线性又分为线弹性本构关系与非线弹性本构关系;弹塑性本构关系按物质是否为各向同性又分为各向同性本构关系和非各向同性本构关系。岩石的弹性和塑性与时间无关,都属于即时变形。如果外界条件不变,岩石的应力或应变随时间而变化,则称岩石具有流变性,岩石产生流变时的本构关系称为岩石的流变本构关系。

一、岩石的弹性本构关系

对于每一种具体的岩石,在一定的条件下,应力和应变之间有着确定的关系,这种关系反映岩石固有的特性。胡克定律反映的是最常用的线弹性应力—应变关系,其内容是:在小变形的情况下,固体的变形与所受的外力成正比,即 $\sigma = E\varepsilon$,式中 E 为常数,称为杨氏弹性模量。胡克定律推广到三维应力、应变状态后,被称为广义胡克定律。对各向同性的线弹性岩石材料,根据胡克定律可得到其在直角坐标系下的应力—应变关系为:

$$\varepsilon_x = \frac{1}{E}[\sigma_x - \mu(\sigma_y + \sigma_z)]$$

$$\varepsilon_y = \frac{1}{E}[\sigma_y - \mu(\sigma_z + \sigma_x)]$$

$$\varepsilon_z = \frac{1}{E}[\sigma_z - \mu(\sigma_x + \sigma_y)]$$

$$\gamma_{xy} = \frac{2(1+\mu)}{E}\tau_{xy}$$

$$\gamma_{yz} = \frac{2(1+\mu)}{E}\tau_{yz}$$

$$\gamma_{zx} = \frac{2(1+\mu)}{E}\tau_{zx}$$

(4—19)

式中　E——岩石的弹性模量;
　　　μ——泊松比。

二、岩石的塑性本构关系

当岩石材料进入塑性状态后,应力与应变之间的关系是非线性的,应变不仅与应力状态有关,而且和变形历史有关。因此,与弹性本构关系相比,塑性本构关系具有如下两个特点:

(1)应力—应变关系的多值性。

即对于同一应力往往有多个应变值与它相对应。因而它不能像弹性本构关系那样建立应力和应变的对应关系,通常只能建立应力增量和应变增量间的关系。要描述塑性材料的状态,除了要用应力和应变这些基本状态变量外,还需要用能够刻画塑性变形历史的内状态变量(塑性应变、塑性功等)。

(2)本构关系的复杂性。

描述塑性阶段的本构关系不能够像弹性力学那样只用一组物理方程,通常包括三组方程:

①屈服条件。岩石最先达到塑性状态的应力条件。

②加一卸载准则。岩石进入塑性状态以后继续塑性变形或回到弹性状态的准则,通式写为

$$h(\sigma_{ij}, H_a) = 0 \tag{4-20}$$

式中 σ_{ij}——垂直于 i 轴的平面上且平行于 j 轴的应力($i=x, y, z; j=x, y, z$);

h——某一函数关系;

H_a——与加载历史有关的参数,$a=1,2,\cdots$。

③本构方程:岩石在塑性阶段的应力应变关系或应力与应变增量间的关系,通式写为:

$$\varepsilon_{ij} = R(\sigma_{ij})$$

或

$$d\varepsilon_{ij} = R(d\sigma_{ij}) \tag{4-21}$$

式中 R——某一函数关系。

1. 岩石的塑性屈服条件

从弹性状态开始第一次屈服的屈服条件叫初始屈服条件,它可表示为:

$$f(\sigma_{ij}) = 0 \tag{4-22}$$

式中 f——某一函数关系。

当产生了塑性变形,屈服条件的形式发生了变化,这时的屈服条件叫后继屈服条件。屈服条件在几何上可以看成是应力空间中的超曲面,因而它们也称为初始屈服面和后继屈服面,通称为屈服面。

Mohr-Coulomb 屈服条件与 Drucker-Prager 屈服条件是塑性岩石力学最常用的屈服条件。其中,Mohr-Coulomb 屈服条件是一种等向硬化—软化模型,它认为当岩石材料某平面的剪应力达到某一特定值时,岩石就进入屈服。而这一特定值不仅与岩石自身的性质有关,而且与该平面上的正应力有关。Mohr-Coulomb 屈服条件没有考虑围压对屈服特性的影响。Drucker-Prager 屈服条件是对 Mohr-Coulomb 屈服条件的修正,它不仅能考虑围压对屈服特性的影响,并且能反映剪切引起膨胀(扩容)的性质。

随着塑性应变阶段的出现和发展,按塑性屈服面的大小和形状是否发生变化,岩石材料一般可以分为理想塑性材料、硬化材料和软化材料3种。当岩石进入塑性屈服状态后,屈服面的大小和形状不发生变化的材料,叫做理想塑性材料;屈服面的大小和形状随加载条件发生变化的材料为硬化材料或软化材料,如图4-9所示。

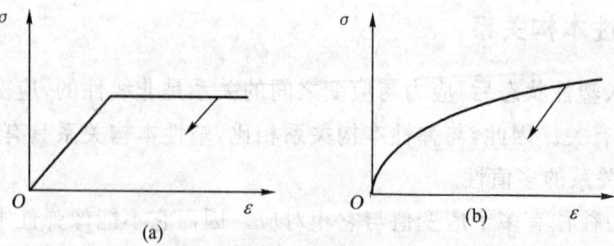

图 4-9 塑性岩石分类
(a)理想塑性;(b)应变硬化塑性

2. 塑性状态的加—卸载准则

在塑性状态下,岩石对所施加的应力增量的反应是复杂的,一般有三种情况。第一种情况是塑性加载,即对岩石施加应力增量后,岩石从一种塑性状态变化到另一种塑性状态,且有新的塑性变形出现;第二种情况是中性加载,即对岩石施加应力增量后,岩石从一种塑性状态变化到另一种塑性状态,但没有新的塑性变形出现;第三种情况是塑性卸载,即对岩石施加应力增量后,岩石从塑性状态退回到弹性状态。

加载时,岩石材料从一个塑性状态变化到另一个塑性状态,但应力点始终保持在屈服面上,因而有

$$dF = 0 \tag{4-23}$$

这个条件称为一致性条件。

卸载是从塑性状态退回到弹性状态,因而卸载应有:

$$dF < 0 \tag{4-24}$$

故理想塑性岩石的加—卸载准则为:

$$l = \frac{\partial f}{\partial \sigma_{ij}} d\sigma_{ij} \begin{cases} < 0, 卸载 \\ = 0, 加载 \end{cases} \tag{4-25}$$

对于硬化岩石,情况比较复杂,加—卸准则为:

$$l = \frac{\partial f}{\partial \sigma_{ij}} d\sigma_{ij} \begin{cases} < 0, 卸载 \\ = 0, 中性加载 \\ > 0, 加载 \end{cases} \tag{4-26}$$

3. 塑性本构方程

塑性力学本构关系三个方面中的一个最重要方面是塑性本构方程,即塑性状态下的应力—应变关系。屈服条件和加—卸载准则仅回答岩石是否进入塑性状态的问题,而如果要分析塑性过程的应力、应变和位移,就需要建立本构方程。弹性状态的应力—应变为单值关系,这种关系仅取决于岩石的性质;而塑性状态时,应力—应变关系是多值的,它不仅取决于岩石性质,而且还取决于加—卸载历史。因此,除了在简单加载或塑性变形很小的情况下,可以像弹性状态那样建立应力—应变的全量关系外,一般只能建立应力和应变增量间的关系。描述塑性变形中全量关系的理论称为全量理论;又称形变理论或小变形理论;描述应力和应变增量间关系的理论称为增量理论,又称流动理论。

第四节 岩石的强度理论

我们知道,当物体处于简单的受力情况时,如杆件的拉伸和压缩,杆件处于单向应力状态,材料的危险点处于简单应力状态,则材料的强度可以由简单的试验来决定(单向抗压强度试验、单向抗拉强度试验、纯剪试验等)。但是,岩石在外荷作用下常常处于复杂的应力状态。许多试验研究指出,岩石的强度及其在荷载作用下的性状与岩石的应力状态有着很大的关系。在单向应力状态下表现出脆性的岩石,在三向应力状态下可以具有塑性性质,同时它的强度极限也大大提高,如图4—10所示;在各向压缩的情况下,岩石能够承受很大的荷载,而没有可觉察到的破坏。

材料在复杂应力状态下,在材料力学中有多种强度理论解释,这些理论都是根据对引起材

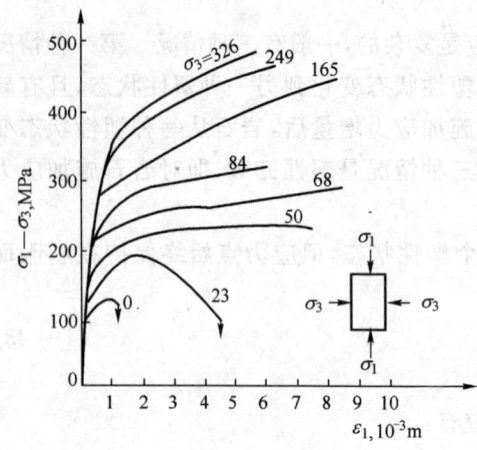

图 4—10 三向应力状态下大理岩的强度曲线

料危险状态的原因作了不同假设而得的。某些研究者认为,当材料(岩石)内的正应力或剪应力达到某种极限值时,危险状态(破坏)就来临,因此在设计中必须把这些应力限制在危险状态的应力以内;另一些研究者假设,当材料内的应变达到某种极限值时就达到危险状态,材料破坏,因此在设计时必须限制材料的应变等。

下面我们大致按照历史的先后,介绍一些主要的强度理论(或称破坏准则)。应当指出,这些理论对岩石的适用性并不是等价的。

一、最大正应力理论

该理论又被称为朗肯(Rankine)理论,它假设材料的破坏只取决于绝对值最大的正应力。据此,只要岩石单元体内的三个主应力中有一个达到单轴抗压强度或单轴抗拉强度时,单元就达到破坏状态,强度条件(或称破坏条件)表示为:

$$\sigma_1 \leqslant R_c \quad (4-27)$$
$$\sigma_3 \geqslant -R_t \quad (4-28)$$

或者可将这一条件写成解析表达式的形式:

$$(\sigma_1^2 - R^2)(\sigma_2^2 - R^2)(\sigma_3^2 - R^2) = 0 \quad (4-29)$$

式中 R_c、R_t——材料的单轴抗压强度和单轴抗拉强度;
　　R——材料的强度,既包括抗压又包括抗拉强度。

实验指出,这个理论只适用于单向应力状态以及脆性岩石在某些应力状态(如两向应力状态)下受拉的情况,所以,对于复杂应力状态,往往不可以采用这个理论。

二、最大正应变理论

通过对某些岩石受压破坏时沿着横向(平行于受力方向)分成几块的现象的分析,有人提出了与前一理论不同的假设:材料的破坏取决于最大正应变。认为:只要材料内任一方向的正应变达到单向压缩或单向拉伸中的破坏数值,材料就发生破坏。所以,这个理论的强度条件表示为:

$$\varepsilon_{max} \leqslant \varepsilon_\mu = \frac{R}{E} \quad (4-30)$$

上式左边的 ε_{max} 可能用广义胡克定律求出,右边的 ε_μ 根据单向受力时的实验结果来决定。

从实验结果看,该理论与脆性材料的实验结果大致相符。对于塑性材料不能适用。从图 4—10 上看出,岩石的变形与侧向约束条件很有关系,它不决定于材料的强度。

三、最大剪应力理论

为了研究塑性材料破坏的原因及其强度理论,人们从单向试验中发现,当有些材料屈服时,试件表面出现了与杆轴大约成 45°的斜线。而最大剪应力就发生在该斜面上,该斜面是材料内部晶格间的相对剪切滑移的结果。因此就认为这种晶格间的错动是产生塑性变形的根本原因,据此可假设:材料的破坏取决于最大剪应力。这个强度条件在塑性力学中称为特雷斯卡(H. Tresca)破坏条件(或屈服条件),在进行岩体的弹塑性应力分析时,需要用到这个条件。此强度条件表示为:

$$\tau_{\max} \leqslant \tau_\mu \tag{4-31}$$

在复杂应力状态下,最大剪应力 $\tau_{\max} = \dfrac{\sigma_1 - \sigma_3}{2}$;在单向压缩或拉伸时,最大剪应力的危险值 $\tau_\mu = \dfrac{R}{2}$,将这些结果代入公式(4-29),得到最大剪应力理论的强度条件:

$$[(\sigma_1 - \sigma_3)^2 - R^2][(\sigma_3 - \sigma_2)^2 - R^2][(\sigma_2 - \sigma_1) - R^2] = 0 \tag{4-32}$$

对于塑性岩石,通过该理论可给出满意的结果,但对于脆性岩石,该理论不适用。另外,该理论也没有考虑到中间主应力的影响。

四、八面体剪应力理论

八面体剪应力理论假设:达到材料的危险状态,取决于八面体剪应力。强度条件表示为:

$$\tau_{\text{oct}} \leqslant \tau_s \tag{4-33}$$

在复杂应力状态下的八面体剪应力为:

$$\tau_{\text{oct}} = \dfrac{1}{3}\sqrt{(\sigma_1 - \sigma_2)^2 + (\sigma_2 - \sigma_3)^2 + (\sigma_3 - \sigma_1)^2} \tag{4-34}$$

在单向受力时,只有一个主应力不为零,所以将单向受力时达到危险状态的主应力 R 代入上式,便得到危险状态的八面体剪应力 τ_s:

$$\tau_s = \dfrac{\sqrt{2}}{3}R \tag{4-35}$$

把公式(4-34)和公式(4-35)代入公式(4-33),可得出八面体剪应力理论的强度条件:

$$\sqrt{(\sigma_1 - \sigma_2)^2 + (\sigma_2 - \sigma_3)^2 + (\sigma_3 - \sigma_1)^2} \leqslant \sqrt{2}R \tag{4-36}$$

或者写成冯—米赛斯(Von Mises)破坏条件:

$$(\sigma_1 - \sigma_2)^2 + (\sigma_2 - \sigma_3)^2 + (\sigma_3 - \sigma_1)^2 - 2R^2 = 0 \tag{4-37}$$

对于塑性材料,这个理论与实验结果很符合,克服了最大剪应力理论没有考虑中间主应力影响的缺点,是目前塑性力学中常用的一种理论。

五、莫尔库仑(Mohr-Coulomb)强度理论

莫尔强度理论假设:材料内某一点的破坏,主要取决于它的最大主应力和最小主应力,即 σ_1 和 σ_3,而与中间主应力无关。材料的破坏与否,一方面与材料内的剪应力有关,同时与正应力也有很大的关系,因为正应力直接影响着抗剪强度的大小。根据该理论,在 $\tau - \sigma$ 的平面上,首先绘制一系列的莫尔应力圆,如图 4-11 所示(每一莫尔应力圆都反映一种达到破坏极限(危险状态)的应力状态,这种应力圆称为极限应力圆),然后做出这一系列极限应力圆的包络线(如图 4-11 所示以"5"表示的,叫做莫尔包络线)。在包络线上的所有各点都反映出材料破坏时的剪应力(即抗剪强度)τ_f 与正应力 σ 之间的关系,这根包络线代表材料的破坏条件或强度条件,即莫尔强度条件的普遍形式为:

$$\tau_f = f(\sigma) \qquad (4-38)$$

根据莫尔强度理论,在判断材料内某点处于复杂应力状态下是否破坏时,只要在 $\tau-\sigma$ 平面上做出该点的莫尔应力圆。如果所作应力圆在莫尔包络线以内(如图 4-12 中的应力圆 1,在图中曲线 4 表示包络线之内),则通过该点任何面上的剪应力都是小于相应面上的抗剪强度 τ_f,说明该点没有破坏,处于弹性状态;如果所绘应力圆刚好与包络线相切(图 4-12 中的圆 2),则通过该点有一对平面上的剪应力刚好达到相应面上的抗剪强度,该点开始破坏,或者称之为处于极限平衡状态或塑性平衡状态;最后,如果所绘应力圆与包络线相割(图 4-12 中虚线圆 3),而实质上它是不存在的,因为当应力达到这一状态之前,该点就沿着一对平面破坏了。

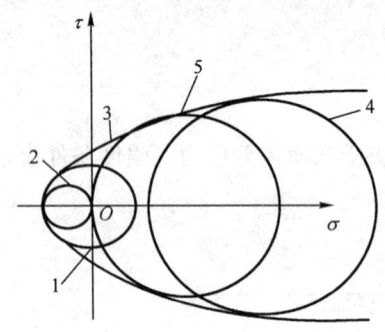
图 4-11 莫尔极限应力圆和包络线

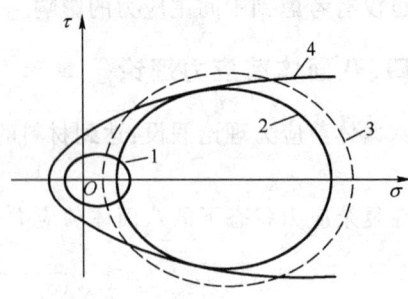
图 4-12 材料破坏判别

根据试验资料,土的包络线非常接近于直线;对于金属,因为抗拉强度和抗压强度接近相等,所以包络线平行或者接近平行于横坐标轴。

关于岩石的包络线的形状,有人假定为抛物线,也有人假定为双曲线或摆线。一般而言,对于软弱岩石,可认为是抛物线;对于坚硬岩石,可认为是双曲线或摆线。为了简化计算,与土力学中所采用的一样,岩石力学中大多采用直线形式的包络线,可用库仑方程式来表示:

$$\tau_f = c + \sigma\tan\varphi \qquad (4-39)$$

式中 c——岩石凝聚力;
φ——岩石内摩擦角。

上式常称为莫尔—库仑方程式或莫尔—库仑强度条件。它是目前岩石力学中用得最多的强度条件。大部分岩石工作者认为,当压力不大时(例如,$\sigma < 10\text{MPa}$),采用上式是适用的。

莫尔—库仑破坏准则可以用 σ_1 和 σ_3 来表示,根据几何关系,很容易得出:

$$\frac{\sigma_1 - \sigma_3}{\sigma_1 + \sigma_3 + 2c\cot\varphi} = \sin\varphi \qquad (4-40)$$

通过三角运算,可以将它写成另一种形式:

$$\sigma_1 = \sigma_3 N_\varphi + R_c \qquad (4-41)$$

式中,N_φ 满足公式 $\dfrac{1}{N_\varphi} = \tan^2(45° - \dfrac{\varphi}{2})$;$R_c$ 为岩石的单轴抗压强度。

当 σ_1 与 σ_3 的组合满足这些式子的关系时,岩石就开始破坏。

在莫尔—库仑破坏准则中,破裂面的方位可根据 σ_1 与 σ_3 的几何关系得到:破坏面法线与大主应力方向间的夹角为：

$$\alpha = 45° + \frac{\varphi}{2} \tag{4-42}$$

六、格里菲斯(Griffith)强度理论

格里菲斯假设：材料内部存在着许多细微裂隙，在外力作用下，这些细微裂隙周围，特别是缝端，按弹性力学中的英格里斯(Inglis)理论，产生了应力集中现象；当超过材料抗拉强度时，裂缝扩展，最后导致材料的完全破坏。

如图4-13所示，设岩石中含有大量的方向杂乱的细微裂隙，假设有一系列，它们的长轴方向与最大主应力 σ_1 成 β 角。按照格里菲斯理论，假定这些裂隙都是张开的，并且在形状上近似于椭圆。研究证明，即使在压应力情况下，只要裂隙的方向合适，则裂隙的边壁上也会出现很高的拉应力。一旦该拉应力超过材料的局部抗拉强度，材料就在张开裂隙的端部破裂。

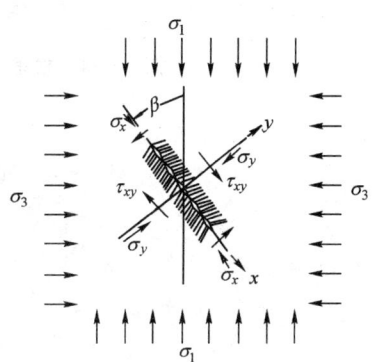

图4-13 微裂隙受力示意图

为了确定张开的椭圆裂隙边壁周围的应力，作了如下简化假定：

(1)这椭圆可以作为半无限弹性介质中的单个孔洞处理，即：假定相邻的裂隙之间不相互影响，并忽略材料特性的局部变化；

(2)椭圆及作用于其周围材料上的应力系统可作为二维问题处理，即把裂缝三维空间形状和裂缝平面内的应力 σ_z 的影响忽略不计。

这些假定所引起的误差将小于 $\pm 10\%$。

在分析中，按岩石力学中的习惯规定，力以压应力为正，拉应力为负，且 $\sigma_1 > \sigma_2 > \sigma_3$。可得到下列格里菲斯强度理论的破坏准则：

$$\begin{cases} (\sigma_1^2 - \sigma_3^2) - 8R_t(\sigma_1 + \sigma_3) = 0 \\ \beta = \frac{1}{2}\arccos\frac{\sigma_1 - \sigma_3}{2(\sigma_1 + \sigma_3)} \end{cases}, 当 \sigma_1 + 3\sigma_3 > 0 时 \tag{4-43}$$

$$\begin{cases} \sigma_3 = -R_t \\ \beta = 0 \end{cases}, 当 \sigma_1 + 3\sigma_3 < 0 时 \tag{4-44}$$

式中 β——裂隙方位角。

该准则在 $\sigma_1-\sigma_3$ 平面内的图形如图4-14(b)所示，是由 $-R_t < \sigma_1 < 3R_t$ 时的直线 ABC（即 $\sigma_3 = -R_t$）的部分和在 $C(3R_t, -R_t)$ 点与直线 ABC 相切的抛物线 CDE 部分组成（完全的抛物线通过原点），当 $\sigma_3 = 0$，同时为单轴压缩时，$\sigma_1 = 8R_t$，即单轴抗压强度 $R_c = 8R_t$，理论上求得的结果与试验结果相符合。

格里菲斯准则用应力 τ_{xy} 和 σ_y 来表示如公式(4-45)：

$$\tau_{xy}^2 = 4R_t(R_t + \sigma_y) \tag{4-45}$$

公式(4-45)在 $\tau-\sigma$ 平面内为一个抛物线方程式，它表明一个张开椭圆细微裂隙边壁上破坏开始时的剪应力 τ 和正应力 σ 间的关系，如图4-14(a)所示。由该图可以看出，这条曲线

的形状与莫尔包络线相似,该线在负象限内明显弯曲,它表明其抗拉强度要比由直线型包络线(莫尔—库仑线)推断出来的要低得多,因而它更合乎实际情况。

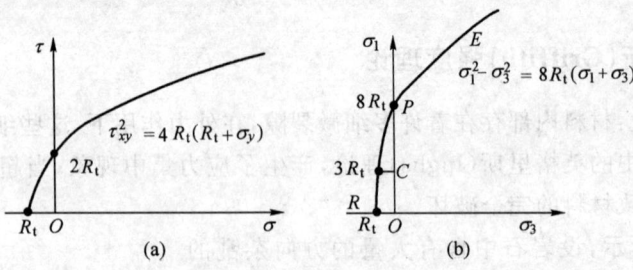

图 4—14　格里菲斯准则在 $\tau-\sigma$ 平面和 $\sigma_1-\sigma_3$ 平面内的图形
(a) $\tau-\sigma$ 平面;(b) $\sigma_1-\sigma_3$ 平面

第五章 岩石的蠕变

石油钻井的对象主要是沉积岩地层。在沉积岩中,盐岩是流变性较强的一种岩石,尤其是在深部高温、高压的作用下,其流变性质更加突出,常导致井眼缩径卡钻以及固井后的套管挤毁等复杂事故的发生,甚至全井报废。因此,掌握其流变特性有着重要的意义。

在研究中除大段的盐层外,盐岩与泥岩和砂岩互层组成的韵律层系也统称为盐膏层。盐膏层是一个统称,它包括纯盐层、盐膏层、膏泥层。我国绝大部分的陆上油田中都有盐膏层,其包括的范围很广泛,比如像江汉油田、胜利油田、塔里木油田、中原油田、吐哈油田等,这些油田中都含有盐膏层。

盐膏层不是油气钻探的主要目的层,却是油气层顶部的良好盖层,巨厚盐膏层下面往往蕴藏大型油气田。要勘探盐膏层下面的油气藏,就要顺利钻穿巨厚盐膏层并使盐膏层集中段较长时期保持井眼稳定,但这是世界性钻井完井难题之一。其主要原因是盐膏层蠕动,井眼形成后,地层易发生塑性变形,在工程上表现为井眼溶解和缩径。因此准确地分析蠕动变形规律是解决盐膏层钻井的关键。

目前,国内外学者就岩石塑性本构关系模型进行了详细深入的研究,并形成了理想塑性模型、硬化模型和软化模型等各种不同理论。但对于工程问题,这些模型都需要通过试验确定许多重要的参数,而实验的工作量十分巨大,这给实际应用带来许多不便。

流变性质是指材料(岩石)的应力—应变关系与时间因素有关的性质,材料的变形过程中具有时间效应的现象称为流变现象。

岩石的变形不仅表现出弹性和塑性,而且也具有流变性质,岩石的流变性质包括蠕变、松弛和弹性后效。蠕变是指在恒定应力条件下,变形随时间增加逐渐增长的现象;松弛指应变一定时,应力随时间增加逐渐减小的现象;流动特征是指时间一定时,应变速率与应力的关系(指明岩石);岩石的长期强度是指作用时间 $t \to \infty$ 的强度。

第一节 蠕变概念和蠕变曲线

岩石的蠕变就是指在应力 σ 不变的情况下岩石变形(或应变 ε)随着时间 t 而增长的现象。工程实践发现,在岩石开挖洞室以后一段很长的时间内,支护或衬砌上的压力一直在变化,这可解释为蠕变的结果。因此,研究岩石的蠕变对于洞室特别是深埋洞室围岩的变形,有着重要意义。

根据试验,岩石的蠕变曲线($\varepsilon-t$ 曲线)具有两种典型的形式,如图 5—1 所示。一个是花岗岩蠕变,其特点是蠕变变形很小,荷载施加后,在不长的时间内变形就趋稳定,这种蠕变一般可以忽略不计;此外是砂岩的蠕变,在蠕变的开始阶段,变形增长较快,以后就趋于稳定,稳定后的变形量可能比原始变形量 ε_t(即 $t=0$ 时的瞬时弹性变形量)增大 30%~40%。由于这种蠕变最终是稳定的,所以在多数情况下可能对工程不致造成危害。另外页岩的蠕变曲线的特点是,蠕变变形达到一定值时,就以某种常速度无限地增长,直至岩石破坏。有这种特性的岩石不是很多,主要是一些软弱岩石。

一般而言,软弱岩石的蠕变曲线可以分为三个阶段,如图 5-2 所示。在阶段 I 内,应变—时间曲线向下弯曲,在这个阶段内的蠕变叫做初期蠕变或暂时蠕变;这一阶段结束后就进入阶段 II(图 5-2 上的 B 点开始),在该阶段内,曲线具有近似不变的斜率,这一阶段的蠕变称为二次蠕变或稳定蠕变;最后,阶段 III 称为加速蠕变或第三期蠕变,这种蠕变导致迅速破坏。

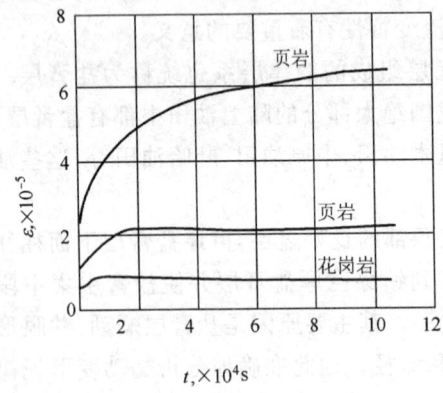

图 5-1 典型蠕变曲线(在 10MPa、室温下)

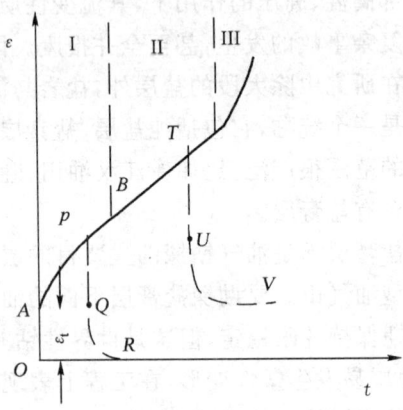

图 5-2 典型蠕变曲线的三个阶段

如果在阶段 I 内把所施加的应力骤然降低到零,则 $\varepsilon-t$ 曲线具有 PQR 的形式,如图 5-2 所示。其中 $PQ=\varepsilon_t$ 为瞬时弹性变形,QR 则随着时间慢慢退至应变为零。这时候没有永久变形,因此材料仍保持弹性。如果在稳定蠕变阶段 II 内将所施加的应力骤然降到零,则 $\varepsilon-t$ 曲线即走 TUV 曲线的路线,最终保持一定的永久变形。

在图 5-3 上示有一组石膏的蠕变曲线。它们是用单轴试验获得的,每一根曲线代表一种应力。可以看出,蠕变与所加应力的大小有很大关系。在低应力时,蠕变可以渐渐趋于稳定,材料不致破坏;在高应力时,蠕变加速,引起破坏;应力愈大,蠕变速率愈大,反之愈小。这一现象也说明蠕变试验是比较困难的,因为如果所加的应力太小,则只产生微小的蠕变影响;如果应力太大,则加速蠕变,破坏随即发生。因此,应力的选择是一件重要而困难的事。

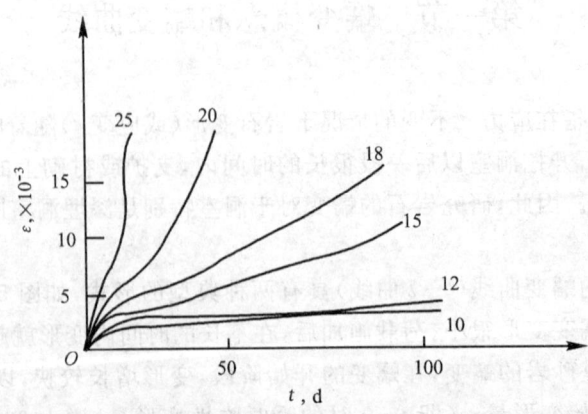

图 5-3 石膏的蠕变曲线(在不同轴向压力下,MPa)

第二节 岩石蠕变经验公式

综上分析,岩石蠕变变形包括瞬时弹性变形、初期蠕变、稳定蠕变和加速蠕变等四个阶段,岩石在长期荷载作用下,蠕变变形 ε 可以表示为:

$$\varepsilon = \varepsilon_t + \varepsilon(t) + Mt + \varepsilon_r(t) \tag{5-1}$$

式中 ε_t——瞬时变形;
$\varepsilon(t)$——初期蠕变;
Mt——稳定蠕变;
$\varepsilon_r(t)$——加速蠕变。

不同学者根据不同试验条件,分别给予以上各项以不同的函数形式,得出不同的经验公式,但目前绝大部分经验公式只表示出前两阶段蠕变,对于加速蠕变,至今还未找到简单的公式。

对前两阶段蠕变,目前的经验方程主要有三种。

1. 幂函数

基本形式为:

$$\varepsilon(t) = At^n \tag{5-2}$$

式中 A,n 为常数,大小取决于应力水平、温度和材料结构。

康特雷勒(Cottrell)得出 $0 < n < 1$。

如辛格(singh)对大理岩蠕变进行了研究,得出第一阶段蠕变、第二阶段蠕变表达式分别为:

$$\varepsilon = 0.4395 t^{0.4929} \times 10^{-4} \tag{5-3}$$

$$\varepsilon = (0.1817t - 0.8022) \times 10^{-4} \tag{5-4}$$

式中 ε——轴向应变。

2. 对数函数

如格里格斯(Griggs)研究了石灰岩、滑石、页岩和其他许多矿物晶体的蠕变特性,得出经验公式为:

$$\varepsilon = \varepsilon_a + B\lg t + Dt \tag{5-5}$$

式中 $B、D$ 是常数,具体值取决于应力。

霍布斯(Hobbs)对一组煤系地层中的岩石(如粉砂岩、页岩、泥岩、石灰岩)和强度为 1~206MPa 的砂岩做了蠕变试验,得出第一、二阶段蠕变经验公式为:

$$\varepsilon = \frac{\sigma}{E_c} + g\sigma' t + k\sigma \lg(t+1) \tag{5-6}$$

式中 E_c——平均增量模量;
σ——应力;
$g、k、t$——常数。

罗伯逊(Roberstson)根据凯尔文模型,通过试验进行曲线校正,得出岩石在恒定荷载下的蠕变半经验公式:

$$\varepsilon = \varepsilon_0 + A\ln t \tag{5-7}$$

式中 ε_0——瞬时应变；
A——蠕变系数。

A 值在单轴压缩时为：

$$A = \left(\frac{\sigma}{E}\right)^{n_c} \tag{5-8}$$

A 值在三轴压缩时为：

$$A = \left(\frac{\sigma_1 - \sigma_3}{2G}\right)^{n_c} \tag{5-9}$$

式中 E、G——弹性模量和剪切模量；
n_c——蠕变指数，在低应力时为 $1\sim2$，在高应力时为 $2\sim3$。

3. 指数函数

伊文恩(Evans)通过对花岗岩、砂岩、板岩的研究得出：

$$\varepsilon = A[1 - \exp(B - ct^n)] \tag{5-10}$$

式中，A、B、C 为常数，$n=0.4$。

哈迪(Hardy)对第一阶段蠕变给出以下方程：

$$\varepsilon = B[1 - \exp(-ct)] \tag{5-11}$$

由于试验条件和岩石种类不同，岩石蠕变经验方程是很多的，必须根据岩石成分结构、应力水平、温度条件加以选用。

第三节 蠕 变 模 型

就微观而言，任何固体都是聚集体，它是由坚硬的(弹性的或塑性的)骨架和充填其间的液体、半液体或半气态的物质所共同组成，因而才能产生蠕变(或称流变)现象，明显的例子就是土。然而，从这些微观结构着手来研究固体的蠕变可能是相当困难的。为了描述固体的蠕变现象，目前常常采用简单的机械模型来模拟材料的某种性状，再将这些简单的机械模型进行不同的组合，就可求得固体(岩石)的不同蠕变方程式，以模拟不同的岩石蠕变。通常用的简单模型有两种，一个是弹性模型，另一个是粘性模型。

(1)弹性模型(或称弹性单元)

这种模型是线性弹性的，完全服从胡克定律，所以也称胡克物质。因为在应力作用下应变瞬时发生，而且应力与应变成正比关系，例如剪应力 τ 与剪应变 γ 的关系为：

$$\tau = G\gamma \tag{5-12}$$

所以这种模型可用刚度为 G 的弹簧来表示，如图 5-4(a)所示。

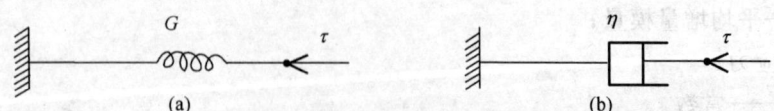

图 5-4 线性粘弹性模型
(a)弹性模型；(b)粘性模型

(2)粘性模型(或称粘性单元)。

这种模型完全服从牛顿粘性定律,它表示应力与应变速率成比例,例如剪应力 τ 与剪应变速率 γ 的关系为:

$$\tau = \eta \dot{\gamma} \tag{5-13}$$

或者

$$\tau = \eta \frac{d\gamma}{dt} \tag{5-14}$$

式中 t——时间;

η——粘滞系数。

这种模型也可称为牛顿物质,它可用充满粘性液体的圆筒形容器内的有孔活塞(称它为缓冲壶)来表示,如图 5-4(b)所示。因为应变是无因次的,所以 η 的因次为 $EL^{-2}T$,例如兆帕·秒(MPa·s)。

大多数岩石都表现出瞬时变形(弹性变形)和随着时间而增长的变形(粘性变形)。因此,可以说岩石是粘弹性的。将这两种简单的机械模型(弹性单元和粘性单元)用各种不同方式加以组合,就可得到不同介质的蠕变模型。对于均质的、各向同性的线弹性材料来说,其变形性质可用常数 K 和 G 来表示,前者决定着静水压力式荷载(球应力)下的纯体积变形,而后者计算所有畸变。图 5-5 表示带有多个常数的可能的几种模型。

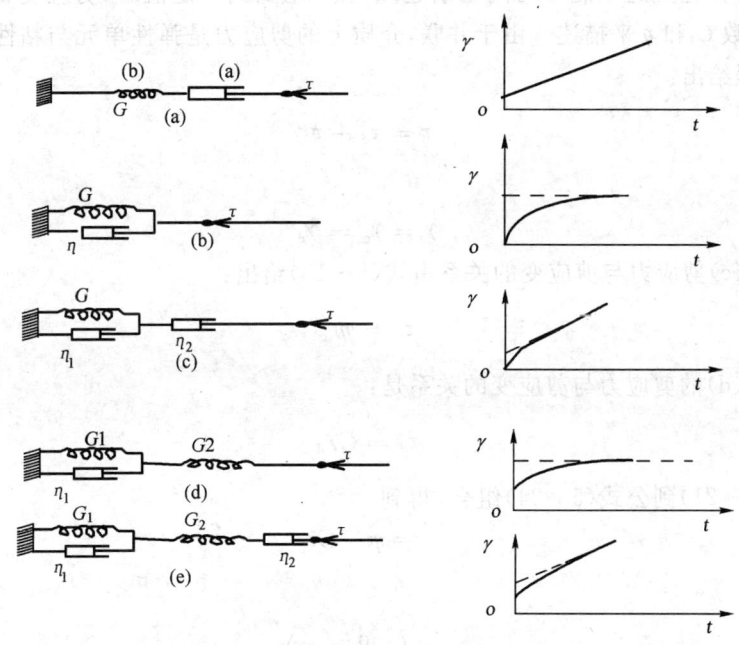

图 5-5 线性粘弹性模型及其蠕变曲线
(a)马科斯威尔模型;(b)伏埃特模型;(c)广义的马科斯威尔模型;(d)广义的伏埃特模型;(e)鲍格斯模型

1. 马科斯威尔(Maxwell)模型

这种模型是用弹性单元和粘性单元串联而成,如图 5-5(a)所示。当剪应力骤然施加并保持为常量时,变形以常速率不断发展。这个模型用两个常数 G 和 η 来描述。由于串联,所以,这两个单元上作用着相同的剪应力 τ

$$\tau = \tau_a = \tau_b \tag{5-15}$$

同时有
$$\gamma = \gamma_a + \gamma_b \tag{5-16}$$
对上微分,得
$$\dot{\gamma} = \dot{\gamma}_a + \dot{\gamma}_b \tag{5-17}$$
又因为 $\tau_a = \eta\dot{\gamma}_a$、$\tau_b = G\gamma_a$,代入上面各式得:
$$\dot{\gamma} = \frac{\gamma}{\eta} + \frac{\dot{\gamma}}{G} \tag{5-18}$$
或者
$$\left(\frac{1}{\eta} + \frac{1}{G}\frac{d}{dt}\right)\tau = \left(\frac{d}{dt}\right)\gamma \tag{5-19}$$

上式表示马科斯威尔材料粘弹性体的剪应力 τ 与剪应变 γ 的关系。对于 $t=0$ 时骤然施加的 σ_1 的情况(σ_1 保持为常量),这个方程式的解答是:
$$\varepsilon_1(t) = \frac{\sigma_1 t}{3\eta} + \frac{\sigma_1}{3G} + \frac{\sigma_1}{9K} \tag{5-20}$$

2. 伏埃特(Voigt)模型

该模型又称凯尔文模型,它由弹性单元和粘性单元并联而成,如图5-5(b)所示。当剪应力骤然施加时,剪应变速率随着时间逐渐递减,在 t 增长到一定值时,剪应变就趋于零。这个模型用两个常数 G 和 η 来描述。由于并联,介质上的剪应力是弹性单元与粘性单元剪应力之和,由下列方程给出:
$$\tau = \tau_c + \tau_d \tag{5-21}$$
以及
$$\gamma = \gamma_c = \gamma_d \tag{5-22}$$
粘性单元(c)剪应力与剪应变的关系由式(5-13)给出:
$$\tau_c = \eta\dot{\gamma}_c \tag{5-23}$$
弹性单元(d)的剪应力与剪应变的关系是:
$$\tau_d = G\gamma_d \tag{5-24}$$
将公式(5-21)到公式(5-24)组合,得到
$$\tau = \eta\dot{\gamma} + G\gamma \tag{5-25}$$
或者
$$\tau = \left(\eta\frac{d}{dt} + G\right)\gamma \tag{5-26}$$

上式表示了伏埃材料的剪应力与剪应变的关系,对于蠕变试验的情况,σ_1 在 $t=0$ 时施加,并随后保持为常量,其解答为:
$$\varepsilon_1(t) = \frac{\sigma_1}{9K} + \frac{\sigma_1}{3G}(1 - e^{-Gt/\eta}) \tag{5-27}$$

3. 广义的马科斯威尔模型

如图5-5(c)所示,该模型由伏埃特模型与粘性单元串联而成。用三个常数 G、η_1 和 η_2 描

述。剪应变开始以指数速率增长,逐渐趋近于常速率。

4. 广义的伏埃特模型

如图 5—5(d)所示,模型由伏埃特模型与弹性单元串联而成,用三个常数 G_1、G_2 和 η_1 表示该种材料的性状。开始时产生瞬时应变,随后剪应变以指数递减速率增长,最终应变速率趋于零,应变不再增长。

5. 鲍格斯(Burgers)模型

这种模型由伏埃特模型与马科斯威尔模型串联而组成,如图 5—5(e)所示。模型用 4 个常数 G_1、G_2、η_1 和 η_2 来描述。蠕变曲线上开始有瞬时变形,然后剪应变以指数递减的速率增长,最后趋于不变速率增长。从形成一般的蠕变曲线(图 5—2)的观点来看,这种模型是用来描述第三期蠕变以前的蠕变曲线的较好而最简单的模型。当然,用增加弹性单元和粘性单元的办法还可组成更复杂而合理的模型,但是鲍格斯模型对实用而言已足够了,该模型已获得较广泛的应用。

如果两个弹簧串联,那么这个弹簧系统在受到荷载作用时的位移就是等于每一个弹簧的位移之和。类似地,鲍格斯模型是由伏埃特模型与马科斯威尔模型串联而成的,因此,鲍格斯体在受到剪应力作用时产生的应变应当是伏埃特体应变与马科斯威尔体应变之和。考虑到图 5—5(e)上的常数符号,利用公式(5—20)和公式(5—27),我们可以得到鲍格斯体受轴向应力 σ_1 时的轴向应变 $\varepsilon_1(t)$ 为:

$$\varepsilon_1(t) = \frac{2\sigma_1}{9K} + \frac{\sigma_1}{3G_2} + \frac{\sigma_1}{3G_1} - \frac{\sigma_1}{3G_1} e^{G_1't\eta_1} + \frac{\sigma_1}{3\eta_2} t \qquad (5-28)$$

第四节 粘弹性常数的室内测定

确定粘弹性常数的最简单的方法是在实验室内用圆柱体试件进行长期的单轴压缩试验。这种试验要求在整个试验期间(可能数小时、数星期或更长时间)都保持常应力、常温度和常湿度,以保证试验测定的精确度。

公式(5—28)中的 $K=E/3(1-2\mu)$ 是体积模量,假定与时间无关,岩石的四个常数 η_1、η_2、G_1 和 G_2 的确定可采用下列方法。

图 5—6 是岩石长期单轴压缩试验测出的 ε_1 与时间 t 的关系曲线。假定这曲线满足公式(5—28)。在 $t=0$ 时,曲线在纵轴上的截距是瞬时弹性应变,它表示为:$\varepsilon_t = \sigma_1[(2/9K)+(1/3G_2)]$,斜率为 $\sigma_1/3\eta_2$。由于荷载往往不能瞬时施加,所以在实用上还需采用下列方法求 ε_0。令 q 等于蠕变曲线与直线延长线(第二期蠕变曲线的渐近线)间的垂直距离,如图 5—6 所示。于是从几何关系中可得出:

$$\lg_{10} q = \lg_{10} \frac{\sigma_1}{3G_1} - \frac{G_1}{2.3\eta_1} t \qquad (5-29)$$

在半对数格纸上绘出 $\lg_{10} q$ 与 t 的关系曲线,该线的截距为 $\sigma_1/3G_1$,斜率为 $-G_1/2.3\eta_1$,从而可确定 G_1

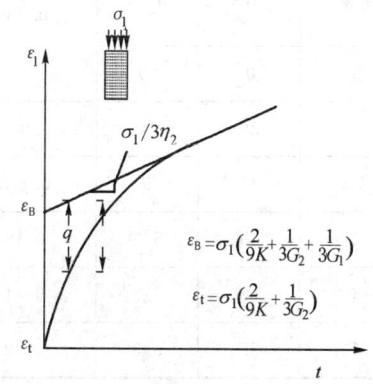

图 5—6 单轴蠕变曲线及常数确定方法

和 η_1。

体积应变根据测定的轴向应变 ε_1 和侧向应变 ε_3 计算，即 $\Delta V/V = \varepsilon_1 + 2\varepsilon_3$。平均应力为 $\sigma_1/3$。因而 K 可用公式(5-30)求出：

$$K = \frac{\sigma_1}{3(\varepsilon_1 + 2\varepsilon_3)} \quad (5-30)$$

G_2 可以从公式(5-31)来求出：

$$\frac{\sigma_1}{3G_2} = \varepsilon_B - \sigma_1 \left(\frac{1}{3G_1} + \frac{2}{9K}\right) \quad (5-31)$$

图 5-7 表示某石灰岩的蠕变试验曲线[根据 Hardy 等资料]，用以确定鲍格斯体常数。岩石是均质的，平均颗粒尺寸为 14mm，孔隙率为 13.2%，单轴抗压强度 R_c 为 63~77MPa(干岩石)。圆柱体试件的直径为 2.8cm，长 5.6cm。采用不同的轴向应力，得出相应的蠕变曲线。当轴向应力 σ_1 小于 $40\%R_c$ 时没有时间依赖关系，当 σ_1 小于 $60\%R_c$ 时第二期蠕变不显著，表 5-1 列出了分析数据。作每根蠕变曲线的直线渐近线，如图 5-7 所示，得到斜率 $\Delta\sigma_1/3G_1$ 以及截距 ε_B；根据 $\lg_{10}q$ 与 t 的关系曲线和公式(5-29)确定常数 $\Delta\sigma_1/3G_1$ 以及 G_1/η_1。在表 5-2 上列出了求得的 K、G_1、G_2、η_1 和 η_2 的值。可以看到，对于前面两级荷载而言，G_1 和粘滞项很大，当轴向应力增长时它们就逐渐变得较小；G_2 和 K 几乎与应力无关，这是非线性粘弹性的特征，主要是由于开裂的发生和增长而引起的。这些变形常数具有实际上的物理意义：G_2 是弹性剪切模量；G_1 控制着迟延弹性的数量；η_1 决定着迟延弹性的速率；η_2 描述粘滞流动的速率。

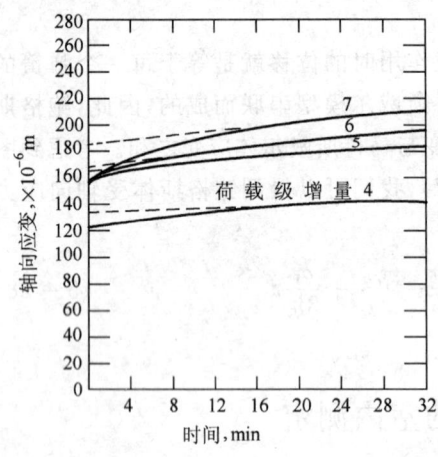

图 5-7 单轴压缩下某石灰岩的蠕变曲线
（4、5、6、7 对应表 5-1 中的荷载级增量）

表 5-1 某石灰岩的增量蠕变

荷载级增量	初始① σ_1 MPa	增量 $\Delta\sigma_1$ MPa	渐近线斜率 $\Delta\sigma_1/3\eta_2$ μm/min	渐近线截距 ε_B②	初始轴向应变 ε_e②	初始侧向应变 $\varepsilon_3$②	$q(t)=(\Delta\sigma_1/3G_1)e^{-(G_1t/\eta_1)}$	
							$\Delta\sigma_1/3G_1$	G_1/η_1
1 和 2	0	26	0	685	685	-175	不依赖于	
3	26	14	0	436	407	-128	16.7×10^{-6}	
4	40	5	0.105	139	125	-33	9.7×10^{-6}	0.32
5	45	5.5	0.16	179	150	-39	16.2×10^{-6}	0.28
6	50	5.5	0.41	183	147	-41	19.1×10^{-6}	0.295
7	55	5.5	0.42	203	142	-42	33.5×10^{-6}	0.27

① $R_c=69$MPa(试验最后 40min 的)；
② 所有应变值单位为 μm。

表 5-2 由表 5-1 求得的鲍格斯体常数

荷载级	荷载大小（R_c 的%）	K, 10^3 MPa	G_1, 10^3 MPa	G_2, 10^3 MPa	η_1, 10^3 MPa·min	η_2, 10^3 MPa·min
1 和 2	—	26	很大	18.9	∞	∞
3	—	31	202	14.7	588	∞
4	—	27	161	13.5	497	1434
5	—	25	127	16.1	400	1141
6	—	28	95	15.4	322	448
7	—	32	54	14	202	434

第六章　地应力测量及计算

地壳在漫长的地质年代里始终处于不断运动与变化之中。地壳的构造运动常使岩层产生褶皱、断裂和错动,这些现象的出现都是岩层或岩体受力的结果。引起岩体产生应力的原因很多,有构造运动所产生的构造应力、有上覆岩体的重量所引起的自重应力、气温变化所引起的温度应力、地震力以及由于结晶作用、变质作用、沉积作用、固结作用、脱水作用所引起的应力;其次还有由于地下开挖而在洞室围岩中所引起的应力重分布和高坝等建筑物在岩基中所引起的附加应力等。岩体中的应力,有的是由于人类活动而引起的,有的则在工程建筑之前早就产生了。凡是在工程施工开始前就已存在于岩体中的应力,称为初始应力或天然应力或原地应力(构造应力和自重应力都是初始应力)。初始应力的大小主要取决于上覆岩层的重量、构造作用的类型、强度和持续时期的长短等。

根据不同的分类标准,地应力的分类如表 6-1 所示。

表 6-1　地应力分类(据李志明,张金珠)

分类依据	分　类		定　义
地质年代	古地应力		泛指燕山运动以前的地应力,有时也特指某一地质时期以前的地应力
	现今地应力		目前存在或正在变化的地应力
成因	原地应力	重力应力	指由于上覆岩层的重力引起的地应力分量,特别指由于上覆岩层的重力所产生的应力
		构造应力	在构造地质学研究中,构造应力是指导构造运动、产生构造变形、形成各种构造行迹的那部分应力;在油田应力场的研究中,构造应力常指由于构造运动引起的地应力增量。构造应力是导致水平方向两个主应力不相等的根本原因
		热应力	由于地层温度发生变化在其内部引起的内应力增量,热应力主要与温度的变化和岩石热学的性质有关
		扰动应力	是指由于地表和地下加载或减载及开挖等,引起原地应力发生改变所产生的应力。在油田应力场的研究中,是指钻井、油气开采、注水、注气等在地层中产生的地应力增量
应力方向	垂向主应力		地壳中主要由重力应力构成、基本上呈垂直向的主应力
	水平主应力		主要由地壳中岩石侧向应力和水平向构造应力构成,基本上呈水平向的主应力

含油气盆地构造的形成和演化是在一定的地应力场作用下的产物,只有弄清含油气盆地、含油气区块的地应力场分布,才能正确认识古构造行迹的发生演化历史,才能有效地分析和解决油气勘探开发的有关问题。地层中地应力状态存在三种类型:

(1)垂向应力为最大主应力,即:$\sigma_v > \sigma_{H1} > \sigma_{H2}$;

(2)垂向应力为最小主应力,即:$\sigma_{H1} > \sigma_{H2} > \sigma_v$;

(3)垂向应力为中间主应力,即:$\sigma_{H1} > \sigma_v > \sigma_{H2}$。

岩体中的初始应力分布是极其复杂的,特别是岩体遭受地质构造运动之后,应力状态更为复杂,分布规律千变万化。目前,对于岩体中初始应力的大小及其分布规律的研究,还缺乏完整的、系统的理论。当岩体的形状比较规律、表面平整、产状平缓,岩体本身又没有经受构造作用与呈现显著的不均匀性时,此时可认为岩体中的垂直应力与上覆岩体的重量成正比,水平应力可按垂直应力乘以侧压力系数而计算,一般它约为垂直应力的30%。但自然界中的岩体很少具备上述那些典型条件。近几年来,很多学者在初始应力的现场测量和理论研究方面都做了大量工作,并取得了一定的进展。但是,要达到能够确切掌握岩体中初始应力的大小及其分布规律水平,目前还有相当大的困难。

第一节　地应力的成因及分布特点

一、地应力的成因

地应力是存在于地层中的未受工程扰动的天然应力,也称岩体初始应力、绝对应力或原岩应力。

产生地应力的原因是十分复杂的,也是至今尚不十分清楚的问题。30多年来的实例和理论分析表明,地应力形成主要与地球的各种动力运动过程有关,其中包括:板块边界受压、地幔热对流、地球内应力、地心引力、地球旋转、岩浆侵入和地壳非均匀扩容等。另外,温度不均、水压梯度、地表剥蚀或其他物理、化学变化等也可引起相应的应力场,其中,构造应力场和重力应力场是现今地应力场的主要组成部分。

1. 大陆板块边界受压引起的应力场

中国大陆板块受到外部两块板块的推挤,即印度板块和太平洋板块的推挤,推挤速度为每年数厘米;同时受到了西伯利亚板块和菲律宾板块的约束。在这样的边界条件下,板块发生变形,产生水平受压应力场。印度板块和太平洋板块的移动促成了中国山脉的形成,控制了我国地震的分布。

2. 地幔热对流引起的应力场

由硅镁质组成的地幔因温度很高,并具有可塑性,并可以上下对流和蠕动。当地幔深处的上升流到达地幔顶部时,就分为两股方向相反的平流,经一定流程直到与另一对流的反向平流相遇,一起转为下降流,回到地球深处,形成一个封闭的循环体系。地幔热对流引起了地壳下面的水平切向应力。在亚洲形成的由孟加拉湾一直延伸到贝加尔湖的最低重力槽,它就是一个有拉伸特点的带状区,我国从西昌、渡口到昆明的裂谷正位于这一地区。该裂谷区有一个以西藏中部为中心的上升流的大对流环,在华北—山西地堑有一个下降流。地幔物质的下降,引起很大的水平挤压应力。

3. 由地心引力引起的应力场

由地心引力引起的应力场称为重力应力场。重力应力场是各种应力场中惟一能够计算的应力场。地壳中任一点的自重应力等于单位面积的上覆岩层的重量,即:

重力应力为垂直方向应力,它是地壳中所有各点垂直应力的主要组成部分。但是垂直应力一般并不完全等于自重应力,因为板块移动、岩浆对流和侵入、岩体非均匀扩容、温度不均和水压梯度均会引起垂直方向应力变化。

4. 岩浆侵入引起的应力场

岩浆侵入挤压、冷凝收缩和成岩,均在周围地层中产生相应的应力场,其过程也是相当复杂的。熔融状态的岩浆处于静水压力状态,对其周围施加的是各个方向相等的均匀压力;但是炽热的岩浆侵入后即逐渐冷凝收缩,并从接触介面处逐渐向内部发展。不同的热膨胀系数及热力学过程会使侵入岩浆自身及其周围岩体应力产生复杂的变化过程。

与上述三种应力场不同的是岩浆侵入引起的应力场是一种局部应力场。

5. 地温梯度引起的应力场

地层的温度随着深度增加而升高,一般温度梯度为3℃/100m。温度梯度引起了地层中不同深度不相同的膨胀,从而引起地层中的压应力,其值可达相同深度自重应力的数分之一。

另外,岩体局部寒热不均,产生收缩和膨胀,也会导致岩体内部产生局部应力场。

6. 地表剥蚀产生的应力场

地壳上升部分岩体因为风化、侵蚀和雨水冲刷、搬运而产生剥蚀作用。剥蚀后,由于岩体内的颗粒结构的变化引起的应力松弛赶不上这种剥蚀变化,导致岩体内仍然存在着比由地层厚度所引起的自重应力还要大得多的水平应力值。因此,在某些地区,大的水平应力除与构造应力有关外,还和地表剥蚀有关。

二、地应力的分布规律

通过理论研究、地质调查和大量的地应力测量资料的分析,已初步认识到浅部地壳应力分布的一些基本规律:

(1) 地应力是一个具有相对稳定性的非稳定应力场,它是时间和空间的函数。

地应力在绝大部分地区是以水平应力为主的三向不等压应力场。三个主应力的大小和方向是随着空间和时间而变化的,因而它是个非稳定应力场。

地应力在空间上的变化,从小范围来看,是很明显的:从一个矿山到另一个矿山,从某一点到相距数十米外的另一点,地应力的大小和方向也是不同的。但就某个地区整体而言,地应力的变化是不大的。如我国的华北地区,地应力场的主导方向是北西到近于东西的主压应力。

在某些地震活动活跃的地区,地应力的大小和方向随时间的变化是很明显的。在地震前,处于应力积累阶段,应力值不断升高,而地震时使集中的应力得到释放,应力值突然大幅度下降。主应力方向在地震发生时会发生明显改变,在地震后一段时间内又会恢复到震前的状态。如1976年唐山地震,在唐山凤凰山测得的最大主应力方向为北47°,与区域应力场的最大主应力方向有较大偏差;1978年,在同一地点测量,其最大主应力方向变为近东西向(北89°),与区域应力场最大主应力方向相一致;前苏联的喀尔巴阡山、高加索等地,发现主应力方向每隔6～12年就有一次较大变化;我国甘肃六盘山主应力方向在三年内有20°～30°变化;而瑞典北部的梅尔格悌矿区发现现今应力场方向与20亿年前应力场方向完全相同。

(2) 实测垂直应力基本等于上覆岩层的重量。

对全世界实测垂直应力的统计资料的分析表明,在深度为25m～2700m的范围内垂直应力呈线性增长,大致相当于按平均容重计算出来的重力。但在某些地区,测量结果有一定幅度的偏差。上述偏差除有一部分可能归结于测量误差外,板块移动、岩浆对流和侵入、扩容、不均匀膨胀等也都可引起垂直应力的异常。

值得注意的是,在世界多数地区,并不存在真正的垂直应力,即没有一个主应力的方向完全与地表垂直。但在绝大多数测点都发现确有一个主应力接近于垂直方向,其与垂直方向的偏差不大于20°。这一事实说明,地应力的垂直分量主要受重力的控制,但也受到其他因素的影响。

(3) 水平应力普遍大于垂直应力。

实测资料表明,在绝大多数(几乎所有)地区均有两个主应力位于水平或接近水平的平面内,其与水平面的夹角一般不大于 30°。最大水平主应力 σ_H 普遍大于垂直应力 σ_v,与 σ_v 之比值,一般为 0.5~5.5,在很多情况下比值大于 2。如果将最大水平主应力和最小主应力的平均值与 σ_v 相比,总结目前全世界地应力实测的结果,得出其值一般为 0.5~5.0,大多数为 0.8~1.5,这说明在浅层地壳中平均水平应力也普遍大于垂直应力。垂直应力在多数情况下为最小主应力,在少数情况下为中间主应力,只在个别情况下为最大主应力。这再次说明,水平方向的构造运动如板块移动、碰撞对地壳浅层地应力的形成起控制作用。

(4)平均水平应力与垂直应力的比值随深度增加而减小。

(5)最大水平主应力和最小水平主应力也随深度呈线性增长关系。

与垂直应力不同的是:水平主应力线性回归方程中的常数项比垂直应力线性回归方程中常数项的数值要大些,这反映了在某些地区近地表处仍存在显著水平应力的事实。

(6)最大水平主应力和最小水平主应力之值一般相差较大,显示出很强的方向性。

地应力的上述分布规律还会受到地形、地表剥蚀、风化、岩体结构待征、岩体力学性质、温度、地下水等因素的影响。

地形对原始地应力的影响是十分复杂的。在具有负地形的峡谷或山区,地形的影响在侵蚀基准面以上及其以下一定范围内特别明显。一般来说,谷底是应力集中的部位,越靠近谷底,应力集中越明显;最大主应力在谷底或河床中心近于水平,而在两岸岸坡则向谷底或河床倾斜,并大致与坡面相平行。近地表或接近谷坡的岩体,其地应力状态和深部及周围岩体显著不同,并且没有明显的规律性;随着深度不断增加或远离谷坡,地应力分布状态逐渐趋于规律化,并且显示出和区域应力场的一致性。

在断层和结构面附近,地应力分布状态将会受到明显的扰动。断层端部、拐角处及交汇处将出现应力集中的现象。端部的应力集中与断层长度有关,长度越大,应力集中越强烈;拐角处的应力集中程度与拐角大小及其与地应力的相互关系有关:当最大主应力的方向和拐角的对称轴一致时,其外侧应力大于内侧应力。由于断层带中的岩体一般都比较软弱和破碎,不能承受高的应力,不利于能量积累,所以成为应力降低带,其最大主应力和最小主应力与周围岩体相比均显著减小。同时,断层的性质不同对周围岩体应力状态的影响也不同。压性断层中的应力状态与周围岩体比较接近,仅是主应力的大小比周围岩体有所下降;而张性断层中的地应力大小和方向与周围岩体相比均发生显著变化。

第二节 地应力的测量

一、地应力测量的意义

1. 地应力与一般工程

地壳表层应力的形成和分布的规律、应力的大小和变化特征,对于实际的工程问题具有很重要的意义。了解了这些规律与特征,可以解决许多理论和实际问题。

(1)对建筑地下设施和开采矿产(如巷道、隧道、电站、工业项目、仓库、矿井、采石场等的工程地质条件进行估计,包括对矿山压力、冲击地压、崩塌、井喷、透水和流砂进行预测);

(2)预测大型水库地区蓄水后地震活动性的变化以及隐伏断层和构造岩块的活动;

(3)评价复杂地质结构条件下天然高边坡的深露天矿边坡的长期和短期稳定性,预测它的发生滑坡、坍塌的可能性；

（4）在地下开采和长期抽水、采油的情况下，为预测岩石的位移和预测地表塌陷洼地的有关参数提供依据；

（5）为选择混凝土大坝的结构和估算其稳定性，以及为地下开采估算矿柱与支架的结实程度提供依据；

（6）为在应力集中的地方对岩石强度和形变特征进行工程地质取样和试验研究的方法选择提供依据。

2. 地应力与石油工程

油气勘探开发的工作对象是地层的岩石和流体。储层的岩石和流体所承受的地应力是研究有关地质和工程问题时的外载。因此，从某种意义上讲，油气勘探开发的许多问题都涉及地应力范畴。现在，已经认识到地应力对油气勘探开发的影响和作用越来越多地从各个方面表现出来，如：地质构造形成与演化是构造应力作用及变化的结果；储层中油气运移和聚集与地应力有关，油气总是由强应力区向弱应力区运移；天然裂缝和裂隙面与最大主应力方向平行；油田地应力场状态决定着断层的形态和分布；在渗透率各向异性、低渗透率油田中，主渗透率方向与最大水平主应力方向趋向一致；在钻井过程中，井壁的稳定性与地层岩石的力学性质、地层剖面的地应力状态有密切关系；油井采油过程中的出砂与地层岩石的力学性质、油层的应力环境、出砂指数有关；在油层改造中，地应力场状态、地层岩石的力学性质决定着水力压裂的裂缝的形态、方位、高度和宽度，影响着压裂的增产效果；油田的采油导致地层压力下降，注水是采油的相反过程，导致地层的压力增大，也会引起地应力场的变化，造成地层的蠕动和错动；而注水开发中，由于对地应力场的研究不够，使得井网的布置和调整不很理想，从而导致无水采油期缩短，驱油效率降低，出现水窜和水淹；地应力的异常及地应力场的剧变导致套管的缩径与损坏、错断；稠油热采过程中，大量热蒸汽的注入使开发区的应力场发生巨大变化；传统的射孔方案中，由于没有进行分层地应力剖面研究，把某一段泥岩作为隔挡层，致使开发过程中造成剖面上的水窜和气窜；地应力有关资料是水平井的设计和钻井的科学依据；地应力资料又是井斜和钻井轨迹预测评价的重要依据之一；油藏中的张性裂缝发育区是探井井位选择的有利地带，等等。上述所言表明了地应力研究与油气勘探开发紧密相连，它是油田、油气开发系统工程中的重要环节之一，是油气勘探开发的前期工程和基础工作之一。

地应力的大小、方向、分布规律及其演化史是油气田勘探开发中地应力研究的主要内容，而岩石的力学性质、储层的孔隙压力、地层的温度、构造应力、重力及地层剥蚀等是影响油田应力场状态的主要因素。古地应力场影响和控制着古代石油的运移和聚集，现今应力场影响和控制着油气田在开发过程中油、气、水的运移（水窜、水淹等），因此，古地应力场和现今应力场的研究是油田应力场研究的基本内容。但是，在油田勘探开发的地应力场研究中，只有宏观的、区域的研究和一般规律的研究是不够的，还必须进行局部的、开发单元的、单井的、平面的、剖面的、分层的特殊微观应力分布及应力场的状态的研究。其中地层岩石的力学性质、地应力场状态、地应力场性质、地应力数值、地应力分布规律是油气勘探开发中地应力场研究的主要方面。同时，油田开发是一个动态过程，对这个动态应力场的研究、分析也是非常重要的。

二、地应力测量的途径与方法

地应力测量从原理上可分为直接测量与间接测量两大类。前者通过测量岩石的破裂，直接确定应力，例如 20 世纪 70 年代发展起来的水压致裂法就是一种直接测量的方法；后者通过测量岩石的变形和物性变化来确定介质的受力状态,如依据岩石受力时的变形特性、弹性波速变化、电阻率变化、声发射特性和矿物颗粒的显微构造变化确定介质的受力状态,20 世纪 50 年代发展起来的应力解除法就是一种间接测量法。

地应力测量从内容上可分为绝对值测量与相对值测量。前者是测量岩石所承受的应力数值与方向,后者是测量固定点上随时间变化的应力状态。

地应力测量从仪器安装的形式上可分为钻孔法和非钻孔法。前者将测量仪(探头)牢固地贴附于钻孔底部,测量钻孔附近的应力状态;非钻孔法能了解较大空间岩体的应力状态,能避免由于钻孔开挖而带来的应力变化的影响,但由仪器读数换算为岩石应力时,影响因素较多。因此,较常用的地应力测量方法大多是钻孔法。

三、水力压裂法测量地应力的原理与方法

深埋地下的岩石在工程扰动之前,就已承受着应力的作用,这个应力一般称为原地应力。原地应力场一般是三向不等压的、空间的、非稳定应力场。就石油工程而言,原地应力可分为垂直应力和两个大小不等的水平应力。上述三个应力是研究的基础资料。

水力压裂法测量地应力,是在固井射孔后,将油气层上下用封隔器封隔起来进行的。

现场水力压裂试验法是目前进行深部绝对应力测量的最直接方法,它是根据试验测得的地层破裂压力、瞬时停泵压力、裂缝重张压力反算地应力,其基本假设为:

(1)测量段岩石是均质、各向同性的线弹性体,有很低的渗透性;
(2)水力压裂的模型可简化为一个无限大岩石平板中有一个圆孔,圆孔孔轴与垂向应力平行,在平板内作用着两个水平主应力 σ_H 和 σ_h,水力压裂法测量地应力的受力模型如图 6-1 所示,应力状态图如图 6-2 所示;
(3)水力压裂的初裂缝面是直立平行于孔轴的;
(4)有相当长的一段裂缝面和最小水平主应力方向垂直。

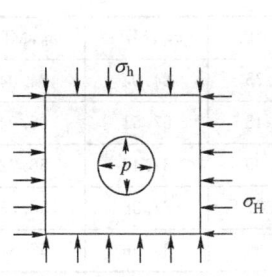
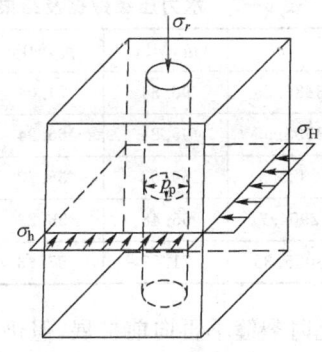
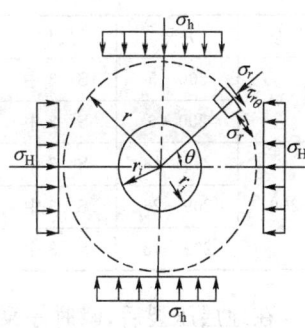

图 6-1 井壁受力的力学模型　　　　　　　　图 6-2 井壁岩石应力状态图

根据弹性理论,岩石平板上的应力分布可以写为:

$$\begin{cases} \sigma_r = \dfrac{\sigma_H + \sigma_h}{2}\left(1 - \dfrac{r_i^2}{r^2}\right) + \dfrac{\sigma_H - \sigma_h}{2}\left(1 + \dfrac{3r_i^4}{r^4} - \dfrac{4r_i^2}{r^2}\right)\cos2\theta + \dfrac{r_i^2}{r^2} - p_p \\ \sigma_\theta = \dfrac{\sigma_H + \sigma_h}{2}\left(1 + \dfrac{r_i^2}{r^2}\right) - \dfrac{\sigma_H - \sigma_h}{2}\left(1 + \dfrac{3r_i^4}{r^4}\right)\cos2\theta - \dfrac{r_i^2}{r^2} - p_p \\ \tau_{r\theta} = \dfrac{\sigma_H - \sigma_h}{2}\left(1 - \dfrac{3r_i^4}{r^4} + \dfrac{2r_i^2}{r^2}\right)\sin2\theta \end{cases} \quad (6-1)$$

式中 σ_r、σ_θ、$\tau_{r\theta}$——径向、切向有效主应力和剪切应力；
$\quad\quad\theta$——井眼周围某点径向与最大水平主应力方向的夹角；
$\quad\quad p_i$——井眼中的液体压力；
$\quad\quad p_p$——地层孔隙压力；
$\quad\quad \sigma_H$、σ_h——最大、最小水平主应力；
$\quad\quad r_i$——井眼半径；
$\quad\quad r$——距井眼中心的距离。

本文中规定压应力为正号，拉应力为负号，故 $\sigma_H > \sigma_h > 0$。

在井壁上，有 $r = r_i$，则公式(6-1)可以改写成

$$\begin{cases} \sigma_r = p_i - p_p \\ \sigma_\theta = (\sigma_H + \sigma_h) - 2(\sigma_H - \sigma_h)\cos2\theta - p_i - p_p \\ \tau_{r\theta} = 0 \end{cases} \quad (6-2)$$

从力学上说，地层压裂是由于井内压力过大，使岩石所受的周向应力超过岩石的抗拉强度而造成的，即 $\sigma_\theta = -s_t$（s_t 为拉伸强度），从公式中可以看出，当 p_i 增大时，σ_θ 变小；当 p_i 增大到一定程度时，σ_θ 将变成负值，即岩石所受周向应力由压缩变为拉伸。当这种拉伸力大到足以克服岩石的抗拉强度时，地层则产生破裂。破裂发生在 σ_θ 最小处，即 $\theta = 0°$ 或 $180°$ 处，此时 σ_θ 值为：

$$\sigma_\theta = 3\sigma_h - \sigma_H - p_p - p_i \quad (6-3)$$

将公式(6-3)代入岩石的拉伸破裂强度准则公式：

$$\sigma_\theta = -s_t \quad (6-4)$$

即可得岩石产生拉伸破坏时井内液柱压力（即地层破裂压力）为：

$$p_f = 3\sigma_h - \sigma_H - p_p + s_t \quad (6-5)$$

表6-2为某油田两个区块五口井水力压裂基本数据及地应力计算结果。

表6-2 水力压裂数据及结果

区块	井号	层位	h, m	p_f, MPa	p_s, MPa	p_p, MPa	σ_H, MPa	σ_h, MPa
200	200-5	S 3中	3886.55	96.34	74.04	43.75	84.04	74.04
	200-6	S 3中	3533.55	95.84	66.94	39.48	67.51	66.94
209	209-18	S 3中	2923.3	66.62	56.72	32.09	87.47	56.72
	209-26	S 3中	2904.7	65.48	56.23	31.87	87.36	56.23
	209-48	S 3中	3055.35	71.77	57.66	33.69	83.96	57.67

在地层压裂后，瞬时停泵，此时裂缝不再向前扩展，但仍保持开启，此时的压力 p_s（瞬时停泵压力）应与垂直裂缝的最小地应力相平衡，即有 $\sigma_h = p_s$。瞬时停泵后重新启动泵，从而使闭合的裂缝重新张开。由于张开闭合裂缝所需的压力 p_r 与地层破裂压力 p_f 相比，不需克服岩石的拉伸强度 s_t，因此可以近似地认为破裂层位的拉伸强度等于这两个压力的差值，即有 $s_t = p_f - p_r$。利用 p_f、p_s 和 p_r 三个从压裂压力曲线（图6-3）上可以直接读得的压力值即可反算地层地应力：

$$\begin{cases} \sigma_h = p_s \\ \sigma_H = 3\sigma_h - p_f - p_p + s_t = 3p_s - p_p - p_r \\ s_t = p_f - p_r \end{cases} \quad (6-6)$$

式中　p_f、p_s、p_r——地层破裂压力、瞬时停泵压力、裂缝重新张开所需的压力；
　　　s_t——岩石的拉伸强度。

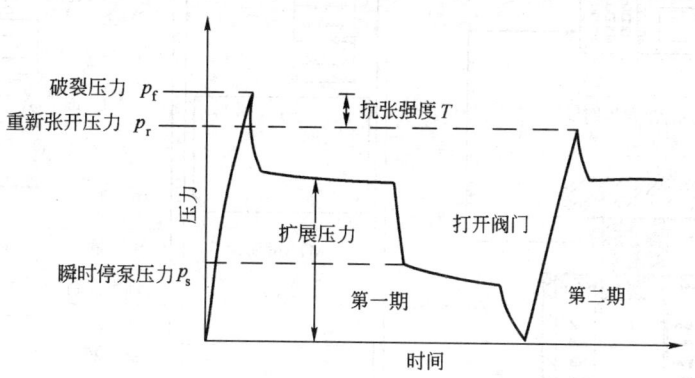

图 6-3　水力压裂压力典型曲线

四、凯塞尔(Kaiser)效应试验

1.声发射凯塞尔效应法测量地层地应力

岩石的声发射活动能够"记忆"岩石所受过的最大应力,这种效应为凯塞尔效应。凯塞尔效应表明,声发射活动的频率或振幅与应力有一定的关系。在单调增加应力作用下,当应力达到过去已施加过的最大应力时,声发射明显增加。凯塞尔效应的物理机制可认为岩石受力后发生微破裂,微破裂发生的频率随应力增加而增加。破裂过程是不可逆的,但是由于已有破裂面上摩擦滑动也能产生声发射信号(这种摩擦滑动是可逆的),因而加载时应力低于已加过的最大应力也有声发射出现,它们就是那些可逆的摩擦滑动引起的声发射事件。当应力超过原来加过的最大应力时,又会有新的破裂产生,以致声发射活动频率突然提高。声发射凯塞尔效应试验可以测量野外曾经承受过的最大压应力。该类试验一般要在压机上进行,测定单向应力。在轴加载过程中声发射频率突然增大点对应着的轴向应力是沿该岩样钻取方向曾经受过的最大压应力的方向。

2.围压下声发射凯塞尔效应试验

当所取岩心的井深大于 2000m 时,若按照常规声发射试验方法对岩样进行单轴压缩试验,岩样常常在凯塞尔点出现之前就发生破坏,采集到的信号是岩样的破裂信号,而不是凯塞尔效应信号,因此就无法用声发射凯塞尔效应来测定岩心所在地层的原地应力大小。为此,提出了围压下的声发射凯塞尔效应试验,旨在提高岩样的抗压强度,希望凯塞尔点出现在岩样破坏点之前,并能清晰地辨别出。围压下声发射凯塞尔效应法测定地应力的试验装置如图 6-4 所示,用 MTS 电液伺服系统以某一加载速率均匀地给在高压井筒内的岩样施加轴向载荷(岩样同时承受围压),声发射探头牢固地贴在柱塞上,柱塞与岩心端面密切接触,用以接收加载过程中岩石的声发射信号。岩样所受的载荷及声信号同时输入 LocanAT-14ch 声发射仪进行处理、记录,绘出岩样的声发射信号随载荷变化的关系曲线图。根据上述的凯塞尔效应原理,在声发射信号随载荷变化的关系曲线上找出声发射信号突然明显增加处,记录下此处载荷大小,即为岩石在地下该方向上所受的地应力。

为了测定岩样在地下所受的三个主地应力(一个垂直方向、二个水平方向的主地应力),就

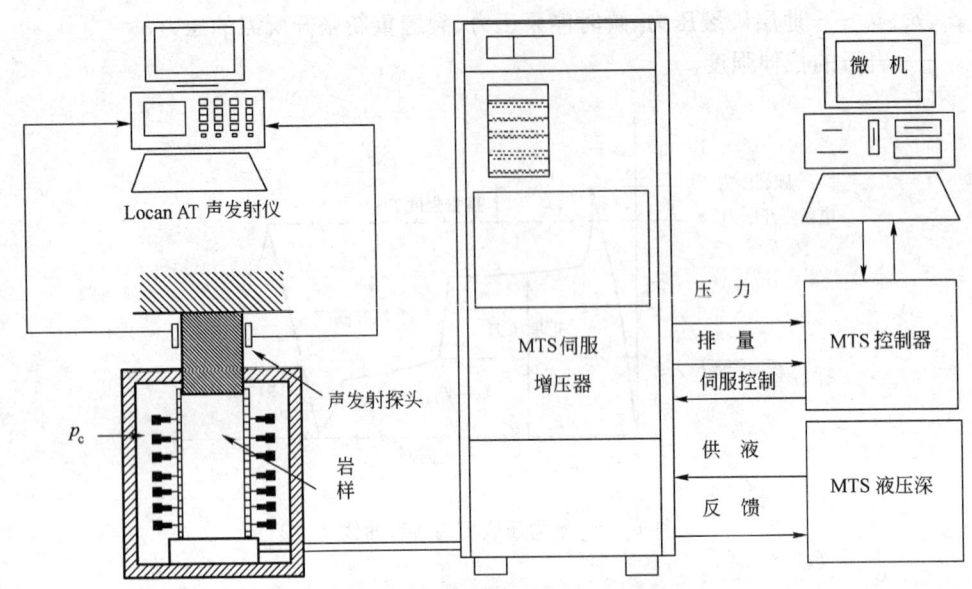

图 6-4　围压下声发射法测量地应力流程图

需要通过对岩样在不同方向取岩心进行试验来得到。一般要测得三个地应力,则至少应在四个方向(一个垂直方向、三个各相隔 45°的水平方向)取出四个小岩心,岩心取样如图 6-5 所示。然后通过声发射法测得该四个岩心在地下所受的正压力,并将其代入公式(6-7),即可求得试件在地下所受的三个主地应力:

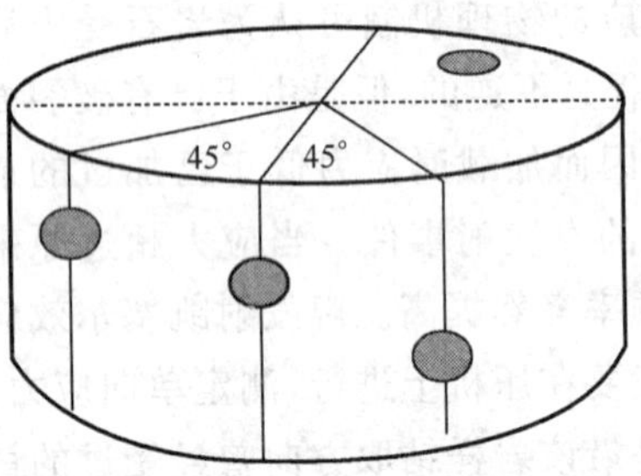

$$\sigma_H = \frac{\sigma_1+\sigma_3}{2} + \frac{\sigma_1-\sigma_3}{2}\sqrt{1+\tan^2 2\alpha} + \alpha p_p - p_c$$

$$\sigma_h = \frac{\sigma_1+\sigma_3}{2} + \frac{\sigma_1-\sigma_3}{2}\sqrt{1+\tan^2 2\alpha} + \alpha p_p - p_c$$

$$\tan 2\alpha = \frac{\sigma_1+\sigma_3-2\sigma_2}{\sigma_1-\sigma_3} \quad (6-7)$$

$$\sigma_v = \sigma_\perp + \alpha p_p - p_c$$

图 6-5　声发射试验岩心取样示意图

式中　σ_1、σ_2、σ_3——三个各相隔 45°水平方向岩心的凯塞尔点正应力;

$\sigma_\perp$——垂直方向岩心的凯塞尔点正应力;

σ_H、σ_h——最大、最小水平主地应力;

σ_v——上覆地层压力;

α——有效应力贡献系数;

p_p——地层孔隙压力;

p_c——高压井筒内岩心承受的围压。

在实际应用中,上覆岩层压力可通过密度测井精确测得,因此,也可通过在水平方向上各相隔 45°取三块小岩心进行凯塞尔效应试验,来确定水平主地应力。

如果试件为定向岩心,则最大、最小水平主地应力的方向可通过其他试验方法测得,比如用波速各向异性与凯塞尔效应相结合进行地应力的测量。

3. 波速各向异性与凯塞尔效应相结合测量地层地应力

假设岩石未受力作用时,均匀各向异性;在应力场作用下,裂缝性孔隙受到不同程度的压缩;最大水平主应力方向受到最大程度压缩,而最小水平主应力方向受到最小程度压缩。当岩心被钻取,岩心发生应力卸载,岩心内的孔隙在水平各个方向恢复的程度不同,反应到声波速度上,表现为:沿最大水平主应力方向有最小声波速度,而沿最小水平主应力方向有最大声波速度。

若测出了地应力的最大、最小相应位置,就解决了一直困扰凯塞尔试验对岩心的高标准要求的难题(全尺寸岩心、整体连续、长度不小于15cm,通常由于岩心内有裂缝,导致岩样不足而无法试验)。也就是说,与波速各向异性方法相结合,只要求在较短长度的岩样内(甚至3cm厚的薄层岩心),沿事先利用波速各向异性方法测出的水平最大主应力、最小主应力相对位置,就可以取岩心,进行凯塞尔试验,测量的地应力大小可以表示为:

$$\begin{cases} \sigma_H = \sigma_{KH} + \alpha p_p - p_c \\ \sigma_h = \sigma_{Kh} + \alpha p_p - p_c \end{cases} \tag{6-8}$$

式中 σ_H、σ_h——最大、最小水平主地应力;

σ_{KH}、σ_{Kh}——最大、最小水平主地应力相对方向上的凯塞尔点应力;

p_p——地层孔隙压力;

α——有效应力系数;

p_c——高压井筒内岩心承受的围压。

利用波速各向异性法测得岩心水平各个方向上的速度大小,并沿最大速度和最小速度方向上取两块岩心,进行声发射凯塞尔试验。最大速度和最小速度方向所取岩心测得的地应力即分别为最小和最大水平主地应力。表6-3列示了一些声发射试验测试数据。

表6-3　85块围压下声发射试验测试数据

井号	井深,m	岩性	相对方位	围压,MPa	凯塞尔点差应力,MPa	主地应力,MPa/m		
						水平最大	水平最小	垂向
85—11	3386	泥岩	20°	20	66.20	0.0231	0.0220	0.0229
			100°	20	69.87			
			垂直	20	69.29			
	3388	砂岩	0°	20	90.75	0.0292	0.0218	0.0282
			80°	20	65.44			
			垂直	20	87.34			

4.测试步骤

(1)先将加工好的试件在105℃下烘干12h,并按照ISRM标准对试件进行严格检查;

(2)为防止试件端部受接触面摩擦及端部不平产生声发射的干扰信号,试验前在试件端部放置橡胶垫片;

(3)将2个探头放置在岩样的中间,并用胶带纸固定;

(4)加载时要平稳,加载速率要小,采样记录点要密。用计算机记录载荷值和声发射的累计值AE;

(5)当岩石在试验过程中发生应力记忆不明显时,可采用二次加载的方法。

五、用测井资料解释地层地应力

地层间或层内的不同岩性岩石的物理特性、力学特性和地层孔隙压力异常等方面的差别造成了层间或层内地应力分布的非均匀性。地应力大小是随地层性质变化的:山前构造带地应力主要来源于上覆地层压力及地质构造运动产生的构造力,在不同性质的地层由于其抵抗外力的变形性质不同,因而其承受构造力也不相同的。若依靠实测找寻层内或层间地应力的分布规律,这是不切实际的。因此,可结合测井资料和分层地应力解释模型,可分析层内或层间地应力大小。

水力压裂法或声发射凯塞尔效应法只能够测试岩心点的地应力值,而通常我们需要了解层内或层间地应力的分布规律,但用这两种方法是不切实际的。测井资料具有连续、来源广、成本低的特点,因而结合分层地应力理论,建立分层地应力剖面测井解释技术,具有非常重要的意义。

1. 测井资料解释地应力模型一

对于构造平缓地区,其水平主地应力主要来自于上覆地层压力,另一部分来源于地质构造力,此时分层地应力计算模型为:

$$\begin{cases} \sigma_H = \left(\dfrac{\mu}{1-\mu} + \omega_1\right)(\sigma_v - \alpha p_p) + \alpha p_p \\ \sigma_h = \left(\dfrac{\mu}{1-\mu} + \omega_2\right)(\sigma_v - \alpha p_p) + \alpha p_p \end{cases} \quad (6-9)$$

式中 ω_1、ω_2——表征构造运动激烈程度的构造应力系数;

σ_H、σ_h、σ_v——水平最大、最小地应力和上覆压力;

p_p——地层孔隙压力;

μ——地层泊松比;

α——有效应力系数。

2. 测井资料解释地应力模型二

对于构造运动比较剧烈地区,水平主地应力的很大部分来源于地质构造运动产生的构造地应力,不同性质的地层,由于其抵抗外力的变形特点不同,因而其承受的构造力也是不同的。根据组合弹簧的构造运动模型推导出的分层地应力计算模型为:

$$\begin{cases} \sigma_H = \dfrac{\mu}{1-\mu}(\sigma_v - \alpha p_p) + \dfrac{\varepsilon_H E}{1-\mu^2} + \dfrac{\mu \varepsilon_h E}{1-\mu^2} + \alpha p_p \\ \sigma_h = \dfrac{\mu}{1-\mu}(\sigma_v - \alpha p_p) + \dfrac{\varepsilon_h E}{1-\mu^2} + \dfrac{\mu \varepsilon_H E}{1-\mu^2} + \alpha p_p \end{cases} \quad (6-10)$$

式中 ε_H、ε_h——构造应力系数。

3. 测井资料解释地应力模型三

大多数地层均为倾斜地层,其地层具有一定倾角和方位角。此时,考虑地层倾角和上倾方位角的地应力计算模型为:

$$\begin{cases} \sigma_H = \left(\dfrac{\mu}{1-\mu} + A\right)\left[(\sigma_v - \alpha p_p)\cos\varphi\right] + (\sigma_v - \alpha p_p)\sin\varphi\cos(\beta - \beta_0) + \alpha p_p \\ \sigma_h = \left(\dfrac{\mu}{1-\mu} + B\right)\left[(\sigma_v - \alpha p_p)\cos\varphi\right] + (\sigma_v - \alpha p_p)\sin\varphi\sin(\beta - \beta_0) + \alpha p_p \end{cases} \quad (6-11)$$

式中　　A、B——构造应力系数；

　　　　φ——地层倾角；

　　　　β——地层上倾方位角；

　　　　β_0——最大水平主应力方位。

六、最大主地应力方向的确定

1. 井壁崩落椭圆法确定地应力方向的基本原理

目前确定构造水平主地应力方向的方法，主要是通过油田四臂井径测井得到的大量测井曲线，解释井壁崩落形成的椭圆井眼，来间接确定地应力方向。这种方法是目前常用且较准确的一种方法。

根据弹性力学理论，如果一个无限大平板内有两个主应力 σ_H 和 σ_h，且 $\sigma_H > \sigma_h$，作用于板内半径为 r 的圆孔上，则圆孔井壁上任意一点的径向应力、切向应力和剪切应力分别为：

$$\begin{cases} \sigma_r = 0 \\ \sigma_\theta = (\sigma_H + \sigma_h) - 2(\sigma_H + \sigma_h)\cos 2\theta \\ \tau_{r\theta} = 0 \end{cases} \quad (6-12)$$

式中　　θ——从 σ_H 方向逆时针量至计算点方向的角度。

显然在井壁上只存在切向应力，而且它是角度 θ 的函数。当 $\theta = 0$ 和 π 时，即在平行于最大水平主应力方向的井壁上，切向应力有最小值 $3\sigma_h - \sigma_H$。因此，随着地层埋深增大，水平应力不断增大，切向应力也迅速增大。当达到或超过岩石的破坏强度时，就会发生崩落，形成椭圆井眼，其长轴方向就是最小水平主应力方向。

在四壁井径测井记录上有两条井径曲线 C_{13} 和 C_{24}，它们分别代表了测井仪上互为垂直的两对极板，此外还有一条是井斜方位角 RB 曲线（它追踪极板 C_{13}），另一条是一号极板方位角 $PIAZ$ 曲线。

测井时，测井电缆提升测井仪，四臂将随着井径发生变化。若井眼为椭圆井眼时，其中一对臂转至扩径方向而被卡住，在崩落段记录的两条井径曲线之间差异明显。如果一号极板 C_{13} 记录到的是长轴井径，那么长轴的方位角 ϕ 为：

$$\phi = PIAZ \quad (6-13)$$

如果二号极板 C_{24} 记录到的是长轴井径，则长轴的方位角 ϕ 为：

$$\phi = PIAZ + 90° \quad (6-14)$$

由于四臂井径测井仪记录的不是一号极板的方位角 $PIAZ$，而是井斜方位角 $AZIM$ 和一号极板相对于井斜方向的方位角 RB。根据几何关系，上两式可简化为：$\phi = AZIM + RB$，或 $\phi = AZIM + RB + 90°$。

2. 井壁崩落椭圆的识别标志

根据对形成井壁崩落椭圆力学机制的分析，得出井壁崩落椭圆具有的特征是：

现代构造应力场导致井壁崩落椭圆具有明显的长轴方位。在地层倾角测井记录上，一条井径曲线比较平直或等于钻头直径，而另一条井径曲线则比钻头直径大得多，而非应力孔眼井径曲线上表现为钻头孔截面没有明显的长轴方向。

根据上述井壁崩落椭圆的特征，识别的井壁崩落段标志有以下几种：

（1）井壁崩落椭圆必须具有明显的扩径现象，在四臂地层倾角仪井径记录图上表现为具有明显的井径差；

(2)井壁崩落椭圆段具有一定的长度,在这段长度上长轴取向基本一致;

(3)椭圆孔段的顶、底面曲线方位有所变化,变化范围从0°~360°,表现为顶、底面作旋转运动。

在井壁崩落椭圆识别中,应排除以下两种情况:

①冲蚀。井壁附近的软岩石经过长期浸泡,发生软化,引起井眼周围扩大,其扩大的特点为:井眼的长轴和短轴差别很小,两者都大于钻头尺寸。

②键槽或坍塌引起的井径扩大。表现为井径在某方向扩大,而其相对的位置上,井径则没有扩大或扩大很小。井壁崩落不在一个方位,常表现为一条井径曲线大于钻头尺寸,而另一条井径曲线小于钻头尺寸。

表6—4给出了一定条件下的地层最大水平主地应力方位确定的统计数据。

表6—4 79块地层最大水平主地应力方位统计表

井名	井段,m	长轴,in	短轴,in	最大水平应力方位
310	1767~1777	13.5	12	160°
	2040~2080	14.5	13	180°
	2180~2198	17	14	190°
83	2603~2620	12.5	10.5	120°
	2620~2632	11	9	125°
	2715~2743	11	9	140°

第三节 地应力场的模拟计算

一、问题的提出

现代应力场的研究,无论在基础学科的理论研究方面,还是在生产实践方面都具有重要的意义。油层的应力场研究可为注采井网布置和注采开发方案设计提供应力场的背景资料,因而储层应力场的研究在石油工业部门具有极其重要的意义。现代应力场的研究不能完全依靠理论分析,应力场的模拟还必须依赖于地应力的测量和对测试资料的强有力数学计算分析。

测量和计算深部油层的应力场的方法大体有水力压裂测试、凯塞尔效应测试、测井资料计算、分析等常规的方法。但是如何利用测试或计算的少量地应力资料来模拟整个油藏区域的应力场分布,这是一个急需解决的问题。针对这个问题,有些学者开始了研究工作,殷有泉提出了两种模拟方法,一是借助空间膜单元模型,反演远场应力边界条件,从而计算出储层应力场;另外一种是借助于滑动的最小二乘法直接插值得到应力场。作者就是针对滑动的最小二乘法在地应力场模拟中的一些具体应用展开研究的,对该方法在具体应用中许多需要解决的实际问题展开了深入地分析,并得出了较好的结论。

二、滑动最小二乘法的基本理论

滑动最小二乘法这一概念在国外出现得较早,国内在这方面的研究较晚,而且主要的研究方向集中在板和梁的力学分析方面。

经典的最小二乘法只在某些点上加权,权的实质是为了消除实测值与模拟值之间的差而添加的一个已知系数,虽然能提高这些点的精度,但使其他点的精度变差。滑动最小二乘法是以某些已知点上的函数值拟合出一个近似的函数,使其几乎精确的通过每个已知点,从而克服了经典的最小二乘法在拟合中的不足。滑动最小二乘法实质是"方差泛函极小化序列与最小二乘法"。方差泛函指的是平方残差(模拟值与实测值的差)泛函,方差泛函极小化序列中的方差泛函变分原理与能量泛函变分原理非常相似,它们都是关于泛函极值的问题。泛函取极小值的条件就是泛函一次变分等于零,这是泛函取极小值的充分必要条件。

进行某类应力场的模拟分析,取场函数 $\sigma(z)$ 为:

$$\sigma(z) = [x, y]^T \tag{6-15}$$

x、y、z 为场变量,设在 n 个场点 $z_i = [x_i, y_i]$,是已知的实测值,它们是:

$$\bar{\sigma}_i = \bar{\sigma}(x_i, y_i) \quad (i = 1, 2, \cdots, n) \tag{6-16}$$

将上式写成矢量形式为:

$$\bar{\sigma} = [\bar{\sigma}_1 \quad \bar{\sigma}_2 \quad \cdots \quad \bar{\sigma}_n]^T \tag{6-17}$$

设拟合的函数可近似地表示为:

$$\sigma(z) = [b_1(z) \quad b_2(z) \quad \cdots \quad b_m(z)] \begin{Bmatrix} \lambda_1(z) \\ \lambda_2(z) \\ \vdots \\ \lambda_m(z) \end{Bmatrix} = b^T(z)\lambda(z) \tag{6-18}$$

其中 $b_i(z)$ 是 m 个线性无关的基函数,而且 $b_1 \equiv 1$,$b(z)$ 是由这些基函数组成的 m 维函数矢量。$\lambda(z)$ 是 m 维系数矢量,它是待求的。与传统的拟合方法不同,这里的待定系数 $\lambda(z)$ 是随场点变量 z 变化。

首先固定一点 $\hat{z}$,称为估值点。研究在这点邻域内的局部近似,

$$\sigma_z(z) = b^T(z)\lambda(\hat{z}) \tag{6-19}$$

所要求的近似函数与真实函数在已知 n 个测值点上的加权平方范数最小,也即:

$$G(\lambda(\hat{z})) = [B\lambda(\hat{z}) - \bar{\sigma}]^T W(\hat{z}) [B\lambda(\hat{z}) - \bar{\sigma}] \rightarrow \min \tag{6-20}$$

其中:

$$B = \begin{bmatrix} b^T(z_1) \\ b^T(z_2) \\ \vdots \\ b^T(z_n) \end{bmatrix} = \begin{bmatrix} b_1(z_1) & b_2(z_1) & \cdots & b_m(z_1) \\ b_1(z_2) & b_2(z_2) & \cdots & b_m(z_2) \\ \cdots & \cdots & \cdots & \cdots \\ b_1(z_n) & b_2(z_n) & \cdots & b_m(z_n) \end{bmatrix}_{n \times m} \tag{6-21}$$

$$W(\hat{z}) = \begin{bmatrix} w_1(\hat{z}) & 0 & 0 \\ 0 & \ddots & 0 \\ 0 & 0 & w_n(\hat{z}) \end{bmatrix}_{n \times n} \tag{6-22}$$

由于基函数 $b_i(z)$ 是已知的,测值点场点坐标 z_i 也是已知的,因此 B 矩阵是由确定的数值元素构成的。权矩阵是对角矩阵,它的元素 $w_i(z)$ 是非负的可导函数,为减少计算量,结点(有实测值的点称为结点)权函数只在其影响半径所决定范围内非零。可取拟奇异的权函数为:

$$w_i(\rho_i) = \frac{\rho_{mi}^2}{\rho_i^2 + (\rho_i/\text{con}P)^2} \cos^2 \left| \frac{\pi \rho_i^2}{2\pi \rho_{mi}^2} \right|, \rho_i \leqslant \rho_{mi} \tag{6-23}$$

$$w_i(\rho_i) = 0, \quad \rho_i > \rho_{mi}$$

式中 $\rho_i = \|z - z_i\|$——z 与 z_i 的距离；

ρ_{mi}——结点 i 的影响半径，取 i 结点与周边结点最大距离的 $conQ$ 倍，即：$\rho_{mi} = conQ \cdot \max(\rho_i)$；

$conP$、$conQ$——常数，由拟合精度要求给定；

$\{\rho_i\}$——结点与周边结点距离序列；

$\max\{\rho_i\}$——结点与周边结点距离的最大值。

由前面的分析，对公式(6-23)做变形处理，有：

$$\frac{\partial G}{\partial \lambda(\hat{z})} = 0$$

得到：

$$B^T W(\hat{z}) B \lambda(\hat{z}) = B^T W(\hat{z}) \bar{\sigma} \tag{6-24}$$

可解出：

$$\lambda(\hat{z}) = [B^T W(\hat{z}) B]^{-1} W(\hat{z}) \bar{\sigma} \tag{6-25}$$

将公式(6-25)代回公式(6-20)，得到在估值点 $\hat{z}$ 附近的近似函数为：

$$\sigma_{(\hat{z})}(z) = b^T(z) [B^T W(\hat{z}) B]^{-1} B^T W(\hat{z}) \bar{\sigma} \tag{6-26}$$

对每一个估值点 $\hat{z}$ 必须确定一个相应的系数矢量 $\lambda(\hat{z})$，这是因为权矩阵 $W(\hat{z})$ 在数值上随估值点的不同而变化。现在使 $\hat{z}$ 成为计算区域内的任意一点，即 $\hat{z}$ 可用 z 代替，则得到全局的滑动最小二乘法近似函数：

$$\sigma(z) = b^T(z) [B^T W(z) B]^{-1} B^T W(z) \bar{\sigma} \tag{6-27}$$

如果 $W(z)$ 是常数矩阵，公式(6-27)是一个经典的、非滑动、加权最小二乘法的近似函数；如果 $W(z)$ 是 $n \times n$ 的单位矩阵（$w_i(z) \equiv 1$），则公式(6-27)是经典的不加权的最小二乘法近似解。滑动的最小二乘法能从某些点上已知函数值拟合出一个近似函数(曲面)，使其几乎精确地通过每个已知点。它克服了经典的最小二乘法的不足：经典方法仅可在某些结点上加权，虽然能提高这些点的精度，然而使其他点的精度变差。在滑动最小二乘法中，对每个结点都加权，只要结点足够多，它们权函数的影响区域(以影响半径作的圆)能够基本覆盖整个区域，就可以保证在绝大多数点上有很高的拟合精度。由于权函数是非线性函数，公式(6-31)不能表述为一个解析函数，只能用数值方法求解。选基函数为：

$$b(z) = [1 \quad x \quad y \quad x^2 \quad xy \quad y^2 \quad x^3 \quad x^2 y \quad xy^2 \quad y^3]^T \tag{6-28}$$

三、滑动最小二乘法在应力场模拟中的应用

深部地层的地应力的测量和计算直接关系到石油勘探开发的成败，可以通过大量的实地测试获得资料，进行总结分析、找到分布规律。但这样将增加大笔的成本，因而使得利用已经测试或计算的值进行应力场或孔隙压力场的分布模拟具有重要的意义。

(一)某油田一区块的实测数据(表6-5、表6-6)

表6-5 最大水平地应力数据 (单位：MPa)

序号	X坐标	Y坐标	实测值(σ_H)
1	26666	34483	51.01
2	29975	35980	52.66
3	30421	35194	49.43

续表

序　号	X坐标	Y坐标	实测值(σ_H)
4	28726	34579	48.91
5	27290	35819	51.74
6	28229	36019	50.55
7	29560	33672	48.8
8	29056	32840	52.8
9	28222	35440	50.2
10	27479	34904	49.08
11	30082	33967	47.94
12	27884	34116	52.6

表6-6　孔隙压力数据　　　　　　　　　　　　（单位：g/cm³）

序　号	X坐标	Y坐标	实测值(ρ_p)
1	81428	2343	1.03
2	73250	16137	1.03
3	74352	16727	1.03
4	76511	17883	1.03
5	89247	42817	1.03
6	88277	42298	1.03
7	87219	41733	1.03
8	86249	41214	1.03
9	86224	50134	1.03
10	82253	61806	1.1
11	80780	60997	1.03
12	67392	81701	1.11
13	69064	78689	1.13
14	70710	75586	1.03
15	72365	72526	1.03
16	74057	69418	1.13
17	75716	66360	1.14
18	79029	60097	1.15
19	82478	53996	1.14
20	82750	3051	1.03
21	86919	50532	1.03
22	77420	60097	1.13

(二)利用滑动最小二乘法进行拟合

1.对最大地应力拟合

选取表6-5中数据1、2、……、10作已知数据，11、12作预测数据，进行拟合，结果如表6-7所示。

表 6-7　最大地应力拟合结果 1

conP	conQ	实测值(σ_H)	拟合值(σ_H)	相对误差(η)
500	2	47.94	47.421	1.08%
500	2	52.6	46.922	10.79%
		相对误差平方和(Q)	0.58%	

注：$Q=\dfrac{1}{N}\sum\limits_{i=1}^{N}\eta_i^2$

2. 对孔隙压力拟合

选取表 6-6 中数据 1、2、……、19 作已知数据，20、21、22 作预测数据，进行拟合，结果如表 6-8、表 6-9 所示。

表 6-8　孔隙压力拟合结果

conP	conQ	实测值(ρ_p)	拟合值(ρ_p)	相对误差(η)
200	2	1.03	1.069	3.79%
200	2	1.03	1.085	5.39%
200	2	1.13	1.167	3.31%
		$Q=0.18\%$		

表 6-9　拟合孔隙压力数据表

X 坐标	Y 坐标	预测孔隙压力，g/cm³
81428	2343	1.03
73250	16137	1.03
74352	16727	1.03
76511	17883	1.03
89247	42817	1.03
88277	42298	1.03
87219	41733	1.03
86249	41214	1.03
86224	50134	1.03
82253	61806	1.1
80780	60997	1.03
67392	81701	1.11
69064	78689	1.13
70710	75586	1.03
72365	72526	1.03
74057	69418	1.13
75716	66360	1.14
79029	60097	1.15
82478	53996	1.14
82750	3051	1.07
86919	50532	1.09
77420	60097	1.17

四、模拟效果的影响因素分析

这里只讨论计算结果分析,计算数据略去。

1. 数据离散性的影响

选取表 6—6 中的数据 1、2、4、6、8、9、11、13、15、17、19 作已知数据,其余的作预测数据,进行预测计算,发现模拟效果较差的点是 z 值中比较离散的点。

2. 模拟计算中两个校正系数(conP 和 conQ)的影响

数据同上,选取不同的 conP 和 conQ 进行预测计算分析,无论是 conP 一定、conQ 变化,还是 conQ 一定、conP 变化,都使得相对误差平方和呈波状变化,但变化只在一个很小的范围内。由此得出滑动最小二乘法模拟稳定性较好。同时,比较而言,conP 的变化对相对误差平方和的影响较大。

3. 已知数据组数据的影响

在已知数据中选用不同数量的数据组作为基础数据,进行预测精度的分析,结果比较可知,用于建立计算模型的数据越多,模拟效果越好。另外本文所用的计算模型中的基函数有 9 项,可以看出建立计算模型用的数据的组数与基函数项数的相对关系对模拟的精度的影响较大,具体而言,我们所选取的用于建立计算模型的数据组数应该大于基函数项数。

4. 相对边值点模拟精度讨论

所谓的相对边值点,指的是在所给的数据点组成的场中,场点值最小的点或最大的点。计算结果表明,用滑动最小二乘法模拟时,只要用于建立计算模型的数据足够,对相对边界上的模拟同样有较好的效果。

5. 数据成倍扩大和缩小对结果的影响

(1)选取表 6—5 中的数据 1、2、……、9 作已知数据,10、11、12 作预测数据;

(2)将(1)中的数据 Z_s 值缩小为原来的 1/10,横、纵坐标不变;

(3)将(1)中的数据同时放大为原来的 10 倍;

(4)将(1)中的数据缩小到原来的 1/10。

对比模拟结果知:Z_s 值较大时,模拟效果较差,这主要是由于本方法涉及的都是矩阵运算,运算数据大后,由于计算机系统性能的限制,可能出现较大的截断误差,导致最终的结果误差较大。从拟合结果来看,同时缩小数据相对于原数据可以相应地提高模拟精度。

五、滑动最小二乘法应用中的参数选取分析

1. 基函数的选取

基函数的选择在该计算模型中是十分重要的。在低阶的计算中,基函数的选取好坏,对计算结果的精度影响不大;在高阶近似中,从理论上讲,不同的基函数对计算结果影响不大,但不同的基函数对计算工作量和计算结果收敛快慢有较大的影响。基函数选择还没有一种通用的方法可以遵循,主要依靠使用者的实际经验的积累。经验说明,想求一个问题的近似解,使用者必须对这个问题的解的特点有较多的了解,如问题的对称性、渐近性与奇异性、边界情况、类似问题的解,等等。

2. 权函数的选取

权函数的选取关系到计算结果的精度。选取的时候,使之满足以下条件:

(1)非负函数;

(2)保证模型中相关矩阵可逆,以便求解待定的系数有惟一确定的解;

(3)某一点权函数应该在自身点取最大值;

(4)在选取影响半径的修正系数时应恰当,也就是说,保证相关矩阵是非奇异的,从而保证结果的精度。太小易导致相关矩阵产生奇异,从而无法求解;太大又会产生大的精度损失。

综上所述,本节论述的内容概括如下:

(1)利用滑动最小二乘法的基本理论,建立了适用于地应力场模拟的数学模型,并对某油田的一个区块的实测孔隙压力场进行了模拟,结果是精度满足工程要求;

(2)详细讨论了影响模拟精度的因素及它们之间的相互关系;

(3)对于文中的模型中的基函数和权函数的选取问题进行了讨论,给出了其选取的原则;

(4)选取尽可能多的实测数据,作为建立计算模型时的已知数据,选取的数据组数至少应该大于9(基函数项数),然后考虑精度要求,确定经济数据组数,以减少计算量;

(5)根据工程精度要求,合理调节 conP 和 conQ,即可进行模拟预测;

(6)建议对权函数和基函数的选取进行分析,以提高模型的预测精度。

第四节 孔隙压力的变化对地应力的影响

油田在长期开发过程中表现为:采油过程使地层的孔隙压力降低,注水过程使地层的孔隙压力升高。这一过程反复进行,使地层压力系统变得异常复杂,由于注采制度的变化使得储层段的孔隙压力已不是原始的地层孔隙压力。许多地区的勘探开发经验表明,如对开发区块的地层孔隙压力剖面掌握不清或缺乏整个区块地层压力资料,往往会造成开发方案和措施的失误和不当,出现井涌、井喷、井漏及井壁失稳等井下事故和复杂情况,影响整个区块的勘探开发进程,而且还会污染油层。

对于开发区块地层压力的预测,国外从 20 世纪 80 年代初、国内从 20 世纪 90 年代初进行了多种方法的尝试。国外主要采用两种方法:油藏数值模拟法和不稳定试井分析法;国内主要有三种方法:大庆油田的压力梯度剖面法、辽河油田的压降坡度法和中原油田的利用周围开发井的动态资料预测法。这些方法都没有解决地层孔隙压力变化先引起地应力变化、再引起地层破裂压力、地层坍塌压力变化的问题。

开发区块长期开发后,储层的孔隙压力会发生变化,导致原地应力特别是两水平主地应力的改变。而地应力变化会引起地层破裂压力和坍塌压力更为复杂的变化。孔隙压力、地应力、破裂压力、坍塌压力之间的变化关系到底怎样?对实际生产施工又会产生什么样的影响?

对于油层埋深较大,油层厚度与油层分布尺寸相对很小的薄油层做如下假设:孔隙压力的改变只引起地层垂向变形,在水平面内的变形为零(实际上,在水平面上会产生一定的变形,但这种变形是微乎其微的,不会影响在现场的应用效果),即:

$$\Delta \varepsilon_h = \Delta \varepsilon_H = 0 \tag{6-29}$$

设油层的弹性模量为 E,泊松比为 μ,原始地应力为 $\{\sigma_v、\sigma_h、\sigma_H\}$,原始孔隙压力为 p_p。孔隙压力变为 p_{p1} 后,地应力变为 $\{\sigma_{v1}、\sigma_{h1}、\sigma_{H1}\}$。

根据广义胡克定律,开采前的应力—应变关系为:

$$\begin{cases} \varepsilon_v = \dfrac{1}{E}[\sigma_v - \alpha p_p - \mu(\sigma_h - \alpha p_p + \sigma_H - \alpha p_p)] \\ \varepsilon_h = \dfrac{1}{E}[\sigma_h - \alpha p_p - \mu(\sigma_v - \alpha p_p + \sigma_H - \alpha p_p)] \\ \varepsilon_H = \dfrac{1}{E}[\sigma_H - \alpha p_p - \mu(\sigma_v - \alpha p_p + \sigma_h - \alpha p_p)] \end{cases} \quad (6-30)$$

孔隙压力改变后,垂直地应力 σ_v 保持不变,而两个水平地应力的应力—应变关系为:

$$\begin{cases} \varepsilon_{h1} = \dfrac{1}{E}[\sigma_{h1} - \alpha p_{p1} - \mu(\sigma_v - \alpha p_{p1} + \sigma_{H1} - \alpha p_{p1})] \\ \varepsilon_{H1} = \dfrac{1}{E}[\sigma_{H1} - \alpha p_{p1} - \mu(\sigma_v - \alpha p_{p1} + \sigma_{h1} - \alpha p_{p1})] \end{cases} \quad (6-31)$$

根据公式(6-29)有:

$$\begin{cases} \varepsilon_h = \varepsilon_{h1} \\ \varepsilon_H = \varepsilon_{H1} \end{cases} \quad (6-32)$$

把公式(6-30)、公式(6-31)代入公式(6-32)可得:

$$\begin{cases} \sigma_{H1} - \sigma_H = \Delta\sigma_H = \dfrac{1-2\mu}{1-\mu}\alpha\Delta p_p \\ \sigma_{h1} - \sigma_h = \Delta\sigma_h = \dfrac{1-2\mu}{1-\mu}\alpha\Delta p_p \end{cases} \quad (6-33)$$

式中 Δp_p——地层孔隙压力的改变量。

如果地层孔隙压力降低,$\Delta\sigma$ 负号,表示地应力减小;如果地层孔隙压力升高,$\Delta\sigma$ 正号,表示地应力增加。这样,开发中、后期油层的水平地应力的表达式为:

$$\begin{cases} \sigma_{H1} = \sigma_H - \dfrac{1-2\mu}{1-\mu}\alpha\Delta p_p \\ \sigma_{h1} = \sigma_h - \dfrac{1-2\mu}{1-\mu}\alpha\Delta p_p \end{cases} \quad (6-34)$$

第五节 油田开发动态应力场的模拟方法

油田在开发过程中,地应力场是动态变化的,而这种动态变化的应力场对于各项设计工作是十分重要的。往往由于条件的限制,很难处处进行设计,所以如何动态地模拟油田开发过程的应力场就显得十分重要的。

首先应用第一节地应力检测的方法计算地应力场,然后考虑孔隙压力的变化对地应力的影响,最后利用滑动最小二乘法模拟计算地层压力,可以模拟计算油田开发动态应力场。

第七章 测井解释与岩石力学

第一节 测井解释基础

地球物理测井是在地质学学科下研究岩石物理性质、渗流特性及开展资源评价的重要分支学科,它以采集和分析地下岩石及其流体的物理信息为主要研究内容。测井技术包括测井仪器、测井资料数据处理技术和测井资料的工程、地质解释与应用三个方面的内容,这三个方面的内容相互影响、相互促进。

一、测井仪器

在测井技术的三个方面的内容中,测井仪器的主要用途在于采集和传输地下岩层及其孔隙流体的信息,是测井技术的基础。

进入20世纪80年代,测井仪器在世界范围内正在崛起的高新技术群体,特别是信息技术群体、新材料技术群体的推动下,发生了巨大变化。在新技术的支持下,测井仪器不断更新换代,如自然伽马能谱测井、岩性密度测井、次生伽马能谱测井、电磁波传播测井、介电测井、随钻测井、核磁测井、身长电阻率扫描测井、电阻率成像测井和方位电阻率测井等,这些新型或改进型的测井仪器与早期仪器相比,不论是信息采集量还是测井的条件都有显著不同。一方面在新材料、新技术支持下,这些仪器更能满足高温、高压、腐蚀性流体等困难条件下的测井要求;另一方面,数字技术、遥测技术、成像技术和能谱技术的广泛采用,又使这些仪器所能采集的原始数据和所能提供的有用信息明显增多。

以声波测井为例,当声波测井只记录纵波时,其信息量十分有限。数字声波测井仪推出后,使声波测井的信息量成十、成百倍地增长,在测量过程中,不仅可以记录常规声波时差,而且还可以记录声波全波列波形、长源距声波时差和钻井液声波时差等。这些资料经过数字处理和解释,输出的信息蕴含着解决工程、地质问题的巨大能力和潜力。纵波、横波和斯通莱波信息,对于计算岩石物理及力学参数,确定岩石成分、裂缝位置和分布,以及进行地层和完井评价都有着广泛的应用。偶极横波测井仪的出现又进一步解决了泥岩这类"慢"地层的横波测量,为较好地估计这类地层的机械强度提供了有力保障。

1. 电法测井

电法测井是以研究岩石及其孔隙流体的某种电学性质为基础,利用电法测井仪器采集数据信息。电法测井仪器很多,大致可以归纳为三类:

(1)测量岩层导电特性的仪器。例如:微电极、双侧向、微球形聚焦测井、微电阻率成像测井等。

(2)测量岩层介电特性的仪器。例如:电磁波传播测井、介电测井等。

(3)测量岩层电化学特性的仪器。例如:自然电位测井。

2. 声波测井

声波测井以研究岩石及其孔隙流体的某种声学性质为基础。根据所研究岩石的声学性

质,可将声波测井分为以下三类:
(1)测量声波传播速度。例如:声波时差测井、偶极横波测井等。
(2)测量声波能量。例如:井周声波成像测井、变密度测井等。
(3)测量井下自然噪声。例如:噪声测井。

3. 核测井

核测井以研究岩石及其孔隙流体的某种核物理性质为基础。根据使用的放射性源或测量的放射性类型以及所研究的岩石的核物理性质,可将核测井仪器分为以下三大类:
(1)伽马测井:以研究伽马辐射为基础。例如:自然伽马测井、自然伽马能谱测井、地层密度测井等。
(2)中子测井:以研究中子、岩石及其孔隙流体相互作用为基础。例如:超热中子测井、热中子测井等。
(3)核磁测井:利用核磁现象研究地层自由流体含量。例如:核磁共振测井等。

二、测井资料数据处理和测井资料的工程、地质解释与应用

测井资料数据处理就是对测井资料进行整理和解释,并将解释结果以图形或数据表的形式表示出来。在计算机技术的推动和支持下,测井解释工作由原来的手工方式逐渐演变成独立的数据处理系统,提高了对测井信息的还原能力和综合处理能力,从宏观上能够提供更完整的地质参数,扩展和深化了测井资料的地质应用领域。测井数据处理技术的发展,也进一步推动了新型测井仪器的商业应用。

测井资料的工程、地质解释与应用是以测井数据处理成果为依据,是测井数据处理过程的延伸和深化,更侧重于测井和非测井信息的综合对比与决策分析。

第二节 利用测井资料解释岩石力学参数

岩石力学特性参数包括岩石泊松比、杨氏模量、切变模量、体积模量、岩石硬度、抗剪强度、抗压强度、抗钻强度等。这些参数可以通过两种方法确定,一种方法是用钻井所得的岩心,在实验室内模拟岩石在地下所处的环境(温度、围压、孔隙压力)进行实测。另一种方法是利用测井曲线进行反算。后一种方法由于其资料充足,且可以得到连续的计算剖面,一直是石油钻井科技人员积极探索努力的方向,目前已经取得了一些可以应用的成熟方法。

利用测井资料确定岩石力学参数的计算公式可以分为两大部分,一部分是通过弹性波动理论推导出其理论计算公式,如泊松比、杨氏模量等;另一部分是通过大量实践和室内试验,发现其力学参数与组合测井中的某些参数有比较直接的关系。通过前人的研究已经建立了一些经验公式,如岩石硬度、可钻性等。下面分别给出这些参数的计算公式。

一、岩石特性参数的理论计算公式

1. 岩石的泊松比 μ

$$\mu = \frac{\Delta t_s^2 - 2\Delta t_p^2}{2(\Delta t_s^2 - \Delta t_p^2)} = \frac{V_p^2 - 2V_s^2}{2(V_p^2 - V_s^2)} \qquad (7-1)$$

式中 μ——泊松比,无因次;

$\Delta t_s, \Delta t_p$——岩石的横波、纵波时差,$\mu s/m$;

V_s, V_p——岩石的横波、纵波速度,m/s。

2. 杨氏模量 E

$$E = \frac{\rho}{\Delta t_s^2}\left(\frac{3\Delta t_s^2 - 4\Delta t_p^2}{\Delta t_s^2 - \Delta t_p^2}\right) \times 10^9 = \frac{\rho V_s^2(3V_p^2 - 4V_s^2)}{V_p^2 - V_s^2} \times 10^{-3} \quad (7-2)$$

式中 E——杨氏模量,MPa;

ρ——岩石的容积密度,g/cm^3。

3. 剪切模量 G

$$G = \frac{\rho}{\Delta t_s^2} \times 10^9 = \rho V_s^2 \times 10^{-3} \quad (7-3)$$

式中 G——剪切模量(切变模量),MPa。

4. 体积模量 K_b

$$K_b = \frac{\rho(3\Delta t_s^2 - 4\Delta t_p^2)}{\Delta t_s^2 \Delta t_p^2} \times 10^9 = \rho\left(V_p^2 - \frac{4}{3}V_s^2\right) \times 10^{-3} \quad (7-4)$$

式中 K_b——体积模量,MPa。

利用测井资料确定上述参数时,必须同时具备声波纵波、横波及密度测井资料。现场往往不测全波列测井项目,没有直接的横波测量结果,一般只有通过纵波估算横波。有人提出在砂岩或泥质砂岩地层条件下用于横波估算的计算公式为:

$$\Delta t_s = \frac{\Delta t_p}{\left[1 - 1.15\left(\frac{1/\rho + 1/\rho^3}{e^{1/\rho}}\right)\right]^{1.5}} \quad (7-5)$$

这个计算公式也可在软的泥(页)岩地层条件下进行横波估算时而得到使用,但有一定的误差。

二、岩石特性参数的经验公式

除了前面讲到的岩石泊松比、弹性模量等参数用理论计算公式获得外,岩石的抗压强度、抗拉强度及抗剪强度等参数的确定主要来源于岩心的力学试验。而实验室获得岩样数目有限,钻井取岩心不仅要花费大量的人力、物力,而且获得的岩心在实验室内也很难准确地模拟井下的温度、围压、孔隙压力等实际状况,同时所得数据离散、随机难以反映整个钻井剖面岩石的强度变化特征。因此,长期以来,一直有不少研究人员尝试着从其他途径获取岩石的特性参数。而利用钻速模型预测岩石特性参数并建立与测井资料的统计关系就是行之有效的方法之一。

Miller 和 Deere 在试验基础之上建立了岩石单轴抗压强度和岩石弹性模量、粘土含量之间的关系;R. A. Farguhar,B. G. D. Smart 和 B. R. Crawford 采用一元线性回归方法研究了岩石的单轴抗压强度、岩石固有抗剪强度与测井孔隙度之间的关系;E. C. Onyia 讨论并建立了实验室三轴条件下抗压强度与感应、伽马、声波测井参数之间的统计关系,用于预测同一地区岩石强度。此外还有一些研究者试图采用统计分析的方法找出岩石强度与某种测井响应值之间的统计关系,这些统计关系可用于预测特定地区或地质剖面的岩石抗压强度,其中以 Miller 和 Deere 等人建立的岩石单轴抗压强度预测关系式的应用最为广泛。

Miller 和 Deere 对 200 多块沉积岩进行试验后,做出了岩石单轴抗压强度(σ_c)与岩石弹性

模量(E)、泥质含量(V_{cl})的统计关系式,该统计关系式为:
$$\sigma_c = 0.0045E(1-V_{cl}) + 0.008V_{cl}E \tag{7-6}$$

Coates 等人则继 Miller 和 Deere 之后,提出了岩石固有抗剪强度(τ)与单轴抗压强度 σ_c 之间的关系为:
$$\tau = \frac{\sigma_c}{6} \tag{7-7}$$

岩石抗拉强度 S_t 和抗压强度的关系为:
$$S_t = 20.833\rho(3V_p^2 - 4V_s^2)[459E(1-V_{cl}) + 816EV_{cl}] \tag{7-8}$$

后来,Coast 又提出了沉积岩的粘聚力 C 和单轴抗压强度 σ_c 的经验关系式:
$$C = 3.626 \times 10^{-6} \sigma_c K_b \tag{7-9}$$

对于岩石的另一个强度参数"内摩擦角 ϕ"的计算,在斯伦贝谢公司推出的力学稳定性测井(MSL)软件中假定所有岩石的内摩擦角 ϕ 均为 30°。这与实际情况是不相符的,因为岩石的类型、颗粒大小等均对 ϕ 有很大影响,一般岩石的 ϕ 值与粘聚力 C 值存在着一定的对应关系,其相关关系的建立应通过数据的回归来实现。有人通过对多个岩心实测回归,得出泥页岩地层内摩擦角 ϕ 与粘聚力 C 间的相关关系式为:
$$\phi = 36.545 - 0.4952C \tag{7-10}$$

岩石可钻性和岩石抗钻强度是岩石物理特性在钻井过程中的综合反映,均用来表示钻井过程中岩石破碎的难易程度,但岩石可钻性是用级别值表示,岩石抗钻强度是用单位面积上力的大小表示。国内外使用岩石可钻性的较多,并且我国有根据本国特点的计算和表示方法,研究岩石抗钻强度的代表性工作列举如下。

Somerton(1959)年通过试验得出钻速模式为:
$$V_m = 13ND\left(\frac{W}{DS_d}\right)^2 \tag{7-11}$$

式中 S_d——岩石的抗钻强度,MPa,是改造后的抗压强度;
W——钻压,kN;
N——转速,r/min;
D——钻头直径,mm。

Vanlinger(1962)采用 Somerton 的方法,考虑压持效应而建立的钻速模式为:
$$V_m = \phi N^{0.8}\left(\frac{W}{S_d + \lambda\Delta P} - C_2\right)^2 \tag{7-12}$$

式中 ϕ——由于压持效应引起的钻速减少系数;
C_2——圆牙齿磨损而引起的牙齿破碎岩石所需施加的额外钻压值;
ΔP——井底压差。

Vanlinger 认为压差作用的效果之一就是增加了岩石的抗压强度值,即 $\Delta\sigma = \lambda\Delta P$,这里 $\Delta\sigma$ 为抗钻强度增加值,λ 为转换系数,式(7-12)中抗钻强度 S_d 的求法为:假定 obemkirchener 砂岩的抗钻强度等于其抗压强度,其他岩石的抗钻强度可利用试验所得的钻速模式与岩石上所作试验取得的结果比较求得。

Maurer(1962)导出了用抗钻强度表示地层性质的钻速模式为:
$$V_m = KN\frac{(W-M)}{(DS_d)^2} \tag{7-13}$$

式中 K——岩石可钻性;

M——门限钻压。

休斯公司根据全尺寸钻头试验结果,提出了一种利用抗钻强度来预测钻速的新方法,钻速模式为:

$$V_m = KNW^a \tag{7-14}$$

式中　a——钻压指数,它与 K 都与地层有关。

研究发现 a 和 K 都是抗钻强度的函数,即

$$\begin{cases} K = 1/(0.42S_d)^{1.5} \\ a = 0.178524\ln S_d + 1.09793 \end{cases} \tag{7-15}$$

Hareland(1983)从地层的抗钻强度角度出发,提出了一个考虑全面的钻速方程为:

$$1/V_m = f_c(P_c)\left(\frac{aS_d^2 D^3}{W^2 N} + \frac{b}{ND}\right) + \frac{cD\mu\rho}{F_{jm}} \tag{7-16}$$

式中　$f_c(P_c)$——井底压差对钻头的无量纲压持效应系数;

　　　F_{jm}——修正的水力冲击力;

　　　a、b、c——与钻头类型有关的无量纲常数;

　　　μ——钻井液粘度;

　　　ρ——钻井液密度。

上述只是用来说明抗钻强度的来历,但运用上述公式计算还有一定的困难。后来又有许多人针对不同地区的岩心,在实验室内试验得出了许多计算可钻性和抗钻强度与声波时差的回归关系,也可以利用测井资料计算抗钻强度。

大庆石油学院的李士斌(1999)用松辽盆地的岩样得出了牙轮钻头和 PDC 钻头的可钻性级值 k_d 与岩石声波时差($\mu s/m$)的函数关系。其中牙轮钻头的可钻性级值 k_d 与岩石声波时差($\mu s/m$)的函数关系为:

$$k_d = 27.7 - 0.075\Delta t_p - 0.00406\Delta t_s \tag{7-17}$$

PDC 钻头的可钻性级值 k_d 与岩石声波时差($\mu s/m$)的函数关系为:

$$k_d = 23.85 - 3.57\ln(\Delta t_p) \tag{7-18}$$

胜利钻井院通过对胜利油田的岩样(砂岩和泥岩)试验,得出岩石硬度 P_y(kg/mm^2)与声波速度 V_p(m/s)的函数关系为:

$$P_y = 33.08756e^{0.0003V_p} - 14.643,砂岩 \tag{7-19}$$

$$P_y = 36.7468e^{0.0003V_p} - 24.286,泥岩 \tag{7-20}$$

岩石可钻性级值 k_d 的函数关系为:

$$k_d = 1.1908e^{0.0003V_p} - 0.1427,砂岩 \tag{7-21}$$

$$k_d = 1.2094e^{0.0003V_p} + 0.1151,泥岩 \tag{7-22}$$

通过对海洋石油渤海公司的岩样试验得到的岩石抗钻强度 S_d(MPa)、硬度 P_y(MPa)与声波时差($\mu s/m$)的函数关系为:

$$S_d = \exp(-0.007019\Delta t_p + 5.5535) \tag{7-23}$$

$$P_y = \exp(-0.01907\Delta t_p + 9.3184) \tag{7-24}$$

$$K_d = \exp(-0.00534\Delta t_p + 2.8505) \tag{7-25}$$

三、计算式的选用

1. 岩石抗压强度 σ_c

$$\sigma_c = 0.0045E(1-V_{cl}) + 0.008V_{cl}E \tag{7-26}$$

式中 V_{cl}——岩石中的泥质含量,无因次。

2. 岩石抗拉强度 S_t

$$S_t = 20.833\rho(3V_p^2 - 4V_s^2)[459E(1-V_{cl}) + 816EV_{cl}] \tag{7-27}$$

3. 岩石抗剪强度 τ

$$\tau = \sigma_c/6 \tag{7-28}$$

4. 岩石抗钻强度 S_d

$$S_d = \exp(-0.007019\Delta t_P + 5.5535) \tag{7-29}$$

5. 岩石粘聚力 C

$$C = 3.326 \times 10^{-6} \sigma_c K_d \tag{7-30}$$

6. 岩石内摩擦角 ϕ

$$\phi = 36.545 - 0.4952C \tag{7-31}$$

7. 岩石可钻性级值 K_d

$$K_d = \exp(-0.00534\Delta t_P + 2.8505) \tag{7-32}$$

表 7-1 和表 7-2 为某油田不同层位上利用经验公式计算的岩石各种参数。

表 7-1 大 14 井岩石力学参数

层 位		井深(m)	泊松比	弹性模量 $\times 10^4$ MPa	抗压强度 MPa	抗张强度 MPa	内摩擦角(°)	粘聚力 MPa
上石盒子组		2530~2605	0.243	5.81	302.87	4.21	31.1	11.50
下石盒子组		2605~2735	0.243	5.94	307.94	4.28	31.0	11.78
山西组	山一	2735~2770	0.264	5.58	258.73	3.59	31.1	11.58
	山二	2770~2835	0.262	5.56	258.25	3.59	31.1	11.55
太原组	太一	2835~2845	0.252	6.24	286.25	3.98	31.0	11.99
	太二	2845~2860	0.262	6.04	283.61	3.94	30.9	12.43
	太三	2860~2870	0.368	1.18	54.45	0.76	31.8	4.25
	太四	2870~2875	0.3	3.55	165.52	2.3	31.2	10.31
本溪组		2875~2885	0.252	6.24	286.25	3.98	31.0	11.99
上马家沟组		2885~2906	0.254	6.04	279.07	3.88	31.0	12.06

表 7-2 T302 井计算的岩石特性参数

井深,m	时差,μs/m	密度,g/cm³	泊松比	杨氏模量,MPa	抗剪强度,MPa	抗压强度,MPa	抗钻强度,MPa	硬度,MPa	可钻性
510	463	1.64	0.439	2391	2.0	12.03	10	485.9	1.46
825	394	1.68	0.433	3618	3.13	18.82	16.21	561.6	2.11
1001	386	1.71	0.429	4035	3.34	20.06	17.2	573.5	2.20
1800	330	1.82	0.415	6856	5.53	33.22	25.48	675.1	2.97
2880	268	2.0	0.39	13 900	10.7	64.2	39.35	867.0	4.13

续表

井深,m	时差,μs/m	密度,g/cm³	泊松比	杨氏模量,MPa	抗剪强度,MPa	抗压强度,MPa	抗钻强度,MPa	硬度,MPa	可钻性
3255	260	2.06	0.382	16 039	13.37	80.26	41.58	901.9	4.31
3710	295	2.14	0.371	13 795	12.96	77.77	32.47	771.9	3.57
4649	278	2.37	0.338	20 046	16.01	96.1	36.66	826.8	3.92

第三节 地层岩石物理参数

一、纵、横声波速度

声波速度测井是测量地层声波速度的测井方法。声波测井中声源发射的声波能量较小，作用在岩石上的时间也很短，所以对声波来说，岩石看作是弹性体。因此可用弹性波在介质中的传播规律来研究声波在岩石中的传播特性。在均匀无限地层中，声速主要取决于岩石的弹性和密度。可见，若测出声波在地层中的传播速度，则可反映该地层的弹性状态。

声波速度测井可测量滑行波通过地层传播的时差 ΔT，纵波时差 Δt_p 和横波时差 Δt_s 可从由测井公司提供的测井曲线或磁盘数据中得到，经过换算即可得到纵、横声波速度为：

$$V_p = \frac{1}{\Delta t_p}$$

$$V_s = \frac{1}{\Delta t_s}$$
(7-33)

在大部分的油田测井作业中，并不做全波列测井，即缺失横波测井资料，因此，针对某一地层，就要借助经验公式来估计横波速度。对于大多数地层，其泊松比一般在 0.2~0.3 之间，因此有：

$$V_s = (0.53 \sim 0.61)V_p \tag{7-34}$$

基于回归的经验公式有：

$$V_s = 0.704V_p - 0.554 \tag{7-35}$$

$$V_s = \sqrt{11.44V_p + 18.03} - 5.686 \tag{7-36}$$

在缺少横波资料的情况下，在具体计算时，我们利用式(7-35)，通过纵波资料计算横波。

二、岩石密度

常规的补偿密度测井可求得密度值，该数值为容积密度，单位为 g/cm³。除了井壁非常凹凸不平的情况之外，该数值用于计算弹性模量是足够准确的。在油气层中，由于孔隙度较大，因而要对密度值进行油气影响校正。校正公式如下：

$$\rho = \rho_{\log} + 0.5\phi_e \cdot S \cdot (\rho_{ma} - \rho_f) \tag{7-37}$$

式中 ρ——修正后的密度；

$\rho_{\log}$——测井密度值；

ρ_{ma}——地层骨架的密度；

ρ_f——地层液体密度；

ϕ_e——孔隙度；

S——含油气饱和度。

表 7—3 列出了一定条件下部分岩石力学参数试验结果。

表 7—3 文 200 块岩石力学参数试验结果

井号	序号	井深 m	岩性	密度 g/cm³	纵波速度 km/s	横波速度 km/s	泊松比	弹性模量 ×10³MPa
文 200—6	1(0)	3293	泥	1.998	2.731	1.299	0.354	12.895
	2(45)	3293	泥	1.998	2.781	1.391	0.333	15.455
	3(90)	3293	泥	1.998	2.961	1.324	0.375	12.830
	4(垂直)	3293	泥	1.998	2.664	1.25	0.359	11.820
	5(0)	3388	泥	2.467	3.279	1.961	0.222	52.285
	6(45)	3388	泥	2.467	3.188	1.930	0.211	52.746
	7(90)	3388	泥	2.467	3.281	2.019	0.195	61.579

三、地层泥质含量

自然伽马测井是在井内测量岩层中自然存在的放射性核素核衰变过程中放射出来的 γ 射线的强度,它可用于划分岩性、估算地层泥质含量。

由于泥质颗粒细小,具有较大的比面,使它对放射性物质有较大的吸附能力,并且沉积时间长,有充分的时间与溶液中的放射性物质一起沉积下来,所以泥质有很高的放射性。在不含放射性矿物的情况下,泥质含量的多少就决定了沉积岩石的放射性的强弱。所以有可能利用自然伽马测井资料来估算泥质的体积含量,具体方法有两种:

(1)相对值法。

$$V_{sh} = \frac{2^{GCUR \cdot I_{GR}} - 1}{2^{GCUR} - 1}$$

$$I_{GR} = \frac{GR - GR_{min}}{GR_{max} - GR_{min}}$$

(7—38)

式中 V_{sh}——泥质的体积含量;

$GCUR$——希尔奇指数,与地质时代有关,可根据取心分析资料与自然伽马测井值进行统计确定,对于第三系地层取值 3.7,老地层取值 2;

I_{GR}——泥质含量指数;

GR、GR_{min}、GR_{max}——目的层的、纯泥岩层和纯砂岩层的自然伽马值。

(2)斯仑贝谢公司泥质的体积含量 V_{sh} 计算公式。

$$V_{sh} = \frac{\rho_b GR - B_0}{\rho_{sh} GR_{sh} - B_0}$$

(7—39)

式中 B_0——纯地层的前景值,$B_0 = \rho_{sd} GR_{sd}$(或 $\rho_{ls} GR_{ls}$);

ρ_b、ρ_{sh}、ρ_{sd}、ρ_{ls}——目的层、泥岩层、纯砂岩、纯石灰岩的体积密度,由密度测井曲线读出;

GR、GR_{sh}、GR_{sd}、GR_{ls}——目的层、泥岩层、纯砂岩、纯石灰岩的自然伽马测井值。

四、地层孔隙度

声波在岩石中的传播速度与岩石的性质、孔隙度和孔隙液体等有关,研究声波在岩石中的传播速度或传播时间可以确定岩石的性质和孔隙度。Wyllie 等人提出了著名的怀利公式:

$$\phi = \frac{\Delta t - \Delta t_{ma}}{\Delta t_f - \Delta t_{ma}} \tag{7-40}$$

式中 ϕ——岩石孔隙度；

Δt——岩石声波时差测井值；

Δt_{ma}——岩石骨架声波时差值；

Δt_f——岩石孔隙流体声波时差值。

第四节 静态弹性和动态弹性参数关系

岩石力学特性参数包括岩石泊松比、杨氏模量、切变模量、体积模量、岩石硬度、抗剪强度、抗压强度、抗钻强度等。这些参数可以通过两种方法确定，一种方法是将钻井所得的岩心，用在实验室内模拟岩石在地下所处的环境（温度、围压、孔隙压力）并进行实测。另一种方法是利用测井曲线进行反算，后一种方法由于其资料充足，且可以得到连续的计算剖面，一直是石油钻井科技人员积极探索、努力的方向，目前已经取得了一些可以应用的成熟方法。利用测井资料确定岩石力学参数的计算公式是通过弹性波动理论推导出其理论计算公式，如泊松比、杨氏模量等。下面分别给出这些参数的理论计算公式。

一、岩石的泊松比 μ

$$\mu = \frac{\Delta t_s^2 - 2\Delta t_p^2}{2(\Delta t_s^2 - \Delta t_p^2)} = \frac{V_p^2 - 2V_s^2}{(2V_p^2 - V_s^2)} \tag{7-41}$$

式中 μ——泊松比，无因次；

Δt_s、Δt_p——岩石的横波、纵波时差，$\mu s/m$；

V_s、V_p——岩石的横波、纵波速度，m/s。

二、杨氏模量 E

$$E = \frac{\rho}{\Delta t_s^2}\left(\frac{3\Delta t_s^2 - 4\Delta t_p^2}{\Delta t_s^2 - \Delta t_p^2}\right) \times 10^9 = \frac{\rho V_s^2(3V_p^2 - 4V_s^2)}{V_p^2 - V_s^2} \times 10^{-3} \tag{7-42}$$

式中 E——杨氏模量，MPa；

ρ——岩石的容积密度，g/cm^3。

三、剪切模量 G

$$G = \frac{\rho}{\Delta t_s^2} \times 10^9 = \rho V_s^2 \times 10^{-3} \tag{7-43}$$

式中 G——剪切模量（切变模量），MPa。

四、体积模量 K_b

$$K_b = \frac{\rho(3\Delta t_s^2 - 4\Delta t_p^2)}{\Delta t_s^2 \Delta t_p^2} \times 10^9 = \rho\left(V_p^2 - \frac{4}{3}V_s^2\right) \times 10^{-3} \tag{7-44}$$

式中 K_b——体积模量，MPa。

利用测井资料确定上述参数时，必须同时具备声波纵波、横波及密度测井资料。由于现场往往不测全波列测井项目,没有直接的横波测量结果,一般只有通过纵波估算横波,有人提出在砂岩或泥质砂岩地层条件下用于横波估算的计算公式为:

$$\Delta t_s = \frac{\Delta t_P}{\left[1 - 1.15\left(\frac{1/\rho + 1/\rho^3}{e^{1/\rho}}\right)\right]^{1.5}} \tag{7-45}$$

这个计算公式也可在其他岩性地层中使用,但有一定的误差。

岩石弹性参数的静态值和动态值存在着一定的差值,静态弹性模量普遍小于动态弹性模量,而静态泊松比有的大于动态泊松比,有的小于动态泊松比。在实际应用中,可根据资料信息择选一种,但为了资料的互补与统一,寻找动、静弹性参数之间的关系有着积极的意义。

假设岩石为各向同性无限弹性体,则根据纵波速度和横波速度计算动态泊松比和动态杨氏模量的关系式为:

$$\begin{aligned} E_d &= \rho V_s^2 (3V_p^2 - 4V_s^2)/(V_p^2 - 2V_s^2) \\ \mu_d &= (V_p^2 - 2V_s^2)/2(V_p^2 - V_s^2) \end{aligned} \tag{7-46}$$

式中 μ_d——动态泊松比;

E_d——动态杨氏模量;

V_p——纵波速度;

V_s——横波速度;

ρ——岩石密度。

通过对东部各主要油田砂泥岩的三轴试验研究发现,静态泊松比随围压增大而增大,岩石的泊松比、弹性模量同所处的深度有关,并提出用公式(7-47)、公式(7-48)来描述岩石泊松比和弹性模量的变化规律,如下:

$$\mu_s = \mu_{so} + mP_c^n \tag{7-47}$$

$$E_s = E_{so} + aP_c^b \tag{7-48}$$

式中 μ_s——静态泊松比;

$m、n、a、b$——取决于岩性的常数;

E_s——静态杨氏模量;

μ_{so}——单轴静态泊松比;

E_{so}——单轴静态杨氏模量;

P_c——围压。

通过某油田30多块岩心在三轴下进行动静态同步测试得出:

$$\mu_s = A_1 + K_1 \mu_d \tag{7-49}$$

其中,$A_1 = a_{11} + a_{12}\lg(\sigma_1 - \sigma_3)$,$K_1 = k_{11} + k_{12}\lg(\sigma_1 - \sigma_3)$。

$$E_s = A_2 + K_2 E_d \tag{7-50}$$

其中,$A_2 = a_{21} + a_{22}\lg(\sigma_1 - \sigma_3)$,$K_2 = k_{21} + k_{22}\lg(\sigma_1 - \sigma_3)$。

式中 $a_{ij}、k_{ij}$——回归系数。

对于 $A_1、K_1、A_2、K_2$ 的取值,最简单的方法是对动静态同步测试的弹性参数进行线性回归。

第八章 井壁稳定的力学机理

第一节 井壁不稳定的危害和研究方法

一、井壁不稳定的原因

在石油钻井中,井眼稳定问题是世界范围内普遍存在的问题,每年由此造成的直接经济损失达数亿美元。因此国内外许多研究机构都在致力于此项研究。

钻井之前,深埋地下的岩层受到上覆岩层压力、最大水平地应力、最小水平地应力和孔隙压力的作用而处于平衡状态。打开井眼后,井内的岩石被取走,井壁岩石失去了原有的支撑,取而代之的是泥浆静液压力。在这种新条件下,井眼应力将产生重新分布,使井壁附近产生很高的应力集中,如果岩石强度不够大,就会出现井壁不稳定现象。但通过调整泥浆密度,可以改变井眼附近的应力状态,达到稳定井壁的目的。

如果泥浆密度过低,对于脆性岩石,井壁应力将超过岩石的抗剪强度而产生剪切破坏,表现为井眼坍塌扩径,此时的临界井眼压力定义为坍塌压力 P_c。对于流变地层表现为缩径;如果泥浆密度过高,井壁上将产生拉伸应力,当拉伸应力大于岩石的抗拉强度时,将产生拉伸破坏(井漏),此时的临界井眼压力定义为破裂压力 P_f。上面提到的剪切破坏又分为两种类型,一种是脆性破坏,导致井眼扩大,这会给固井、测井带来问题。这种破坏通常发生在脆性岩石中,但对于弱胶结地层,由于冲蚀作用也可能出现井眼扩大现象。另一种是缩径,发生在软泥岩、砂岩、岩盐等地层,一些石灰岩地层也可能出现这种现象。在工程上遇到这种现象要不断地划眼,否则会出现卡钻现象、拉伸破坏或水力压裂,这会导致井漏,严重时可造成井喷。

可见,从实质上讲,井壁稳定与否最终都表现在井眼围岩的应力状态与岩石破坏准则的对比上。如果井壁应力超过强度包线,井壁就要破坏,否则井壁就是稳定的。但是影响井眼围岩应力状态和破坏准则的因素很多,使问题变得非常复杂。概括起来影响因素可分为四大类:

(1)地质力学因素。

地质力学因素是指原地应力状态、地层孔隙压力、原地温度、地质构造特征等。这些因素是不可改变的,我们只能准确地认识、确定它们。

(2)岩石的综合性质因素。

岩石的综合性质因素是指岩石的强度、变形特征、孔隙度、含水量、粘土含量、组成和压实情况等。

(3)钻井液因素。

钻井液因素是指钻井液的综合性质、化学组成、连续相的性质、内部相的组成和类型、与连续相有关的添加剂类型、泥浆体系的维护等。特别是对于泥页岩和泥质胶结的砂岩,钻井液对它们的物理力学性质的影响非常大。

(4)其他工程因素。

其他工程因素包括打开井眼的时间、裸眼长度、井身结构参数（井深、井斜角、方位角）、压力激动和抽吸等。这些因素和参数之间相互作用、相互影响,使井壁稳定问题变得非常复杂。

目前要准确确定各影响因素还有困难,这主要是由于这样几个原因:①直接观察井壁的方法很少,很难确切了解井下几千米深处到底发生了什么;②钻井岩石的力学性质在很大范围内变化;③原地应力状态很难准确确定;④钻井液与地层之间的物理化学作用非常复杂。因此井眼稳定问题是一个世界级的难题。

二、井壁不稳定的危害

在世界各大油田的长期勘探开发过程中,井壁不稳定问题一直比较突出,严重地影响着勘探开发的过程,如我国的环渤海湾地区主要表现为馆陶、明化镇组泥页岩地层的水化膨胀,造成缩径、卡钻事故;东营底、沙河街、孔店组泥页岩地层的削落、掉块,造成井径扩大、坍塌、卡钻、电测质量低下、固井不合格等工程事故;一些特殊层位如生物灰岩、裂隙性玄武岩、软弱砂岩的井塌、井漏等。这些事故严重拖延了钻井周期,明显增加了钻井成本,并给后续工作带来了不利影响,有时可使部分井眼报废甚至使整个井眼报废。

三、井壁不稳定的研究方法

目前研究井壁稳定的方法主要有两种,一是泥浆化学研究,另一是岩石力学研究。从泥浆化学方面研究井壁稳定由来已久。主要研究泥页岩水化膨胀的机理,寻找抑制泥页岩水化膨胀的化学添加剂和泥浆体系,最大限度地减少钻井液对地层的负面影响。岩石力学研究主要包括原地应力状态的确定、岩石力学性质的测定、井眼围岩应力分析和稳定性分析,最终确定保持井眼稳定的合理泥浆密度。井壁稳定的力学与化学耦合分析,是上述两种研究方法的有机结合,旨在将泥浆对井壁作用的化学力与井壁应力作为一个整体来研究,该方面的研究近几年已取得了长足的进展,发表了许多有研究深度的文章,受篇幅的限制,本章不作过多的介绍。

与泥页岩稳定性有关的力学因素主要包括孔隙压力扩散、毛细管作用、岩石强度特征及地应力分布;与泥页岩稳定性有关的物理化学因素主要包括表面水化、渗透水化和离子扩散等。泥页岩与钻井液接触时产生的表面水化、渗透水化及离子扩散过程最终将导致地层的孔隙压力、原岩强度及应力分布状态改变,因此,物理化学过程最终将体现在力学因素的变化中。所以,无论从纯力学还是力学、物理化学耦合的角度,井壁稳定性研究最终都要归结为一个力学问题,都要遵循图8—1这样一个力学分析过程。

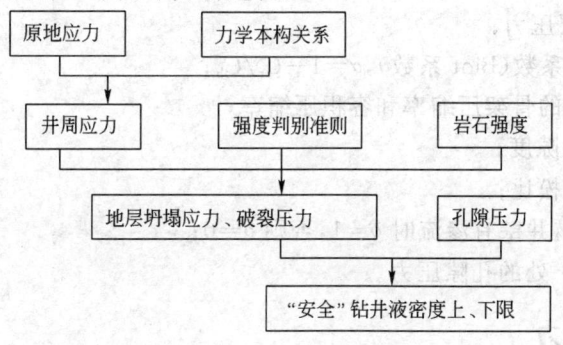

图8—1 井壁稳定力学分析流程

第二节 直井的井壁稳定分析

一、井壁围岩中的应力状态

通常井壁岩石所受的应力状态可用径向应力 σ_r、周向应力 σ_θ、垂向应力 σ_z 及剪应力 $\tau_{r\theta}$ 来表示。对垂直井 $\tau_{r\theta}=0$,此时应力状态可简化为 $\{\sigma_r,\sigma_\theta,\sigma_z\}$;对于岩石产生剪切破坏的情况,一般 $\sigma_\theta>\sigma_z>\sigma_r$,即 σ_z 为中间应力。在研究井眼稳定时,可以不考虑上覆压力 σ_z 的影响,而把它简化为平面应变问题来分析。

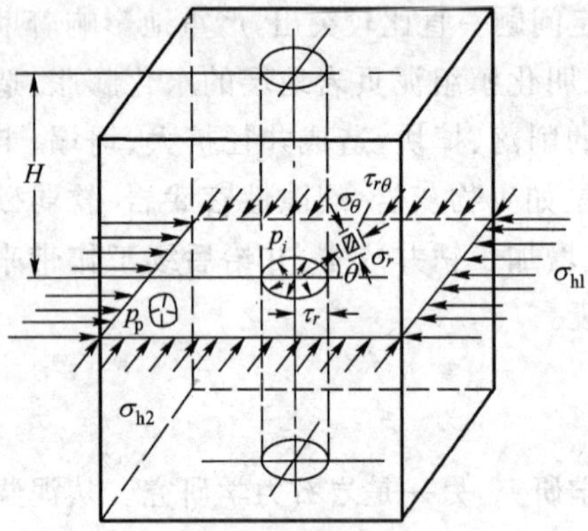

根据线性孔隙弹性理论,在井壁不可渗透的情况下,可求得图 8-2 所示井眼计算模型中距井轴 r 处的有效应力为:

$$\sigma'_r = \frac{\sigma_{h1}+\sigma_{h2}}{2}\left(1-\frac{r_i^2}{r^2}\right)+\frac{\sigma_{h1}-\sigma_{h2}}{2}$$
$$\left(1-4\frac{r_i^2}{r^2}+3\frac{r_i^4}{r^4}\right)\cos2\theta+\frac{r_i^2}{r^2}p_i-\alpha p(r) \quad (8-1a)$$
$$+\delta\left[\frac{\xi}{2}\left(1-\frac{r_i^2}{r^2}\right)-f\right](p_i-p_p)$$

图 8-2 井壁应力计算模型

$$\sigma'_\theta = \frac{\sigma_{h1}+\sigma_{h2}}{2}\left(1+\frac{r_i^2}{r^2}\right)-\frac{\sigma_{h1}-\sigma_{h2}}{2}\left(1+3\frac{r_i^4}{r^4}\right)\cos2\theta-\frac{r_i^2}{r^2}p_i$$
$$-\alpha p(r)+\delta\left[\frac{\xi}{2}\left(1+\frac{r_i^2}{r^2}\right)-f\right](p_i-p_p) \quad (8-1b)$$

$$\sigma'_z = \sigma_v - \mu\left[2(\sigma_{h1}-\sigma_{h2})\frac{r_i^2}{r^2}\cos2\theta\right]+\delta[\xi-f](p_i-p_p)-\alpha p(r) \quad (8-1c)$$

$$\tau_{r\theta} = \frac{\sigma_{h1}-\sigma_{h2}}{2}\left(1-3\frac{r_i^4}{r^4}+2\frac{r_i^2}{r^2}\right)\sin2\theta \quad (8-1d)$$

$$\xi = \alpha(1-2\mu)/(1-\mu)$$

式中 σ'_r、σ'_θ、σ'_z 和 $\tau_{r\theta}$ ——径向、切向、垂向的有效正应力和剪应力;

σ_{h1}、σ_{h2}——水平方向最大和最小主地应力;

σ_v——上覆地层压力;

α——有效应力系数(Biot 系数),$\alpha=1-C_r/C_b$;

C_r、C_b——岩石的骨架压缩率和容积压缩率;

f——地层的孔隙度;

μ——岩石的泊松比;

δ——渗透系数,井壁有渗流时 $\delta=1$,否则 $\delta=0$;

$p(r)$——距离 r 处的孔隙压力。

二、井壁上的应力

在井壁上有 $r=r_i$,则公式(8-1a~d)可简化为:

$$\sigma'_r = p_i - \delta f(p_i - p_p) - \alpha p(r) \qquad (8-2a)$$

$$\sigma'_\theta = -p_i + \delta[\xi - f](p_i - p_p) + \sigma_{h1}(1 - 2\cos2\theta) + \sigma_{h2}(1 + 2\cos2\theta) - \alpha p(r) \qquad (8-2b)$$

$$\sigma'_z = \sigma'_v + \delta[\xi - f](p_i - p_p) - 2\mu(\sigma_{h1} - \sigma_{h2})\cos2\theta - \alpha p(r) \qquad (8-2c)$$

$$\tau_{r\theta} = 0 \qquad (8-2d)$$

当井壁为不可渗透时，

$$\sigma'_r = p_i - \alpha p(r) \qquad (8-3a)$$

$$\sigma'_\theta = -p_i + \sigma_{h1}(1 - 2\cos2\theta) + \sigma_{h2}(1 + 2\cos2\theta) - \alpha p(r) \qquad (8-3b)$$

$$\sigma'_z = \sigma_v - 2\mu(\sigma_{h1} - \sigma_{h2})\cos2\theta - \alpha p(r) \qquad (8-3c)$$

$$\tau_{r\theta} = 0 \qquad (8-3d)$$

三、地层坍塌、破裂压力的计算

（一）地层坍塌压力的计算

从力学角度来说，造成井壁坍塌的原因主要是井内液柱压力较低，使得井壁周围岩石所受应力超过岩石本身的强度而产生剪切破坏。

1. 岩石的强度条件

井壁岩石的破坏，对软而塑性大的泥岩表现为塑性变形而缩径；对于硬脆性的泥页岩一般表现为剪切破坏而坍塌、扩径。剪切破坏如图8－3所示，剪切面的法向和 σ_1 的夹角等于 β，法向正应力为 σ，剪应力为 τ。根据库仑—摩尔的研究，岩石破坏时，剪切面上的剪应力必须克服岩石的固有剪切强度 F_c 值（称为粘聚力）和作用于剪切面上的内摩擦阻力 $\mu\sigma$，即

$$\tau \geqslant F_c + \mu\sigma \qquad (8-4)$$

式中　μ——岩石的内摩擦系数，$\mu = \tan\phi$；
　　　ϕ——岩石的内摩擦角。

公式(8－4)称为库仑—摩尔强度准则，可用两个以上不同围压的三轴压缩强度试验进行确定。

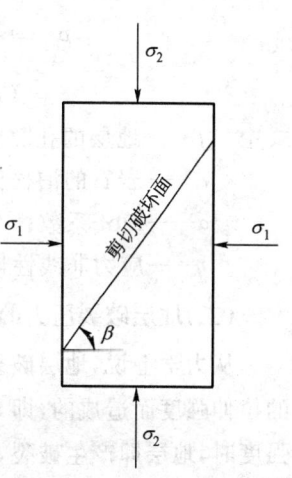

图8－3　岩石剪切破坏

2. 井壁坍塌处的应力

由于泥页岩的渗透率极低，因此，在钻井液性能良好的情况下，可以不考虑钻井液向地层渗透，而把泥页岩井壁近似看作不渗透井壁。

根据分析可知，井壁坍塌失稳是发生在 $\theta = 90°$ 和 $\theta = 270°$ 处，在该处的有效差应力 $\sigma'_\theta - \sigma'_r$ 有最大值，此时井壁坍塌处的有效应力公式为：

$$\begin{cases} \sigma'_r = p_i - \alpha p_p \\ \sigma'_\theta = \eta[3\sigma_{h1} - \sigma_{h2} - p_i] - \alpha p_p \\ \tau_{r\theta} = 0 \end{cases} \qquad (8-5)$$

3. 用库仑—摩尔强度准则计算坍塌、破裂压力

公式(8－5)中的 σ'_θ 和 σ'_r 分别为井壁坍塌处的最大和最小有效主应力，将它们代入库仑—摩尔强度条件式，便可求得保持井壁稳定所需的钻井液密度计算公式为：

$$\rho_m = \frac{\eta(3\sigma_{h1} - \sigma_{h2}) - 2F_c K + \alpha p_p(K^2 - 1)}{(K^2 + \eta) \times H} \times 100 \qquad (8-6)$$

$$K = \cot\left(45° - \frac{\phi}{2}\right)$$

式中　H——井深，m；

　　　ρ_m——钻井液密度，g/cm³；

　　　F_c——岩石的粘聚力，MPa；

　　　η——应力非线性修正系数；

　　　σ_{h1}、σ_{h2}——水平方向地应力，MPa。

4. 考虑渗透作用时地层坍塌压力的计算

考虑渗透作用时井壁坍塌处的三个主地应力为：

$$\begin{cases} \sigma'_r = p_i - \alpha p_p + f(p_i - p_p) \\ \sigma'_\theta = \eta[3\sigma_{h1} - \sigma_{h2} - (\xi - f)(p_i - p_p)] - (1+\alpha)p_i \\ \tau_{r\theta} = 0 \end{cases} \qquad (8-7)$$

将公式(8-7)代入库仑—摩尔强度准则，得地层坍塌压力对应的钻井液密度计算公式为：

$$\rho_m = \frac{\eta[3\sigma_{h1} - \sigma_{h2} - (\xi - f)p_p] + K^2 p_p f - 2CK}{(1-\alpha+f)K^2 - \eta[\xi - f - 1 - \alpha]} \times \frac{100}{H} \qquad (8-8)$$

$$\xi = (1-2\mu)/(1-\mu)$$

式中　f——地层的孔隙度；

　　　μ——岩石的泊松比；

　　　α——Biot 系数；

　　　η——应力非线性修正系数。

(二)地层破裂压力的计算

从力学上说，地层破裂是由于井内钻井液密度过大，使井壁岩石所受的周向应力超过岩石的拉伸强度而造成的，即 $\sigma'_\theta = -S_t$（S_t 为拉伸强度）。当这种拉伸力大到足以克服岩石的抗拉强度时，地层即产生破裂，造成井漏。破裂发生在 σ'_θ 最小处，即 $\theta = 0°$ 或 $\theta = 180°$ 处，此时 σ_θ 值为：

$$\sigma_{\theta 1} = 3\sigma_{h2} - \sigma_{h1} - p_i \qquad (8-9)$$

由于 σ_θ 变成拉伸，所以应力非线性修正系数不考虑。另外由于破裂主要发生在砂岩层，且井内压力远大于孔隙压力，因此井壁的周向应力要较大地受到钻井液向地层渗透产生压力的影响。钻井液向地层渗透产生的渗透压力可用公式(8-10)计算：

$$\sigma_{\theta 2} = \left[\alpha\left(\frac{1-2\mu}{1-\mu}\right) - f\right](p_i - p_p) \qquad (8-10)$$

综合考虑地应力及渗透压力作用时，有效周向应力 σ'_θ 为：

$$\sigma'_\theta = \sigma_{\theta 1} + \sigma_{\theta 2} - \alpha p_i \qquad (8-11)$$

将 $\sigma_{\theta 1}$、$\sigma_{\theta 2}$ 代入公式(8-11)有：

$$\sigma'_\theta = 3\sigma_{h2} - \sigma_{h1} - p_i + \left[\alpha\left(\frac{1-2\mu}{1-\mu}\right) - f\right](p_i - p_p) - \alpha p_p \qquad (8-12)$$

将 σ'_θ 代入破裂准则 $\sigma'_\theta = -S_t$，可求得拉伸破裂时，井内液柱压力即破裂压力为：

$$p_f = \frac{3\sigma_{h2} - \sigma_{h1} - \alpha\left(\dfrac{2-3\mu}{1-\mu}\right)p_p + S_t}{1 - \alpha\left(\dfrac{1-2\mu}{1-\mu}\right) + f} \quad (8-13)$$

若不考虑地层的渗透作用(对低渗透泥页岩地层),则地层破裂压力的计算公式为:

$$p_f = 3\sigma_{h2} - \sigma_{h1} - \alpha p_p + S_t \quad (8-14)$$

式中 p_f——地层破裂压力;

S_t——岩石的抗拉强度;

μ——泊松比。

四、一口直井的地层坍塌压力和地层破裂压力

图8-4a和图8-4b是某油田WS1井按照上述方法计算的地层坍塌压力和地层破裂压力剖面图。

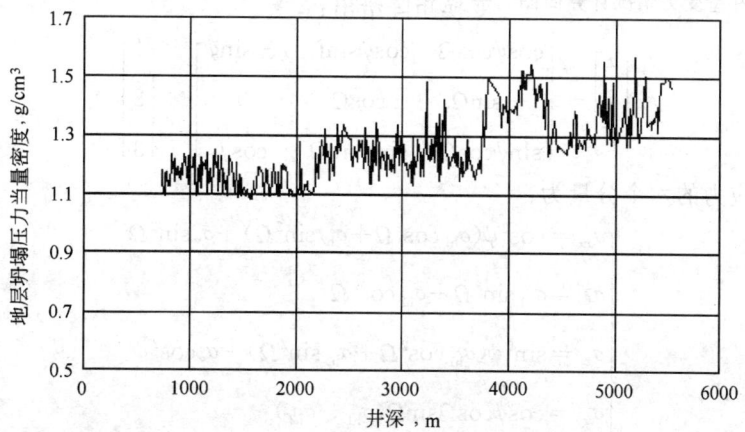

图8-4a WS1井地层坍塌压力与井深的关系图

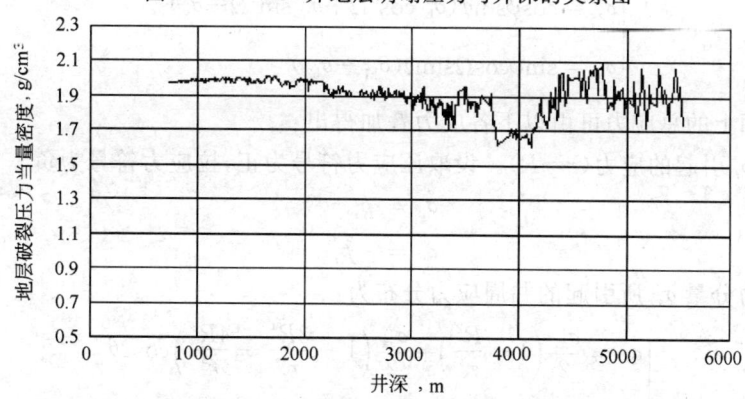

图8-4b WS1井地层破裂压力与井深的关系图

第三节 斜井井壁稳定分析

一、斜井井壁围岩的应力状态

图8-5所示为一斜井井壁受力情况计算简图。令 σ_3 为上覆岩层压力,σ_1 和 σ_2 为水平主

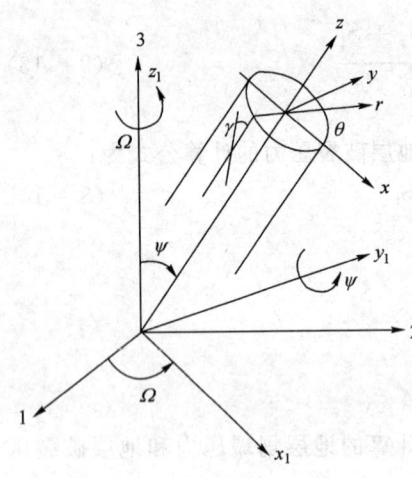

图 8—5 斜井井壁受力情况计算简图

地应力。选取坐标系(1、2、3)分别与主地应力 σ_1、σ_2、σ_3 方向一致。为了方便起见,建立直角坐标系(x,y,z)和柱坐标(r,θ,z),其中 oz 轴对应于井轴,ox 和 oy 位于与井轴垂直的平面之中。

为了建立 x、y、z 坐标与 1、2、3 坐标之间的转换关系,1、2、3 坐标按以下方式旋转(图 8—5):

(1) 先将坐标 1、2、3 以 3 为轴,按右手定则旋转 Ω 角,转变为 x_1、y_1、z_1 坐标;

(2) 再将坐标 x_1、y_1、z_1 以 y_1 为轴,按右手定则旋转 ψ 角,变为 x、y、z 坐标。

其中 Ω 为方位角;ψ 为井斜角。

坐标 0123 与坐标 $oxyz$ 之间的转换关系可通过下列变换矩阵给出:

$$\begin{bmatrix} x \\ y \\ z \end{bmatrix} = \begin{bmatrix} \cos\psi\cos\Omega & \cos\psi\sin\Omega & -\sin\psi \\ -\sin\Omega & \cos\Omega & 0 \\ \sin\psi\cos\Omega & \sin\psi\sin\Omega & \cos\psi \end{bmatrix} \times \begin{bmatrix} 1 \\ 2 \\ 3 \end{bmatrix} \quad (8-15)$$

则远场地应力的六个分量为:

$$\begin{cases} \sigma_{xx} = \cos^2\psi(\sigma_{h1}\cos^2\Omega + \sigma_{h2}\sin^2\Omega) + \sigma_v\sin^2\Omega \\ \sigma_{yy} = \sigma_{h1}\sin^2\Omega + \sigma_{h2}\cos^2\Omega \\ \sigma_{zz} = \sin^2\psi(\sigma_{h1}\cos^2\Omega + \sigma_{h2}\sin^2\Omega) + \sigma_v\cos^2\psi \\ \sigma_{xy} = \cos\psi\cos\Omega\sin\Omega(\sigma_{h1} - \sigma_{h2}) \\ \sigma_{xz} = \cos\psi\sin\psi(\sigma_{h1}\cos^2\Omega + \sigma_{h2}\sin^2\Omega - \sigma_v) \\ \sigma_{yz} = \sin\psi\cos\Omega\sin\Omega(\sigma_{h1} - \sigma_{h2}) \end{cases} \quad (8-16)$$

斜井井壁面上的总应力可由以下各应力叠加得出:

① 由内压 p_i 引起的应力$(r=R)$。设取压应力符号为正,拉应力符号为负。

$$\sigma_r = p_i$$
$$\sigma_\theta = -p_i \quad (8-17)$$

② 由地应力分量 σ_{xx} 所引起的井周应力分布为:

$$\begin{cases} \sigma_r = \dfrac{\sigma_{xx}}{2}\left(1 - \dfrac{R^2}{r^2}\right) + \dfrac{\sigma_{xx}}{2}\left(1 + \dfrac{3R^4}{r^4} - \dfrac{4R^2}{r^2}\right)\cos2\theta \\ \sigma_\theta = \dfrac{\sigma_{xx}}{2}\left(1 + \dfrac{R^2}{r^2}\right) - \dfrac{\sigma_{xx}}{2}\left(1 + \dfrac{3R^4}{r^4}\right)\cos2\theta \\ \sigma_{r\theta} = \dfrac{\sigma_{xx}}{2}\left(1 - \dfrac{3R^4}{r^4} + \dfrac{2R^2}{r^2}\right)\sin2\theta \end{cases} \quad (8-18)$$

式中 θ——所研究的位置点的矢径与最大地应力方向的夹角。

③ 由地应力分量 σ_{yy} 所引起的井周应力分布为:

$$\begin{cases} \sigma_r = \dfrac{\sigma_{yy}}{2}\left(1-\dfrac{R^2}{r^2}\right)+\dfrac{\sigma_{yy}}{2}\left(1+\dfrac{3R^4}{r^4}-\dfrac{4R^2}{r^2}\right)\cos2\theta \\ \sigma_\theta = \dfrac{\sigma_{yy}}{2}\left(1+\dfrac{R^2}{r^2}\right)-\dfrac{\sigma_{yy}}{2}\left(1+\dfrac{3R^4}{r^4}\right)\cos2\theta \\ \sigma_{r\theta} = \dfrac{\sigma_{yy}}{2}\left(1-\dfrac{3R^4}{r^4}+\dfrac{2R^4}{r^2}\right)\sin2\theta \end{cases} \quad (8-19)$$

④由地应力分量 σ_{zz} 所引起的井周应力分布为：

$$\sigma_z = \sigma_{zz} \quad (8-20)$$

⑤由地应力分量 σ_{xy} 所引起的井周应力分布为：

$$\begin{cases} \sigma_r = \sigma_{xy}\left(1+\dfrac{3R^4}{r^4}-\dfrac{4R^2}{r^2}\right)\sin2\theta \\ \sigma_\theta = -\sigma_{xy}\left(1+\dfrac{3R^4}{r^4}\right)\sin2\theta \\ \sigma_{r\theta} = \sigma_{xy}\left(1-\dfrac{3R^4}{r^4}+\dfrac{2R^2}{r^2}\right)\cos2\theta \end{cases} \quad (8-21)$$

⑥由地应力分量 σ_{xz} 所引起的井周应力分布为：

$$\begin{cases} \sigma_{rz} = \sigma_{xz}\left(1-\dfrac{R^2}{r^2}\right)\cos\theta \\ \sigma_{\theta z} = -\sigma_{xz}\left(1+\dfrac{R^2}{r^2}\right)\sin\theta \end{cases} \quad (8-22)$$

⑦由地应力分量 σ_{yz} 所引起的井周应力分布为：

$$\begin{cases} \sigma_{rz} = \sigma_{yz}\left(1-\dfrac{R^2}{r^2}\right)\sin\theta \\ \sigma_{\theta z} = \sigma_{yz}\left(1+\dfrac{R^2}{r^2}\right)\cos\theta \end{cases} \quad (8-23)$$

⑧钻井液渗流效应。

当井内流体压力增大时，一定量的钻井液将渗入周围的岩体，流体滤失是井壁稳定问题中需要考虑的重要因素。Lubinski 在研究该问题时，把岩石考虑为多孔弹性介质，在介质中的流体满足 Darcy 定律：

a. 当 $r=R$（井半径）时， $\quad p(r)=p_i$
b. 当 $r=\infty$ 时， $\quad p(r)=p_p$ $\quad (8-24)$

由液体向地层孔隙中的径向流动在井壁周围所产生的应力场为：

$$\begin{cases} \sigma_r = \dfrac{\alpha(1-2\mu)}{1-\mu}\times\dfrac{1}{r^2}\int_R^r p_n(\zeta)\zeta\mathrm{d}\zeta - fp_p(r) \\ \sigma_\theta = \dfrac{\alpha(1-2\mu)}{1-\mu}\left[\dfrac{1}{r^2}\int_R^r p_n(\zeta)\zeta\mathrm{d}\zeta - p_n(r)\right] - fp_n(r) \\ \sigma_z = \dfrac{\alpha(1-2\mu)}{1-\mu}p_n(r) - fp_n(r) \\ p_n(r) = p(r) - p_p \end{cases} \quad (8-25)$$

式中 α——Biot 多孔弹性常数；

μ——泊松比；

f——岩石的孔隙度；

p_p——地层中的初始孔隙压力；

$p_n(r)$——r处的净压力。

流体流动在斜井井壁表面$r=R$处所产生的附加应力为：

$$\begin{cases} \sigma_r = -f(p-p_p) \\ \sigma_\theta = \sigma_z = \left[\dfrac{\alpha(1-2\mu)}{1-\mu} - f\right](p-p_p) \end{cases} \quad (8-26)$$

当斜井井壁为不可渗透时无此项附加应力。

在井内压力和地应力的联合作用下，斜井井壁表面上的应力分布可由以上各解叠加得到。

在斜井井壁表面($r=R$)的应力分量为：

$$\begin{cases} \sigma_r = p - \delta f(p-p_p) \\ \sigma_\theta = -p + \delta\left[\dfrac{\alpha(1-2\mu)}{1-\mu} - f\right](p-p_p) + \sigma_{xx}(1-2\cos2\theta) \\ \qquad + \sigma_{yy}(1+2\cos2\theta) - 4\sigma_{xy}\sin2\theta \\ \sigma_z = \delta\left[\dfrac{\alpha(1-2\mu)}{1-\mu} - f\right](p-p_p) + \sigma_{zz} - \mu[2(\sigma_{xx}-\sigma_{yy})\cos2\theta + 4\sigma_{xy}\sin2\theta] \\ \sigma_{r\theta} = 0 \\ \sigma_{rz} = 0 \\ \sigma_{\theta z} = -2\sigma_{xz}\sin\theta + 2\sigma_{yz}\cos\theta \end{cases} \quad (8-27)$$

当斜井井壁有渗漏时，$\delta=1$；当井壁无渗漏时，$\delta=0$。

二、斜井井壁坍塌压力及破裂压力的计算

(一)斜井井壁上开始破坏的位置的判断

由上述的斜井井壁应力表达式中可以看到，地层的破坏和破裂是发生在$\theta-z$面上，如斜井壁上的岩石单元图所示(图8-6)的情况，σ_r是一个主应力，所以斜井壁面仍为一个主应力面。为了判断岩石的破坏或破裂及其发生的位置，必须先求出其余两个主应力面来。根据应力分析，与z轴(σ_z方向)成γ角斜平面上的正应力σ和剪应力τ与各应力分量间的关系为：

$$\begin{cases} \sigma = \sigma_\theta \cos^2\gamma + 2\sigma_{\theta z}\cos\gamma\sin\gamma + \sigma_z\sin^2\gamma \\ \tau = \dfrac{1}{2}(\sigma_z - \sigma_\theta)\sin2\gamma + \sigma_{\theta z}\cos2\gamma \end{cases} \quad (8-28)$$

为了求主应力只需令：

$$\dfrac{d\sigma}{d\gamma} = 0 \quad (8-29)$$

于是可得到相互间差90°的两个角

$$\begin{cases} \gamma_1 = \dfrac{1}{2}\arctan\dfrac{2\sigma_{\theta z}}{\sigma_\theta - \sigma_z} \\ \gamma_2 = \dfrac{\pi}{2} + \dfrac{1}{2}\arctan\dfrac{2\sigma_{\theta z}}{\sigma_\theta - \sigma_z} \end{cases} \quad (8-30)$$

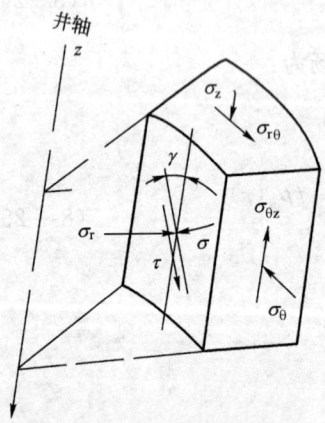

图8-6 斜井井壁应力分析

把 γ_1 和 γ_2 代入式(8-28)，便可得到欲求的两个主应力值(设为 σ_1 和 σ_2)，至此，我们已求得斜井井壁上的三个主应力为：

$$\sigma_{1,2} = \frac{\sigma_z + \sigma_\theta}{2} \pm \sqrt{\left[\frac{\sigma_z - \sigma_\theta}{2}\right]^2 + \sigma_{\theta z}^2} \quad (8-31)$$

$$\sigma_r = p_i - \delta f(p_i - p_p)$$

由式(8-27)可以知道，σ_1 和 σ_2 是井周位置角 θ 的函数，且与井斜角 ψ 和方位角 Ω 有关。

由于 $\sigma_1 > \sigma_2$，且只有 σ_2 有可能变为负值，所以可判定 σ_2 所在的平面必为拉伸破裂面。

在给定 Ψ 角和 Ω 角的情况下，可以求出井壁发生破坏或破裂的位置角 θ_1、$\theta_1 + 180°$、θ_2、$\theta_2 + 180°$。研究结果表明，这两个角度大约相差90°左右。

为此，只需令：

$$\frac{d\sigma_{1,2}}{d\theta} = 0 \quad (8-32)$$

可得到斜井井壁发生剪切破坏的位置角 θ_1、$\theta_1 + 180°$ 和发生拉伸破裂的位置角 θ_2、$\theta_2 + 180°$。

但是由于式(8-27)中的 σ_θ 和 σ_z 是井眼压力 p_i 的函数，所以给定不同的 p_i 值，便会得到不同的 θ_1 和 θ_2 值。

为了得到 θ_1 和 θ_2 的真值，必须结合岩石剪切破坏和拉伸破裂准则进行求解。

(二)岩石剪切破坏和拉伸破裂准则

1. Mohr-Coulomb 剪切破坏判断依据

评价井壁稳定的常用强度判别准则主要有 Mohr-Coulomb 准则、Druck-Prager 准则和非线性 Pariseau 准则及 Hoek-Brown 准则。在这些准则中，Mohr-Coulomb 准则最常用，而且其预测结果也被认为最切合实际。其判别准则公式为：

$$\tau = F_c + \sigma \tan\phi \quad (8-33)$$

式(8-33)可用主应力 σ_{max} 和 σ_{min} 改写成为：

$$\sigma_{max} = \tan\left(\frac{\pi}{4} + \frac{\phi}{2}\right)\sigma_{min} + \sigma_c \quad (8-34)$$

当岩石孔隙中有孔隙压力 p_p 时，Mohr-Coulomb 准则应用有效应力表示为：

$$\begin{cases} \sigma_{max} - \alpha p_p = \tan\left(\frac{\pi}{4} + \frac{\phi}{2}\right)(\sigma_{min} - \alpha p_p) + \sigma_c \\ \sigma_c = \frac{2F_c \cos\phi}{1 - \sin\phi} \end{cases} \quad (8-35)$$

式中　σ_c——单轴抗压强度。

2. 拉伸破坏判断依据

由拉伸断裂机制可知，当井壁上的一个有效主应力达到岩石的拉伸强度值 T 时便发生地层破裂，即有：

当井壁为不渗透时：

$$\sigma_{min} - \alpha p_p = -T \quad (8-36)$$

当井壁为可渗透时:
$$\sigma_{\min} - \alpha p_i = -T \quad (8-37)$$

(三)坍塌压力和破裂压力的确定

1. 坍塌压力的确定

由式(8-33)知:$\sigma_2 < \sigma_1$,故 σ_1、σ_2、σ_r 之间存在三种可能的关系:

$$\begin{cases} \sigma_1 - \alpha p_p = (\sigma_2 - \alpha p_p)\tan\left(\dfrac{\pi}{4} + \dfrac{\phi}{2}\right) + \sigma_c, \sigma_2 < \sigma_r < \sigma_1 \\ \sigma_1 - \alpha p_p = (\sigma_r - \alpha p_p)\tan\left(\dfrac{\pi}{4} + \dfrac{\phi}{2}\right) + \sigma_c, \sigma_r < \sigma_2 < \sigma_1 \\ \sigma_r - \alpha p_p = (\sigma_2 - \alpha p_p)\tan\left(\dfrac{\pi}{4} + \dfrac{\phi}{2}\right) + \sigma_c, \sigma_2 < \sigma_1 < \sigma_r \end{cases} \quad (8-38)$$

计算时:
(1)先给定一个初始 p_i 值;
(2)由式(8-32)算出 θ 角;
(3)由式(8-31)计算 σ_1、σ_2 和 σ_r 值;
(4)比较 σ_1、σ_2、σ_r 的大小,看其满足式(8-38)哪一个条件,然后带入相应的强度准则表达式看是否满足,如果不满足,则改变 p_i 值重复上述计算,直至得到满足为止,这个 p_i 值即为地层坍塌压力值。

2. 破裂压力的确定

计算时:
(1)先给定一个初始 p_i 值;
(2)由式(8-32)算出 θ 角;
(3)由式(8-31)计算 σ_1、σ_2 和 σ_r 值;
(4)比较 σ_1、σ_2、σ_r 的大小,令其最小值等于 $\sigma_{\min}$,并根据井壁是否渗透,分别代入式(8-36)或式(8-37)中看是否满足,如果不满足,则改变 p_i 值重复上述计算,直至得到满足为止,这个 p_i 值即为地层破裂压力值。

三、一口斜井的地层坍塌压力和地层破裂压力的计算

(一)地层坍塌压力的计算

表 8-1 为 WS1 井计算坍塌压力的基本参数表,表 8-2 为不同井斜角和方位角下计算所得的地层坍塌压力密度,图 8-7 是以表 8-2 数据为基础做出的图形。

从图 8-7 和图 8-8 可以看出,T302 井地层坍塌压力在井斜角和方位角均为 0°时为 1.320g/cm^3;在井斜角和方位角小(<25°)时,地层坍塌压力均小于 1.320g/cm^3,最小值为 1.305g/cm^3。当方位角为 0°时,WS1 井地层坍塌压力随着井斜角的增加而增加;但随着方位角的增加,地层坍塌压力会随着井斜角的增加先增加后减小;而如果井斜角和方位角都较小时,地层坍塌压力变化不大;两口井的地层坍塌压力在方位角为 25°、井斜角较小时为最小。

表 8-1 计算地层坍塌压力的原始数据

井号	H, m	σ_H, MPa	σ_h, MPa	σ_v, MPa	p_p, MPa	S_t, MPa	μ	α
WS1	3000	54.45	43.85	63.27	30.90	1.25	0.25	0.73

表 8－2　WS1 井 3000m 处地层坍塌压力随井斜角和方位角的变化

方位角	各井斜角时的地层坍塌压力当量密度，g/cm³							
	0°	10°	25°	35°	45°	60°	75°	90°
0°	1.200	1.219	1.334	1.485	1.678	1.846	1.871	1.896
10°	1.200	1.200	1.286	1.420	1.590	1.777	1.842	1.875
25°	1.208	1.208	1.263	1.363	1.483	1.640	1.731	1.773
35°	1.231	1.231	1.259	1.332	1.420	1.548	1.634	1.672
45°	1.250	1.248	1.258	1.307	1.372	1.466	1.531	1.561
60°	1.284	1.284	1.284	1.305	1.321	1.321	1.334	1.353
75°	1.313	1.313	1.290	1.256	1.214	1.147	1.097	1.086
90°	1.307	1.307	1.271	1.225	1.168	1.070	0.992	0.961

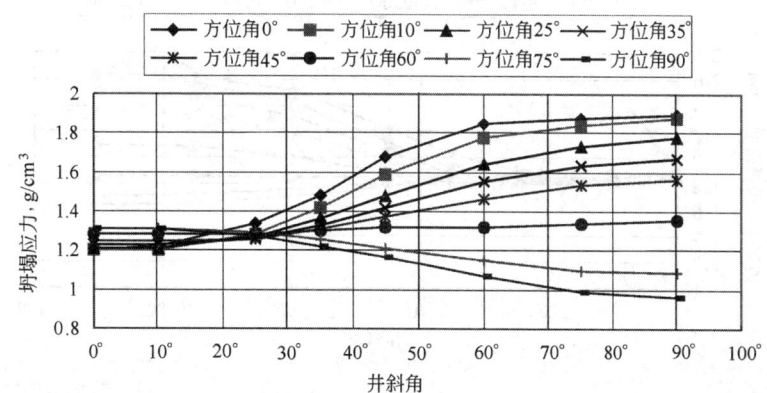

图 8－7　WS1 井 3000m 处地层坍塌压力随井斜角和方位角的变化规律

（二）地层破裂压力的计算

表 8－3 为 WS1 井计算破裂压力的基本参数表，表 8－4 为不同井斜角和方位角下计算所得的地层破裂压力当量密度，图 8－8 是以表 8－4 数据为基础而做出的图形。

表 8－3　计算地层破裂压力的原始数据

井号	H，m	σ_H，MPa	σ_h，MPa	σ_v，MPa	p_p，MPa	S_t，MPa	μ	α
WS1	3000	54.45	43.85	63.27	30.90	1.25	0.25	0.73

从图 8－8 和图 8－7 可以看出，T302 井地层破裂压力在井斜角和方位角均为 0°时为 1.950g/cm³；在井斜角小（<35°）时，无论方位角如何变化，地层破裂压力均小于 1.950g/cm³，最小值为 1.883g/cm³。WS1 井地层破裂压力当方位角为 0°时，随着井斜角的增加而增加；但随着方位角的增加，地层破裂压力会随着井斜角的增加先增加后减小；而如果井斜角和方位角都较小时，地层破裂压力变化不大；当方位角超过 60°时，破裂压力随井斜角增加而减小。

表 8－4　WS1 井 3000m 处地层破裂压力随井斜角和方位角的变化

方位角	各井斜角时的地层破裂压力当量密度，g/cm³							
	0°	10°	25°	35°	45°	60°	75°	90°
0°	1.90	1.90	1.903	2.022	2.223	2.518	2.617	2.637
10°	1.90	1.883	1.880	1.924	2.114	2.420	2.573	2.603
25°	1.89	1.839	1.832	1.873	2.039	2.308	2.471	2.512

续表

方位角	各井斜角时的地层破裂压力当量密度, g/cm³							
	0°	10°	25°	35°	45°	60°	75°	90°
35°	1.866	1.815	1.812	1.839	1.975	2.189	2.332	2.369
45°	1.852	1.818	1.815	1.815	1.876	1.995	2.077	2.097
60°	1.873	1.849	1.846	1.846	1.846	1.846	1.846	1.846
75°	1.90	1.90	1.866	1.839	1.808	1.761	1.723	1.706
90°	1.90	1.90	1.880	1.835	1.784	1.710	1.655	1.635

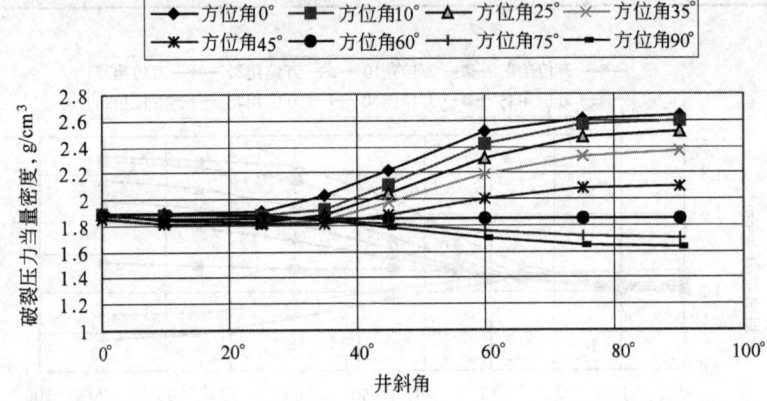

图 8—8 WS1 井 3000m 地层破裂压力随井斜角和方位角变化的规律

第九章 岩石裂缝检测

裂缝性油气藏的勘探开发和低渗透油藏的压裂改造是油田增储上产的重要措施。裂缝往往直接控制着裂缝性油气藏的形成与分布。据统计,在我国已探明的低渗透油藏储量约占全国总探明储量的 23%(其中 87% 为低渗透砂岩油藏),而有裂缝发育的又约占低渗透油藏总储量的 40%。准确把握这些裂缝性储层的裂缝产状和分布规律,对有针对性地高效开发这类油藏,提高油气勘探开发的成功率有重要意义。

第一节 储层天然裂缝的成因及其特征

一、概述

随着对低渗透油田(主要指砂、砾岩油田)的开发和注水的深入,人们发现裂缝(指天然裂缝)的作用越来越重要。裂缝不仅决定了注水效果,而且控制了层系划分和井网布置,从而直接决定了油田开发效果的好坏。因此砂岩油田裂缝的研究日益受到人们的高度重视。

这些年来,我国发现的具有裂缝的油田越来越多。如新疆的火烧山油田、吐哈的丘陵、鄯善油田、长庆的安塞、靖安油田、胜利的渤南油田、大庆的朝阳沟、榆树林、头台油田、吉林的新立、乾安、新民油田,等等。几乎每个大油区都有裂缝性油田的存在,遍布全国,且以低渗透油田为主,表 9—1 是我国几个裂缝比较发育油田的数据表。

表 9—1 我国主要裂缝型油田的基本数据

油田名称	面积,km^2	储量,$10^4 t$	渗透率 $10^{-3}\mu m^2$	孔隙度,%	厚度,m	裂缝密度 条/m	裂缝最大切深,m	岩性	油藏类型
火烧山	40.7	6741	12.5	16.5	9.5	0.47	2	泥粉砂岩	显裂缝
丘陵	33.6	4500	31.9	13.7	35	1.2	2	中细砂岩	潜裂缝
老君庙	17.1	5332	24	17.8	25.2	0.6	<0.50	中细砂岩	微裂缝
安塞	206	10561	1.29	12.4	12.2	很少	<0.60	粉细砂岩	潜裂缝
朝阳沟	328.5	1.8×10^8	15	15	8.8	0.13	<1.60	粉细砂岩	微裂缝
扶余	84	13240	180	25	10.3	0.48	—	粉细砂岩	微裂缝
新立	38.2	3816	20	16.3	7.9	0.211	—	细砂岩	潜裂缝
乾安	27.0	1988	5.48	15.9	7.6	0.70		粉砂岩	微裂缝
新民	59.8	2965	5.4	15.2	8.6	0.056		粉砂岩	微裂缝
大情字	64.4	3345	3.4	12.0	16.2	0.15~0.31		粉砂岩	微裂缝

经历 20 世纪 50 年代对玉门石油沟油田的开发以及随后的吉林扶余、新疆的火烧山油田的开发,这一系列有裂缝的低渗透砂岩油田开发的经验教训,使人们对砂岩裂缝重要性的认识提高到一个新水平:

油田投入开发前就要对裂缝高度重视,正确认识和研究裂缝是裂缝性砂岩油田开发成败的关键因素之一。

在油田开发之前的评价阶段,判断储层有无裂缝存在至关重要。除岩心观察外,利用压裂施工曲线分析判断比较准确。没有裂缝的储层,压裂时具有明显的破裂压力(峰值);而存在裂缝(包括潜在缝)的储层,一般没有明显的破裂压力。

从油田开采动态反应来看,裂缝性砂岩油田的裂缝作用可分为3种类型:

第一类:强烈型(显裂缝型)。

在开采动态中,裂缝反应明显,作用强烈,其主要表现是钻井过程中钻井液漏失严重,压力恢复曲线具有明显双重介质特征,有效渗透率明显高于空气渗透率,油井初产能力变化幅度极大,注入水推进速度特别快,油井水窜、水淹十分严重,等等。这一类以火烧山油田为典型代表。

第二类:中等型。

裂缝的作用主要表现为注水后引起裂缝方向的油井极易发生水窜、水淹现象。如吉林的扶余油田。

第三类:微弱型(潜裂缝型)。

这类裂缝在原始状态下处于闭合状态,其特征及表现和正常砂岩油田相似,但在外力(如压裂、注水等)长期作用下,这些潜在的微细裂缝可能张开,发挥作用。如新立油田。

正由于裂缝性砂岩油田具有上述一些特殊性,目前全国许多裂缝性砂岩油田都开展了深入细致的大规模的裂缝及其开发对策方面的研究,总结出了一些规律,并提出了一些措施,已取得了可喜的成果。

二、裂缝成因类型

储层裂缝按其成因,可分为构造裂缝和非构造裂缝两大类。我国低渗透储层裂缝绝大多数为构造裂缝,个别油田也发育一些非构造裂缝,如玉门老君庙油田的M油藏就发育较多的水平层理裂缝。

构造裂缝按其力学性质,又分为张裂缝和剪裂缝两种,对油田注水开发影响最大的以张裂缝为主。

从油田的岩心上看,构造裂缝一般具有下列特征:

(1)裂缝分布比较规则,产状稳定,常成组出现;

(2)裂缝面一般比较新鲜,无滑动充填现象,显示潜在缝特点;或者裂缝面上具擦痕、阶步、羽饰等现象,有些裂缝两侧甚至还有微错动现象;

(3)裂缝切穿深度较大,但宽度很小,切穿终止情况明显受岩性控制;

(4)有些裂缝局部或全部被矿物(如方解石、石英等)充填,某些缝面上被 Fe、Mn 等氧化物浸染;

(5)裂缝的力学性质是既有张裂缝,又有剪裂缝。

我国低渗透储层裂缝的成因类型、分布形式和地质特征与盆地所处的构造体制密切相关。根据构造体制,我国含油气盆地可分为伸展型、挤压型、稳定型和走滑型四大类。

东部油田所在处主要是伸展型盆地,裂缝伴随正断层发育,一般规模小,长度和密度都不大,岩石易破碎,缝面时有时无,多以微小的潜在缝形式出现,易被人忽视。如吉林油区、大庆朝阳沟等油田的裂缝均有此特征。

西部尤其新疆等油田则处于挤压型盆地,裂缝特点明显,不同于东部油田,裂缝伴随逆冲断层发育,规模大,直劈缝很发育,有的直壁缝可长达 8m(如新疆小拐油田),在开发中影响十分明显(如火烧山油田)。

在观察裂缝时,要特别注意将钻井过程中人工诱发产生的裂缝与天然裂缝区别开。

三、裂缝特征描述

(一)裂缝产状特征

裂缝的产状主要指裂缝的倾角和走向(或方位),它们是描述裂缝的两项重要参数。

1. 裂缝方位

统计发现,我国低渗透油田的裂缝方位与所处盆地的构造体制有明显的关系。东部油田的裂缝方位总体来看以近东西向为主,且主要发育一组,估计为区域性构造裂缝。如吉林的扶余、乾安、新立、新民、新木等油田以及大庆的朝阳沟、榆树林、头台油田的裂缝均以近东西向为主,其他方向的裂缝少见或不发育。而西部油田的裂缝方位变化多样,与发育的构造背景密切相关,且往往有多组出现。如火烧山油田,研究表明有四组裂缝,即近南北向、北西向、近东西向和北东向,其中以近南北向组裂缝最发育,且在构造的不同部位发育的主要裂缝方位也不同;再如丘陵油田也发育四组方向的裂缝,且不同构造部位主要裂缝方向不同,但全油田最主要的裂缝方位是近东西。分析发现,我国西部油田的裂缝方位虽然复杂,但一般全油田裂缝优势方位与所在构造的长轴方向大体一致。

裂缝方位是油田开发设计前必须搞清楚的第一位重要问题,直接关系到井网部署的正确与否,所以在油田开发前,一定要把裂缝发育状况,特别是裂缝主要方向弄清楚。

虽然岩心上能测量裂缝方位,但毕竟太少,也不能准确地反映不同构造部位和层位的裂缝方向变化,因此需要应用多种方法进行综合判断分析,最后确定全区的优势方位。这些方法主要有:

(1)岩心实测的裂缝方位统计;
(2)地面露头裂缝测量方位分析;
(3)区域和局部构造、断层方位统计分析;
(4)根据构造形成机制及应力场分布,可以通过试验或模拟分析可能的破裂系统及方位;
(5)测井解释(倾角测井、裂缝测井、微电极扫描等)的裂缝方位;新疆小拐油田对 FM1 资料进行统计处理,得出油田储量裂缝方位分布图;
(6)古地磁测定的裂缝方位;
(7)干扰试井、示踪剂、油井动态响应等确定的裂缝方位;
(8)微地震(压裂)测井确定的裂缝方位;
(9)根据地应力场数值模拟结果,推测的裂缝系统方位。

关于各种方法的具体技术这里不再细讲,但要指出,使用上述方法得出的绝大多数为定性结果,而且往往显示为多方向性,使油田开发难以适从。

这里特别强调重视油井动态观察分析的方法,即用油井见水和水淹资料判断、确定裂缝主要发育方向,这是最重要、最直接的方法。

2. 裂缝倾角

构造裂缝倾角,一般从岩心上就可以直接测量到。根据研究,按倾角大小可将裂缝分为五

种倾角类型,各类标准如下:

垂直缝倾角大于80°;高斜缝倾角60°～80°;中斜缝倾角40°～60°;低斜缝倾角10°～40°;水平缝倾角小于10°。一般将倾角大于60°的裂缝统称为高角度缝,倾角为60°～40°的裂缝称中斜缝,倾角小于40°的裂缝为低角度缝。

根据对我国几个低渗透油田天然裂缝倾角的统计(表9-2),发现绝大多数以高角度缝为主,这种裂缝占总裂缝数的百分比一般超过70%;只有玉门老君庙油田M油藏例外,以水平缝为主。

表9-2 我国几个低渗透油田的天然裂缝倾角统计数据

油田\倾角	>60°	60°～10°	<10°
扶余	70%	14%	16%
乾安	80%	17%	3%
HSS	90%	<10%	<2%
丘陵	84%	15%	2%
老君庙M油藏	18%	9%	73%

注:表内为裂缝数所占的百分比,%。

(二)发育程度和规模特征

储层裂缝发育程度主要是指裂缝密度,发育规模包括裂缝的宽度、纵向切深和平面延伸长度。这两方面的综合才能真正反映裂缝的强度和影响力的大小。

1.裂缝密度

裂缝密度是衡量裂缝发育程度的参数,而裂缝间距是衡量裂缝发育程度的另一种表现形式,等同于裂缝密度。裂缝密度的表示方法主要有:

(1)线密度:裂缝法线方向上单位长度的裂缝条数;

(2)面积密度:单位面积内裂缝的总长度;

(3)体积密度:裂缝总表面积与岩石总体积的比值。

此外还有发育率、面孔率、裂隙度等衡量裂缝发育程度的参数,可根据需要统计。统计裂缝密度时,要分岩性、分层厚、分层位统计。岩性的划分主要应考虑岩石力学性质和裂缝发育程度,而不是单纯的岩性划分。

统计我国主要砂岩油田的裂缝发育密度表明,裂缝密度一般小于1条/m,多数裂缝密度在0.5条/m以下,也就是说多数裂缝间距在2m以上,说明砂岩油田裂缝间距较宽。各油田的裂缝密度(条/m)分别是:火烧山,0.47;丘陵,1.2;老君庙(M层),0.6;安塞很小;朝阳沟,0.13;扶余,0.48;新立,0.21;乾安,0.70;新民,0.06。

我国低渗透油田的裂缝发育密度受构造部位、层厚和岩性控制十分明显,有明显的规律性。主要表现在:

①层厚。层厚越大,裂缝间距值越大;反之,层厚变小,则裂缝间距变小,密度增大。

②岩性。岩性越致密坚硬,裂缝越发育。

丘陵油田资料统计表明:钙质砂岩裂缝密度为7.3条/m、粉细砂岩裂缝密度为1.7条/m、泥粉砂岩裂缝密度为1.3条/m、粉砂岩裂缝密度为1.0条/m、泥岩裂缝密度为0.8条/m、中砂及以上砂砾岩裂缝密度为 0.6 条/m。

对其他地区的油田的裂缝研究也表明有明显的规律性,只是具体数值有所不同而已。

不仅宏观或肉眼可见的裂缝有此规律,就是显微镜下观察到的微观裂缝也具有此特征。从岩性和厚度上分析,岩性粗、厚度大的岩层,裂缝密度虽小,但规模较大;而岩性细、厚度较小的岩层,裂缝密度虽然大,但裂缝规模较小。

③构造部位。不同构造部位,由于形成时其构造应力场大小、方向不同,加之相应的岩性、岩相的差异,所以就造成了裂缝发育程度和方位的不同。一般来说在不对称背斜的陡翼、褶皱转折处、端部,以及大断层两侧附近,裂缝比较发育。

2. 裂缝宽度

裂缝宽度是确定裂缝孔隙度、渗透率、直接评价裂缝对开发效果影响的关键因素之一,同时也是最难获得的一项参数。

这里所指的裂缝宽度为裂缝有效宽度即裂缝开度。研究表明,我国低渗透油田的裂缝宽度一般都很小,多数在十几到几十个微米之间,且大多数都是通过模拟试验计算或岩心、露头测量推算的。从上述裂缝的开度分布看,裂缝开度与其力学性质及受力情况密切相关,一般是平行最大主应力方向的裂缝张裂开度最大,其次是与加载应力方向斜交的张剪性或剪切性裂缝的开度较大,而与最大主应力方向呈大角度相交甚至垂直的裂缝开度最小。

岩心上直接测量的裂缝宽度,实际上是地面减压之后裂缝的张开值,一般比地下实际值大得多。因此岩心上实测的开度值不能代表地下裂缝的真实开启情况,目前一般都用间接方法求取可能的真值。常用的方法有岩石模拟试验法和裂缝体积压缩系数计算法。

3. 裂缝平面延伸长度

由于裂缝平面延伸长度无法从岩心上直接测量,其他方法也只能大概推断,因此我国大多数裂缝性油田没有裂缝平面延伸长度的精确数字。从对露头区裂缝平面延伸长度的测量表明,多数裂缝平面延伸长度小于 100m。如研究丘陵油田裂缝时,通过对火焰山背斜地面露头 792 条构造裂缝长度统计,表明平面延伸长度最长近 10m,最短 0.1m,平均值 0.6m,长度在 0.2~2.1m 区间的裂缝占 68%,可以认为它代表了丘陵油田地下裂缝平面延伸长度的主要范围,且最长一般应在 10m 之内;而火烧山油田裂缝平面延伸长度有 50%以上小于 4.5m,最长可达 70m。通过油田动态监测,表明注水后单条裂缝平面延伸长度可达几百米。

4. 裂缝纵向切深

裂缝纵向切深往往是通过岩心和露头区的双重测量并进行综合推测而得。岩心裂缝测量统计表明,我国低渗透油田裂缝大多数纵向切深小于 2m;通过露头区的观测,推测砂岩油田的裂缝纵向切深一般小于 5m,少数可达 10m 以上(如新疆小拐油田)。各油田裂缝的最大纵向切深分别为:火烧山 2.0m、丘陵 2.0m、老君庙 M 层小于 0.5m,安塞小于 1.6m,朝阳沟小于 1.6m、吉林小于 1.0m。

将上述几项因素综合起来,就可以对裂缝规模有一个全面的认识:即裂缝规模有大小之分,不同类型的裂缝,其开度、长度、间距、切深的变化是有规律的,即裂缝切深越大,则平面延伸越长、开度和间距越大,反之亦然。

对裂缝的规模分类,首先按肉眼是否能清晰识别分为宏观裂缝和微观裂缝两大类。

所谓宏观裂缝是指肉眼上能清晰识别的裂缝,而微观裂缝是指肉眼无法识别、必须靠显微镜才可识别的裂缝。

宏观裂缝分为(按切深、密度以及相对开放):

(1)大裂缝:切深大于2m,密度小于1条/m,缝宽大于平均孔隙直径的2倍;
(2)中裂缝:切深2~0.5m,密度1~3条/m,缝宽在平均孔隙直径的1倍左右;
(3)小裂缝:切深0.5~0.1m,密度2~10条/m,缝宽约等于平均孔隙直径;
(4)微裂缝:切深小于0.1m,密度大于5条/m,缝宽小于平均孔隙直径。

微观裂缝分为(根据其是否切穿矿物颗粒):
(1)粒间缝:裂缝切穿不同矿物颗粒;
(2)粒内缝:裂缝主要局限在同一矿物颗粒内。

据此认为我国大多数油田的裂缝属中小规模,初期作用有限。

(三)裂缝孔、渗特征

1.孔隙度

对于宏观构造裂缝来说,其孔隙度主要与其长度、高度和开度有关,它有多种计算方法(如地质、测井、试井等方法)。常用的有体积法、曲率法、面积法、开度法。

2.渗透率

影响宏观构造裂缝渗透率最主要的因素是它的开度和间距(或密度),通常可根据Parsons(1996)的平板流动理论公式来计算,此外还有构造变形法、经验估计法、开度法、图版法、面积法。

研究表明,我国低渗透砂岩油田的裂缝孔隙度都十分小,一般小于1%,远远低于基质孔隙度;而渗透率则变化十分巨大,从几十到上千$10^{-3}\mu m^2$不等,且随着油田注水开发,渗透率呈动态变大,并引起油田的水窜和水淹。表9-3是几个油田静态计算的裂缝孔、渗统计数据,说明我国砂岩油田裂缝主要起增加储层导流能力的作用,而基本不是储集空间。

表9-3 我国几个砂岩油田裂缝孔、渗统计结果

油田	裂缝		基质	
	孔隙度,%	渗透率,$10^{-3}\mu m^2$	孔隙度,%	渗透率,$10^{-3}\mu m^2$
HSS	0.18	184~9000	16.5	12.5
丘陵	0.02	10~300	13.7	31.9
扶余	0.96	70~348	25	180
新立	0.09	10~85	16.3	20
小拐	0.23	636	5~6	0.1~0.2

四、裂缝砂岩油田储层综合分类及其主要特征

对一个油田裂缝的分布特征及其定性、定量、特性参数进行描述之后,根据裂缝系统对基质间的流动影响以及裂缝系统对储集层的整体性能的影响,对储集层进行分类,是裂缝性储层研究的一个重要内容,能为油田勘探、开发方案的选取提供重要的地质依据。

针对低渗透油田裂缝的实际情况,综合分析基质孔隙度、渗透率和裂缝系统孔隙度、渗透率的相对大小及在储层中所起作用的大小,对我国有裂缝的砂岩油田储层重新提出了分类方案,共分三大类四亚类(表9-4)。

表 9-4 裂缝性储层分类

类		孔隙—裂缝型	裂缝—孔隙型		孔隙型
亚类		显裂缝型	微裂缝型	潜裂缝型	孔隙型
基质和裂缝孔隙度、渗透率的相对比较		$\phi_f \ll \phi_m$ $K_f \ll K_m$	$\phi_f \ll \phi_m$ $K_f > K_m$	$\phi_f \ll \phi_m$ $K_f \approx K_m$	$0 < \phi_f \ll \phi_m$ $0 < K_f \ll K_m$
我国油田实况	代表性油田	HSS	扶余	新立	
	孔隙度 基质	8.75~16.5	25.0	16.3	
	孔隙度 裂缝	0.13~0.22	<1.0	<0.13	
	孔隙度 倍数	>50	>25	>100	
	渗透率 基质	<12.5	180	20.0	
	渗透率 裂缝	252.5~9000	900	<30	
	渗透率 倍数	>50	5	≈1	

注：表中 ϕ_f、ϕ_m、K_f、K_m 分别代表裂缝和基质的平均孔隙度和渗透率。

1. 孔隙—裂缝型储层

或称之为显裂缝型，储层的渗滤通道主要由裂缝系统提供。此类油藏常表现出块状或层状特征，初期产量下降快，一旦见水，含水率则呈直线上升，且油井见水有明显的方向性；试井压力恢复曲线常表现为"厂"字形或"摇把形"，也有少量的平缓"一"字形，生产压差小。这种类型以新疆火烧山油田为代表。

2. 裂缝—孔隙型储层

裂缝的存在加深了储层的各向异性。根据裂缝和基质块体孔隙度和渗透率大小，又可分为两个亚类：微裂缝型和潜裂缝型，其共同特征是：裂缝在初始状态下在地下是闭合的、潜在的，或虽比较发育但呈孤立状，没有构成网络，对流体影响很少，或只有微弱的方向性显示，甚至没有影响；但随着注水开发的进行，裂缝逐渐张开，并极大地影响着油田的开发生产。两者的区别在于微裂缝型裂缝在开发早期就有微弱显示，尤其是渗透率和注水有一定的方向性，而潜裂缝型要在注水开发多年后才能有显示。

3. 孔隙型储层

这类储层中裂缝发育程度很低或虽然发育有一定程度的裂缝，但大部分裂缝被充填而成为无效裂缝。其油气的储集空间和渗透空间主要由孔隙系统来提供，并且裂缝在以后的开发生产中基本不起作用或可忽略不计，具孔隙型储层的生产动态特征。

第二节 裂缝检测的常规测井资料法

一、裂缝的测井响应特征

利用测井资料识别裂缝的主要依据是不同的测井方法对于储层的各种特征有不同的响应，而裂缝的发育将导致一些"正常"的反映产生异常。对裂缝敏感的测井方法有电阻率测井、声波测井、中子测井、密度测井、岩性测井、电磁波测井、地层倾角测井、成像测井等。

1. 电阻率测井响应

储层致密层段均为低孔隙度和低渗透率，而岩石骨架不具导电性，因此在各种电阻率测井曲线上均为高值响应特征。在裂缝发育层段因钻井液侵入地层,电阻率值明显降低,表现为高值电阻率背景下的相对低值电阻率。目前较有效的电阻率测井方法是采用深、浅双侧向(DLL)和微球聚焦测井(MSFL)。由于裂缝发育的非均匀性,电阻率测井曲线形态常呈高低间起伏不平的多尖峰状。当裂缝较发育时,三条电阻率曲线都为低值显示;但当仅有孤立稀疏的小裂缝发育时,深、浅双侧向降低不明显,而微球聚焦测井则可为显著低值。

2. 声波测井响应

常用的有声波时差 Δt 测井、声波全波波形(WF)测井及声波变密度测井(VDL)等。声波时差测井记录声波通过 1m 地层所需的时间,因声波按最短时间选择声程,传播过程中将尽可能绕过裂缝,因此声波时差测井对高角度裂缝反映较差;而由于水平或低角度裂缝与声波传播路径正交,小裂缝可以近似地看成孔隙,因此声波可以反映小的水平裂缝,当遇到大的水平裂缝或网状裂缝时,声波能量急剧衰减,往往导致首波不能触发接受器,有待于后续波触发接受器,声波时差相应增大,出现周波跳跃现象。

对于声波全波波形测井来说,当声波遇到高角度裂缝时,纵波、横波的能量衰减都比较小,横波能量衰减稍大些;当声波遇到低角度裂缝或网状缝时,纵波能量衰减大,横波能量衰减特别严重,因而声波测井资料可用于确定裂缝的位置,并定性解释裂缝的性质。

3. 密度测井响应

密度测井用以测量岩石的体积密度,主要反映岩石的总孔隙度,与孔隙的几何形态无关。密度测井仪是极板推靠式仪器,因此其测量值与井下仪器极板是否紧贴井壁关系极大,且有方向性。再者由于仪器的探测体积较小,极板靠上裂缝与否会引起极大的响应差别,若极板靠上裂缝,裂缝和裂缝所连通的溶洞孔隙所占的空间响应相对增大,反映的孔隙度则偏高;与仪器极板不相接触或处于探测空间以外的裂缝溶洞,密度测井不能反映,反映的孔隙度则偏低,甚至将裂缝性储集层反映成致密层。由此可见,密度测井不能全面反映地层的裂缝系统。

4. 中子测井响应

补偿中子测井(CNL)是通过测量地层的含氢指数来反映地层孔隙度,在岩石骨架不含氢的情况下,它反映地层的总孔隙度,并不受孔隙空间几何形态和分布的影响。由于致密岩石空间孔隙度很低,因此中子测井可以直接反映裂缝和溶洞的发育程度。

5. 自然电位(SP)测井响应

自然电位(SP)测井曲线是一个在井眼中移动的电极与在地表的一个类似的固定电极之间的电位差沿着深度变化的记录。

对于页岩,自然电位曲线的读值通常相当固定,并倾向于成一直线(页岩基线),而在渗透层上,自然电位曲线显示出与页岩基线不同的曲线。对于天然裂缝油藏,自然电位曲线可能显示一个与裂缝层段相关联的异常。在裂缝识别中,自然电位测井的有效性很有限,因为裂缝中的充填物(如黄铁矿)常常影响自然电位的响应。

6. 伽马射线测井响应

伽马射线测井用于探测并评价放射线矿物。在沉积岩地层中,由于放射线元素浓积在黏土和页岩中,因此伽马射线测井曲线是页岩含量的最好的指示曲线;裂缝中页岩含量的增加或由于地下水的循环而在张开的裂缝中沉积放射性物质(如铀),这两种情况都可能增强放射性。将这种响应与其他的指示曲线结合起来,可以有助于探测裂缝。

二、裂缝识别方法

原理上讲,各种测井方法对储层裂缝都有不同程度的反映,但从现场应用结果看,常规识别储层裂缝较为成熟的测井方法是深浅侧向测井。利用深浅侧向测井可判断裂缝发育程度，确定裂缝的张开度、孔隙度及渗透率。通常裂缝分布是不规则的，要确定某一段岩心平均裂缝张开度、孔隙度和渗透率是困难的，因此要采用一种较理想的简化模型。

1. 裂缝张开度

在不考虑基岩渗透性的情况下，Sibbit(1985年)认为水平裂缝使深侧向电阻率降低大，而垂直裂缝使浅侧向电阻率降低大。在一条导电裂缝中，假定泥浆侵入裂缝，并取代地层中流体（至少在深浅侧向探测范围内），那么有以下关系：

对高角度裂缝来说：

$$\varepsilon_i = (1/R_S - 1/R_d)R_m \times 2.5 \times 10^3 \tag{9-1}$$

对低角度裂缝来说：

$$\varepsilon_i = (1/R_d - C_b)R_m \times 8.33 \times 10^2 \tag{9-2}$$

$$C_b = R_d/R_S^2 \tag{9-3}$$

式中 ε_i——测井计算的张开度；

R_d——深侧向电阻率；

R_S——浅侧向电阻率；

R_m——泥浆电阻率。

上式推广到网状裂缝亦是很有效的。为了保证测井计算值能真实反映地层实际情况，必须进行岩心刻度。岩心刻度公式为：

$$\varepsilon_c = 1.2702 \times \varepsilon_i^{1.10011} \tag{9-4}$$

2. 裂缝孔隙度

裂缝孔隙度是评价裂缝储层的重要参数，由裂缝密度和裂缝张开度来确定。

裂缝观察结果表明，裂缝发育带通常都是由多个裂缝体系组成的裂缝网络。通过裂缝线密度与体密度的关系可知裂缝孔隙度与裂缝张开度的关系为：

$$\phi_{fc} = 10^{-4} \sum_{i=1}^{n} \varepsilon_i / H \tag{9-5}$$

式中 H——观察岩心的长度；

ε_i——第 i 条裂缝的张开度。

对于深浅侧向响应的裂缝孔隙度，可引用 P. A. Pezard(1990)所给公式为：

对高角度裂缝来说：

$$\phi_{fi} = 200(1/R_S^2 - 1/R_d^2)R_d R_{mf} \tag{9-6}$$

对低角度裂缝来说：

$$\phi_{fi} = 100(1/R_S^2 - 1/R_d^2)R_d R_{mf} \tag{9-7}$$

同样通过岩心刻度可以得到准确的裂缝孔隙度公式为：

$$\phi_f = \phi_{fc} = 1.172\phi_{fi}^{1.021} \tag{9-8}$$

3. 裂缝渗透率

把裂缝看作裂缝平板系统，流体流动平行于裂缝，可得到裂缝渗透率与裂缝张开度、裂缝孔隙度关系式为：

$$K_f = 8.33 \times 10^{-4} \bar{\varepsilon}^2 \phi_f \tag{9-9}$$

式中 $\bar{\varepsilon}$ ——宽度不一的多裂缝体系的平均张开度，即 $\bar{\varepsilon} = \varepsilon/N_e$；
      N_e——每米裂缝条数。

裂缝孔隙度 ϕ_f 与裂缝条数 N_e 之间的关系为：

$$N_e = 17.5503 + 6.2214 \log \phi_f \tag{9-10}$$

4. 岩石基块大小

根据计算的裂缝渗透率与裂缝孔隙度，可得到岩石基块尺寸为：

$$a = \sqrt{\frac{K_f}{1.04\phi_f^3}} \tag{9-11}$$

5. 张开裂缝宽度

$$B = \sqrt{\frac{10^4 K_f}{4.16\phi_f}} \tag{9-12}$$

在上述公式中，需要从测井曲线中得到 R_S、R_d、R_m、R_{ncf} 等参数，根据测井曲线就可计算出与地层裂缝有关的参数。

从裂缝参数的计算公式可以看出，影响电阻率值的因素都会影响裂缝检测的准确性。影响电阻率的因素有井筒流体电阻率、井径扩大率、岩层厚度以及钻井液侵入带直径和侵入带电阻率值的大小。为了使其检测结果真实反映地层实际情况，必须要进行岩心刻度或用岩心在室内进行实测标定，而未标定的值应为实际值的上限值。

三、测井资料处理

1. 所需输入测井曲线

SP(自然电位)，GR(自然伽马)，CAL(井径)，R_d(深电阻率)，R_S(浅电阻率)，R_{AO}(冲洗带电阻率)，AC(声波时差)，DEN(密度)，CNL(中子)。

2. 输出参数

S_H(泥质含量,%)，POR(孔隙度,%)，Porf(裂缝孔隙度,%)；ZKD(裂缝张开度,无因次)，B(张开裂缝宽度,μm)。

3. 裂缝识别成果图

裂缝识别成果图[SQ2322 井用计算机处理的裂缝识别成果图如图 9-1(按 1:500 绘制)所示]，共分四道：

第一道：自然电位、自然伽马、井径；
第二道：深浅电阻率及冲洗带电阻率；
第三道：张开裂缝宽度、裂缝张开度；
第四道：泥质含量、孔隙度、裂缝孔隙度。

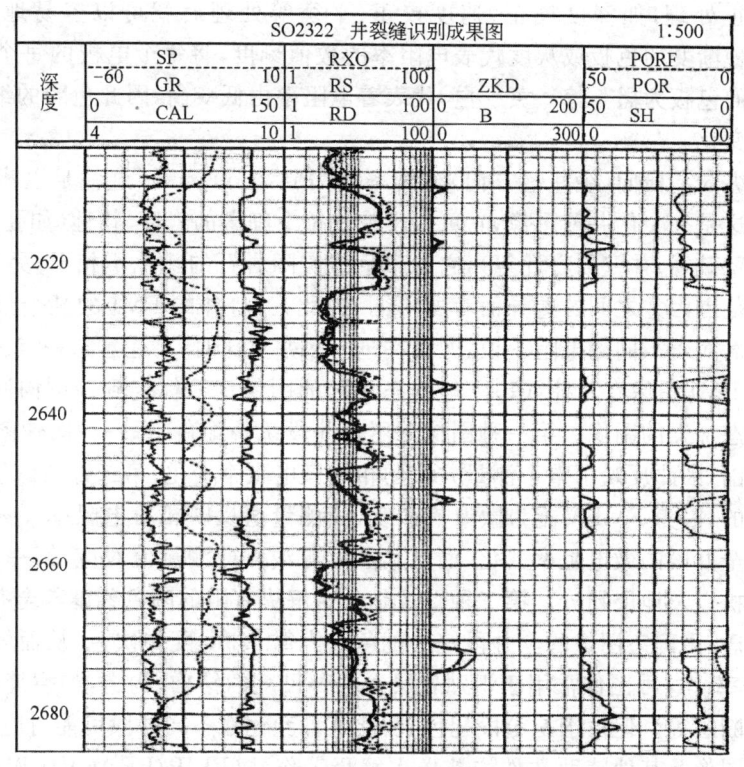

图 9—1 SQ2322 井用计算机处理的裂缝识别成果图

第三节 地层倾角及 FMI 测井检测裂缝产状

一、检测原理

地层倾角测井每次下井可以取得 4 条电阻率曲线，除了这 4 条互成 90°的 4 个极板的电阻率曲线外，还包括和井斜、方位、相对方位（1 号极板和井斜方向的夹角）以及相互垂直的两对极板所测的井径曲线。

水平裂缝的特点是 4 条电阻率曲线在同一深度上出现一边倒的尖刺状异常；斜交缝的特点是 4 条电阻率曲线在不同深度上出现异常；垂直缝的显示因极板有一个、一对或全部没有遇到裂缝而有所不同，可能是某一个或一对极板有异常，也可能全无异常。但一般来说，垂直裂缝的异常井段较长，形状不像水平裂缝尖锐，电阻率也不如水平裂缝低。

根据出现异常的极板号、井斜方位角和相对方位角，可以估算出裂缝的发育方向。

二、FMI 测井方法

FMI 是全井眼地层微电阻率成像仪的英文简称。在 FMI 仪器的 8 个极板上装有 192 个微电极，每个电极直径为 0.2in，电极间距 0.1in。测量时极板被推靠在井壁岩石上，由地面仪器车控制向地层中发射电流，每个电极所发射的电流强度随其贴靠的井壁岩石及井壁条件的不同而变化。因此记录到的每个电极的电流强度及所施加的电压便反映了井壁四周的微电阻率变化。沿井壁每 0.1in 采一次样便获得了全井段细微的电阻率变化。这些密集的采样数据经过一系列校正处理,如深度校正、速度校正、平衡等处理后就可以容易地形成电阻率图像——即用一种渐变的色板或灰度代表电阻率的数值刻度,将每个电极的每个采样点变成一个色元。常用的色板为黑—棕—黄—白,代表着电阻率由低变高,因此色彩的细微变化代表着岩性和物性的变化。

该图像的纵向和横向(绕井壁方向)分辨率均为0.2in(5mm),这就足以辨别细砾岩的粒度和形状。但这是一个伪井壁图像,它可以反映井壁上细微的岩性、物性(如孔隙度)及井壁结构(如裂缝、井壁破损、井壁取心孔等),它的颜色与实际岩石的颜色不相干;另外,每口井的微电阻率值变化范围因井之间的差异而有所不同,因此,一口井的 FMI 的某个颜色与另一口井的同一颜色可能对应着不同的电阻率值,尤其在进行多井对比时,要注意这一点。

通常提供 FMI 图像有三种:(1)一般静态平衡的图像;(2)标定到浅侧向测井(LLS)的静态图像;(3)动态加强的图像。第一种图像采用全井段统一配色,每一种图像颜色都代表着固定的电阻率范围,因此反映了整个测量井段的相对微电阻率变化;第二种图像是为裂缝宽度等定量计算设计的,因为 FMI 仪器为微聚焦系统,其测量值反映相对电阻率。标定后的静态图像不仅反映了全井段的微电阻率变化,而且其值可与浅侧向测量值对应,第一、二种图像都可以用于岩相分析以及地层划分。第三种图像是为了解决有限的颜色刻度与全井段大范围的电阻率之间的矛盾,由静态图像的全井段统一配色改为每0.5m配一次色,从而较充分地体现了 FMI 的高分辨率。这种图像常用于识别岩层中各种尺度的结构、构造,如裂缝、节理、层理、结核、砾石颗粒、断层等。但由于是分段配色,因此某种颜色在不同井段可能对应着不同的岩性。

处理后的图像及其他辅助文件均被送入解释工作站(FLIP/FRACVIEW)进行分析和描述,其解释内容包括沉积构造、成岩作用现象、岩相、构造及裂缝分析等,其特点是可以得到层理及裂缝的定向数据。FMI 为井壁描述图像,井壁上的诱导缝及破损反映了地应力的影响。

第四节 利用曲率法评价构造裂缝方向

一、力学理论基础

假设岩石在沉积时为一个水平或倾斜的平面,岩层在沉积后在水平力作用下发生弯曲和扭曲而形成褶皱,相当于一块弹性薄板受到沿其平面的侧向力作用而发生屈曲,图 9-2 代表最一般的情况。板所受的侧向力可以是压力,也可以是剪力,或两者的联合作用,进一步考虑上覆和下伏地层对褶皱层的作用,则代表褶皱层的板相当于放置在弹性基础上。于是褶皱的力学模式,应该是一块在水平力和垂直弹性反力共同作用下处于弯曲平衡的薄板。

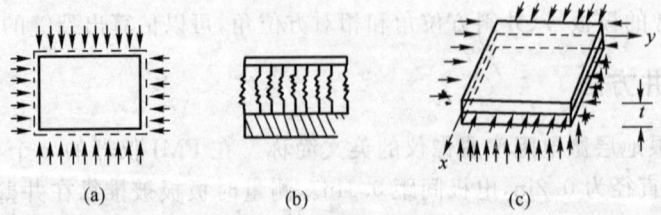

图 9-2 简单褶皱的力学模型
(a)一般情况;(b)板放置在弹性基础上;(c)处于弯曲平衡的薄板

按照图 9-2 的坐标系,板的中面取为 $x-y$ 平面,当板发生挠曲后,其挠度 $W(x,y)$ 应满足挠曲微分方程为:

$$D\overline{V}^4 W - \left(N_x \frac{\partial^2 W}{\partial x^2} + 2N_{xy} \frac{\partial^2 W}{\partial x \partial y} + N_y \frac{\partial^2 W}{\partial y^2}\right) + KW = 0 \qquad (9-13a)$$

$$\overline{V}^4 = \frac{\partial^4}{\partial x^4} + 2\frac{\partial^4}{\partial x^2 \partial y^2} + \frac{\partial^4}{\partial y^4}$$

$$D = \frac{Et^3}{12(1-\mu)}$$

$$N_x = t\sigma_{xc}$$

$$N_y = t\sigma_{yc}$$

$$N_{xy} = t\tau_{xcy}$$

式中 N_x, N_y, N_{xy} ——板的中面内力的三个分量,表示薄板每单位宽度上中面应力的合力;
σ_{xc}、σ_{yc}、τ_{xcy}——中面应力;
t——板的厚度;
KW——上下约束地层对褶皱层的弹性反力,其中 K 为常量,称为约束层的弹性阻抗;
D——板的抗弯刚度;
E、μ——板的弹性模量和泊松比。

当构造是由多次地质运动形成的复合构造时,其力学模型可以看成具有初始挠度的板两次产生的挠曲问题,设板具有初始挠度 $W_0(x,y)$(相当于第一次形成的构造高程值在水平力作用下产生附加的挠度)、$W_1(x,y)$(相当于第二次形成的构造高程值)。则产生的挠曲方程为:

$$D\overline{V}^4 W_1 - \left[N_x \frac{\partial^2(W_1+W_0)}{\partial x^2} + 2N_{xy} \frac{\partial^2(W_1+W_0)}{\partial x \partial y} + N_y \frac{\partial^2(W_1+W_0)}{\partial y^2}\right] + KW_1 = 0$$

$$(9-13b)$$

通过该力学模型,可以求出构造面上任一点的最大主应力 σ_1、最小水平主应力 σ_2、最大剪应力 τ_{max},以及它们各自的方向。由于构造岩块上的外力和岩块的力学性质未知,构造边界条件也难以确定,同时其方程的运算也困难,因此不可能采用根据外力求应力场和形变的正演解法,而可以通过大量的分析研究采用构造几何形状的反演法。

二、曲率法的基本理论

最先是由美国的 Murray 在 1968 年将此曲率法引入地下岩石的破裂研究,并在北达科他州 Sanish 油田运用。后经过多人的不断探索,该方法得到了进一步完善。

该方法用于研究裂缝分布的前提是:
(1)研究的地层必须满足前面力学模型,即岩层是受力变形而弯曲的;
(2)曲率值只能反映弯曲岩层面上由于弯曲派生的抗张应力而形成的张性裂缝;
(3)该方法没有考虑岩层的塑性变形。

首先研究一维变形问题,如图 9-3 为一变形岩层,受力弯曲后,中性面以上部分承受拉张

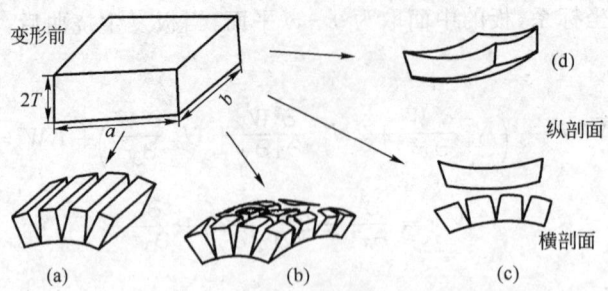

图 9-3 岩层单元变形类型示意图
(a)长轴背斜型；(b)短轴背斜型；(c)鞍部的凹型；(d)向斜型

应力，岩石形成张裂缝。设岩层中性面厚度为 T，根据变形前后面积变化，有

$$\phi = \frac{T}{2R + T} \tag{9-14}$$

式中 ϕ——张裂缝的孔隙度，%；
R——岩层弯曲的曲率半径，m；
T——中性面以上厚度，m。

由于 $R \gg T$，同时用曲率半径表示曲率，则有：

$$R = \frac{1}{d^2z/dx^2} \tag{9-15}$$

$$\phi = \frac{1}{2}T(d^2z/dx^2)$$

若岩层不是受单一应力作用而产生一维变形，可以存在几个方向的变形，在这样的变形状况下，裂缝的发育程度应由多个单向变形的曲率叠加来描述，可近似用代数和。如在双向（相互垂直）变形条件下的裂缝孔隙度公式变为：

$$\phi = \phi_x + \phi_y = \frac{1}{2}T\left(\frac{d^2z}{dx^2} + \frac{d^2z}{dy^2}\right) \tag{9-16}$$

式中 ϕ_x——x 方向的裂缝孔隙度，%；
ϕ_y——y 方向的裂缝孔隙度，%；
$\frac{d^2z}{dx^2}$——x 方向的地层曲率，1/m；
$\frac{d^2z}{dy^2}$——y 方向的地层曲率，1/m。

裂缝孔隙度值中较大的地方就是裂缝发育的区域。对于一个空间曲面来说，空间曲率较大的方向就是裂缝发育的主方向。

三、某油田最大主曲率方向的确定

在一个已经钻井、准备开发的油田中，每口井的井底坐标是已知的，每口井的储层部位的深度也是已知的。根据这些数据可以用数学方法拟合一个空间曲面的方程，其曲面方程的形式要根据该地区的地形特点或通过多次试算确定。在拟合时运用数据的多少也会影响其方程的形式，可以通过运用数理统计的理论对拟合方程的有效性进行检验。针对某井区的特点，通过大量的试算选用的曲面方程形式为：

$$H = AX^2 + BY^2 + CXY + DX + EY + F \qquad (9-17)$$

则最大主曲率方向为:

$$\alpha = \frac{1}{2}\tan^{-1}\left[-\frac{1}{r_{xy}} \bigg/ \frac{1}{2}\left(\frac{1}{r_x} - \frac{1}{r_y}\right)\right]$$

$$\frac{1}{r_x} = \frac{\partial^2 H}{\partial x^2} \qquad (9-18)$$

$$\frac{1}{r_y} = \frac{\partial^2 H}{\partial y^2}$$

$$\frac{1}{r_{xy}} = \frac{\partial^2 H}{\partial x \partial y}$$

最大主曲率方向与最小主曲率方向垂直。

表 9—5 是利用曲率法计算的某井区天然裂缝方向。

表 9—5 某井区各井处天然裂缝方向

井号	X 坐标	Y 坐标	方位	井号	X 坐标	Y 坐标	方位
SQ106	4 929 975	15 635 980	−0.530 36°	SQ2324	4 927 559	15 635 980	−11.1838°
SQ107	4 929 056	15 632 840	−1.769 35°	SQ2330	4 926 656	15 635 110	2.763 844°
SQ2311	4 926 366	15 635 650	−17.99 64°	SQ2331	4 926 939	15 635 280	−9.206 09°
SQ2312	4 926 628	15 635 800	−2.824 26°	SQ2332	4 927 185	15 635 430	−7.9246°
SQ2313	4 926 888	15 635 950	−7.978 92°	SQ2333	4 927 445	15 635 580	−2.648 83°
SQ2322	4 927 042	15 635 710	5.933 779°	SQ2334	4 927 693	15 635 720	−17.1917°
SQ2323	4 927 290	15 635 820	−1.066 94°	SQ2335	4 927 968	15 635 870	2.028 117°

第五节 裂缝检测结果在开发中的应用

通过对低渗透裂缝性油层中天然裂缝分布的检测和对水力压裂裂缝的预测,可以有效地指导油田开发方案设计。长期以来,油田的开发方案是以均质油藏的渗流理论为指导的,但对于低渗透裂缝性油藏,由于油藏的非均质性、天然裂缝的存在以及多数需进行压裂改造,在进行油田开发方案设计时必须解决以下几个问题:

(1)根据天然裂缝和水力压裂裂缝方位,确定油气田开发井与注水井井网布置,提高水驱效果和油田最终采收率。

国内外许多低渗透油田在注水、注气开发过程中,都遇到了一些水窜、水淹的问题,多是因为油水井沿最大水平主应力方向相间排列,注水开发中注入水沿天然裂缝和水力裂缝突进造成的。砂岩油田开发中最常采用的是反九点面积注水和五点法面积注水。采用反九点法注水,注水井排与最大水平主应力方向夹角为 0°时,油井会很快见水,水驱效率低,采收率低;注水井排与最大水平主应力方向夹角为 45°时,注采井网注水波及系数高,水驱效率高,油井见水慢,采收率高。采用五点法面积注水,注水井排与最大水平主应力方向夹角为 0°时,注采井网注水波及系数高,油井见水慢;注水井排与最大水平主应力方向夹角为 45°时,油井会很快见水。

沙南油田开发初期采用反九点注水井网开采,注水井排与正北方向的夹角为 29°,在构造边缘,注采井排与最大水平主应力夹角为21°~41°;在构造鞍部,注采井排与最大水平主应力夹角为19°~21°,该井网有利于沙南油田的开发,不会产生暴性水淹。当单井注入量不能满足维持地层压力的需要时,调整为五点井网,注采井排连线与正北方向的夹角与该区人工裂缝和天然裂缝不在同一方位,因此,也不会产生暴性水淹。

(2)根据水力裂缝与井距的关系,优化压裂设计方案和井距。

井距优化是低渗透油田经济有效开发的关键问题之一。通常,井距的大小取决于水驱控制程度、油井供油半径及最低经济下限井距。在渗透率、孔隙度及天然裂缝已知的情况下,如水力压裂裂缝方位有利,扫油效率将随水力裂缝长度的增加而提高,这样可适当加大现场井网的井距。目前的室内研究表明,如能使开发井网的形式、井距、裂缝的方位、缝长及导流能力达到最佳匹配,则可通过压裂最大限度地达到少钻开发井的目的,实现稀井高产的目标,并不影响最终采收率。

对压裂设计而言,在注水开发井网落实的情况下进行压裂设计,如水力压裂裂缝方位有利,则可按经济优化模型选取最佳的支撑缝长和导流能力;如方位不利,则应以扫油效率为主要的目标函数;而在方位最不利时,应严格控制支撑半缝长不超过注采井距的1/4,以使得油藏不因压裂而使注入水的面积波及系数有所降低。

从前面的分析可看出,沙南油田注采井网与压裂裂缝方位有利于油田的开采,油田设计井距为300m,水力压裂缝长为220~300m之间。从现场实施效果看,全区共进行压裂改造井18口,其中13口井取得明显效果,改造成功率高,说明设计是合理的。

(3)根据地应力状态和岩石裂缝特征,确定定向射孔孔眼方位。

对于裂缝性低渗透油田,由于基质渗透率低,射孔完井产能主要取决于射孔孔眼与天然裂缝的沟通程度。而孔眼与天然裂缝系统的沟通程度则取决于射孔参数与裂缝类型、裂缝方位、裂缝密度的适应程度。并且由于油井多实行压裂改造,射孔孔眼方位应平行于最大水平主应力方向,这样既有利于压裂施工,也利于提高压裂后的油井产能。

此外,还可以根据地应力分布规律和岩石裂缝与油气运移关系,确定油气聚集的最佳富集区域,指导油气田的勘探与开发;按地应力和岩石裂缝分布设计水平井和大斜度井,提高单井产量。

第十章 水力压裂

水力压裂的目的就是在生产层中造出一条理想的裂缝，使裂缝的几何尺寸和方位满足开发要求，压裂前准确地预测裂缝几何尺寸是压裂设计及压裂效果评价的关键。对水力裂缝形态的研究主要集中在两个方面：一是分析影响水力裂缝形态的因素及建立裂缝扩展模型，二是压裂后裂缝几何形态的测量技术。

第一节 裂缝高度预测分析

在压裂设计中，裂缝缝高是一个重要的参数，裂缝缝高对裂缝长度有显著影响。随着大型压裂技术应用的日益广泛，人们已经认识到裂缝并不总是被有效地控制在生产层内，一次压裂往往能把处理层和遮挡层都给压开。影响缝高的因素包括地层参数、压裂液性能及施工参数等，其中层间最小水平主应力差是影响裂缝高度的最重要的因素。

在压裂施工过程中，水力裂缝的起裂缝是先在地层最小水平主应力剖面的最低应力段开始，裂缝的高度也是先在最低应力段扩展，裂缝高度的升高和降低的动态变化是随着地层剖面上的最小水平主应力的变化而变化的。剖面上每段应力的差异都影响着裂缝缝高的变化，当裂缝中的压力值大于某一段的最小水平主应力值时，裂缝将穿透这一段；当裂缝中的压力值小于某一段的最小水平主应力值时，这一段将起到遮挡层的作用，裂缝就不能穿透这一层。由此可见，油层和隔层的最小水平主应力在垂向剖面上的大小变化直接影响着裂缝的高低。

油层、隔层的最小水平主应力在垂向剖面上的变化情况主要有四种：油层在低应力区、油层在高应力区、油层在较高应力区和油层在高低应力交界处。

一、油层在低应力区

油层在低应力区，隔层在高应力区，裂缝高度在通常情况下将受隔层的遮挡作用，限制在低应力区内。图10-1(a)~(d)分别为油层在低应力区的下部、中部、上部和整个应力区四种情况的裂缝缝高示意图。

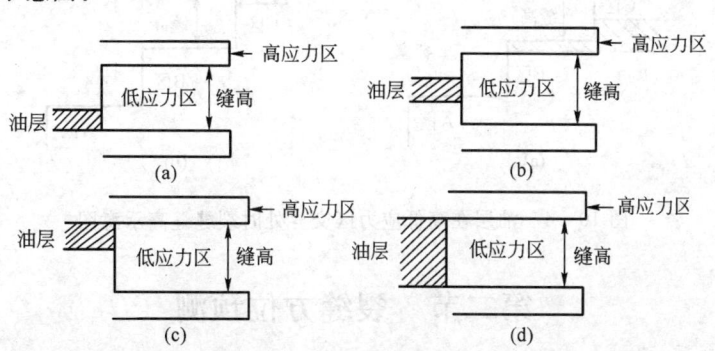

图10-1 油层在低应力区的下部、中部、上部和整个应力区的裂缝缝高示意图
(a)油层在低应力区的下部；(b)油层在低应力区的中部；(c)油层在低应力区的上部；(d)油层在整个低应力区

二、油层在较高应力区

油层处在较高应力区可以简化为如图 10-2(a)、(b)所示的两种情况,此时裂缝高度将穿过低应力区。

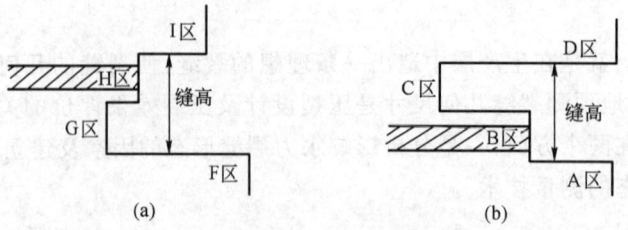

图 10-2 油层在较高应力区时裂缝缝高示意图

三、油层在高应力区

当油层处在高应力区时,这种情况下如果进行压裂施工,油层部分将很难压开,那将是一次很难进行的压裂施工。有时可能会压穿所有的低应力区,缝高很难控制,如图 10-3 所示。

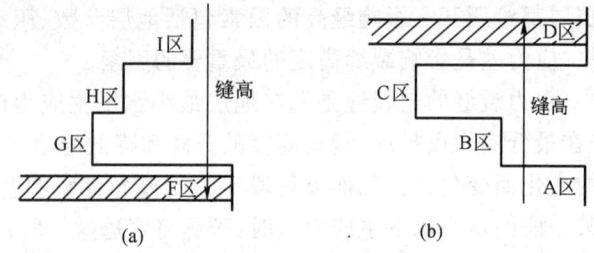

图 10-3 油层在高应力区时裂缝缝高示意图

四、油层在高低应力交界处

当油层处在高低应力交界处时,若高低应力区应力差较大,则裂缝高度在低应力区内,且油层在低应力区部分易压开,油层在高应力区部分不易压开,裂缝的高度将首先在低应力区内,如图 10-4 所示。

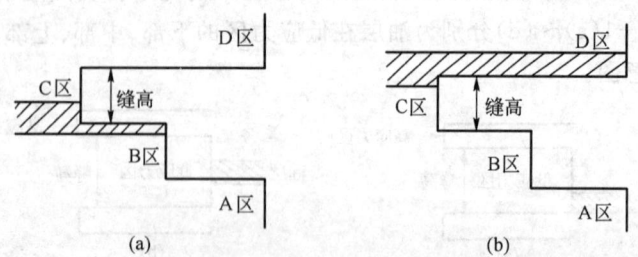

图 10-4 油层在高低应力区交界处时裂缝缝高示意图

第二节 裂缝方位预测

在水力压裂设计中,尽可能准确地获取裂缝的方位至关重要,它关系到压裂设计原则的确定,也关系到注水开发井网的调整与完善。

一、地应力对压裂裂缝方位的控制

水力裂缝的形态取决于地应力的大小和方向。压裂时,在油层中形成何种类型的裂缝,取决于地层中垂向应力和水平应力的相对大小。当最小主应力为垂向应力时,将产生水平裂缝,否则将产生垂直裂缝,而垂直裂缝的方位,总是平行于最大水平主应力方向,垂直于最小主应力方向,如图 10-5 所示。

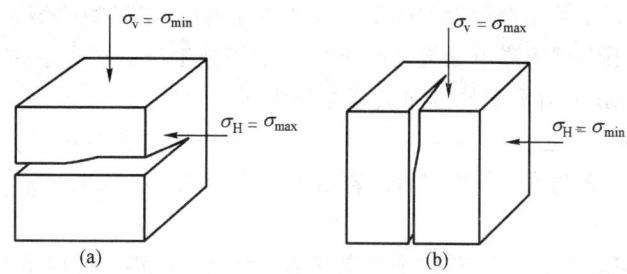

图 10-5 裂缝面与最小主应力的关系
(a)最小主应力为垂向应力而产生的水平裂缝;(b)最小主应力为水平应力而产生的垂直裂缝

因此,用于测量地应力方向的技术,都可以用来预测水力压裂裂缝的方位。

二、储层天然裂缝对压裂裂缝方位的影响

当储层为均质体时,压裂裂缝的形态受现今地应力场的特征控制;当储层有天然裂缝存在时(天然裂缝的强度很低或为零),使得岩石的均一性受到破坏,从而影响压裂裂缝的产状。

当岩石为均质体时,在与井壁平行的最大主应力方向上,地层的破裂压力为:

$$P_f = 3\sigma_h - \sigma_H - P_p + S_t \tag{10-1}$$

油气储层,特别是低渗透储层中,一般发育有 2~4 组按一定规律分布的天然裂缝,且一般以高角度裂缝为主。在人工压裂造缝时,由于天然裂缝的抗张强度小于岩石的抗张强度,因此,若条件合适,天然裂缝将优先张开并相互连通形成压裂裂缝,使压裂裂缝不再严格地沿着最大主应力方向延伸。

设最大水平主应力与裂缝面法线夹角为 α,则裂缝面与最大主应力之间的夹角为 $\beta=\pi/2+\alpha$,裂缝面上的正应力 σ_n 为:

$$\sigma_n = (\sigma_H + \sigma_h)/2 - [(\sigma_H - \sigma_h)\cos 2\beta]/2 \tag{10-2}$$

裂缝张开的极限条件是:

$$P_{ff} = \sigma_n + S_f - P_p \tag{10-3}$$

岩石沿最大主应力方向形成新裂缝的极限条件是:

$$P_{ft} = \sigma_h + S_t - P_p \tag{10-4}$$

上二式中 P_{ff}、P_{ft}——裂缝极限破裂压力和岩石极限破裂压力;

S_f、S_t——裂缝抗张强度和岩石抗张强度。

当 $P_f > P_{ff}$ 或 $P_f > P_{ft}$ 时,裂缝张开或岩石破裂,形成压裂裂缝。显然,裂缝优先张开的条件是 $P_{ff} < P_{ft}$,取极限条件 $P_{ff} = P_{ft}$,有

$$\cos 2\beta_1 = 1 - 2(S_t - S_f)/(\sigma_H - \sigma_h) \tag{10-5}$$

式中 β_1——裂缝张开和岩石破裂可能同时发生时的裂缝面与最大主应力之间的夹角。

当 $\beta<\beta_1$ 时,裂缝优先张开。当无裂缝,即 $S_f=S_t$ 时,$\beta=0$,岩石沿最大主应力方向张开。在中、新生代储层中,裂缝的抗张强度很小或接近于零,即 $S_f=0$,天然裂缝在人工压裂时是否会活动,取决于水平最大、最小主应力差和岩石的抗张强度。在 S_t 一定时,$\sigma_H-\sigma_h$ 越小,β_1 越大,可能活动的天然裂缝越多;在 $\sigma_H-\sigma_h$ 一定时,S_t 越小,β_1 越小,可能活动的天然裂缝减少。

储层天然裂缝的空间分布规律很复杂,一般多组裂缝相互切割形成裂缝网络,在实际压裂过程中,断层、褶皱、节理等也都可能对裂缝形态产生影响。在某些油藏条件和节理的排列方向下,节理系统可能很强烈地影响裂缝增长方向。如果施工压力超过中间主应力值,有可能出现次生裂缝在与主裂缝平面正交的方向上延伸的可能。

某油田 5 井区的三个主地应力值为 $\sigma_v>\sigma_H>\sigma_h$,该地区的天然裂缝方向基本上为近南北方向,其与正北方向的夹角在 $\pm 300°$ 之间,岩石的抗张强度 S_t 在 3MPa 左右,计算确定的 β_1 为 33°。

某油田 5 井区椭圆井眼长轴有两个优势方向,即北西 20°～北西 40°和北西 130°～北西 80°,构造的鞍部为第二种优势方位,构造边缘为第一种优势方位。最大水平主地应力的方向与长轴方向垂直,即在构造边缘,最大水平主地应力的方向为北东 50°～北东 70°,在构造的鞍部,最大水平主地应力为北西 40°～北东 10°。

因此,在构造边缘 $\beta>\beta_1$,天然裂缝在压裂过程中不活动,水力压裂裂缝方位与最大水平主地应力的方向平行,为北东 50°～北东 70°;在构造的鞍部 $\beta<\beta_1$,水力压裂过程中,天然裂缝将张开,水力压裂裂缝方位与最大水平主地应力的方向基本平行,其与正北方向的夹角在 $\pm 30°$ 之间。

第三节 裂缝扩展模型

裂缝扩展数学模型将施工排量、时间和压裂液滤失与裂缝几何尺寸联系在一起,是压裂方案设计的基础。目前压裂设计所用模型有二维模型、拟三维模型和全三维模型。

在二维压裂模型中,认为泥岩就是裂缝垂向扩展的阻挡层,假设裂缝缝高不变,该阻挡层等于储层厚度,可变量为裂缝宽度和长度。常用的有两种裂缝延伸模型:PKN 模型和 KGD 模型,如图 10-6 所示,两种模型的基本差别在于:PKN 模型假设平面应变主要发生在垂直剖面上,压裂层与盖层之间没有滑动效应,裂缝的垂直剖面为椭圆形;KGD 模型假设平面应变主要发生在水平剖面上,压裂层与盖层之间有滑动效应,裂缝的垂直剖面为矩形,裂缝的水平剖面为椭圆形。一般 PKN 模型适用于深层而 KGD 模型适用于浅层。PKN 模型计算出的缝宽一般较 KGD 模型计算出的缝宽小,在其他参数相同的情况下,PKN 模型能预测出明显的长裂缝。

二维裂缝扩展模型假设缝高不变,但在实际压裂作业中,一次压裂往往能把处理层和遮挡层都压开,从而发展了三维模型。

三维模型考虑了缝高随注入压裂液量的增加而发生变化的因素,并考虑了液体的垂向流动分量,利用三维模型给出的裂缝形态如图 10-7 所示。三维模型分为真三维和拟三维模型,真三维模型在理论上已经完备,但在计算时需要较多的数据(如区块最小水平主应力剖面资料)和较长的模拟计算时间,在实际应用时受到限制。为此,人们对真三维模型作了某些简化之后,提出了目前现场适用的拟三维模型。

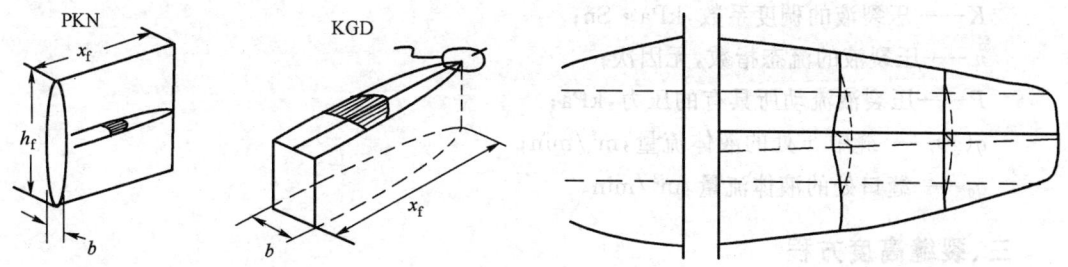

图10-6 二维裂缝扩展模型　　　　　　　图10-7 拟三维裂缝标准形态

模型假设:(1)裂缝为垂直裂缝,以井筒为轴心对称分布,裂缝横剖面近似为椭圆;(2)生产层与遮挡层的地应力均匀分布,且上下遮挡层的地应力相等;(3)压裂液不可压缩,在裂缝内沿缝长方向作一维流动;(4)油层岩石为理想的线弹性断裂体,裂缝在垂直平面内符合平面应变条件。

模型基本方程:连续性方程、缝中流体流动的压降方程、裂缝宽度方程和裂缝高度方程。

一、连续性方程

假设压裂液不可压缩,则注入到裂缝中的压裂液一部分充填裂缝,一部分滤失于地层,遵循质量守恒原理,即有:

$$Q \times t = V_f(t) + V_1(t) \tag{10-6}$$

$$V_f(t) = \frac{\pi}{4} \int_{-L}^{L} h(x,t) W_0(x,t) \mathrm{d}x \tag{10-7}$$

$$V_1(t) = \pi HCL\sqrt{t} \tag{10-8}$$

式中　Q——地面注液排量,m^3/min;

　　　t——注液时间,min;

　　　$V_f(t)$——注液 t 时刻的裂缝体积,m^3;

　　　$V_1(t)$——注液 t 时刻压裂液滤失体积,m^3;

　　　$h(x,t)$——t 时刻沿缝长方向 x 处的缝高,m;

　　　$W_0(x,t)$——t 时刻沿缝长方向 x 处的最大缝宽,m;

　　　C——压裂液的滤失系数,$m \cdot min$;

　　　H——产层厚度,m;

　　　L——裂缝一翼缝长,m。

二、缝中流体流动的压降方程

假设压裂液为不可压缩幂律流体,则由兰姆的研究成果可知,压裂液通过裂缝中某一垂直剖面的压降为该剖面的宽度、高度、流量和压裂液流变参数的函数:

$$\frac{\mathrm{d}p}{\mathrm{d}x} = -\frac{32K}{3\pi}\left(\frac{2n+1}{n}\right)^n \frac{q^n(x)}{h^n(x)W_0^{2n+1}(x)} \tag{10-9}$$

$$q(x) = q_0\left(1 - \frac{2}{\pi}\sin^{-1}\frac{x}{L}\right) \tag{10-10}$$

式中　$h(x)$——x 处的缝高,m;

　　　$W_0(x)$——x 处的最大缝宽,m;

K——压裂液的稠度系数，$kPa \cdot S^n$；

n——压裂液的流态指数，无因次；

P——压裂液流动所具有的压力，kPa；

$q(x)$——缝中 x 处的液体流量，m^3/min；

q_0——缝口处的液体流量，m^3/min。

三、裂缝高度方程

由岩石断裂力学理论可知，裂缝延伸时作用在裂缝顶部尖端和底部尖端处的应力强度因子可表示为：

$$K_{\mathrm{I}}^{a,b} = \frac{1}{\sqrt{\pi h/2}} \int_{-\frac{h}{2}}^{\frac{h}{2}} p(x) \sqrt{\frac{y \pm \frac{h}{2}}{y \mp \frac{h}{2}}} \, dy \quad (10-11)$$

在上下遮挡层应力相等的条件下，有：

$$K_{\mathrm{I}}^{a} = K_{\mathrm{I}}^{b} = p(x) \sqrt{\frac{\pi h(x)}{2}} \left[1 - \frac{2\Delta S \cos^{-1} f_1}{\pi p(x)} \right] \quad (10-12)$$

式中　K_{I}^{a}、K_{I}^{b}——裂缝延伸时顶部和底部的应力强度因子，$kPa \cdot m^{1/2}$。

由裂缝延伸准则，当裂缝尖端的应力强度因子达到其临界值 K_{Ic} 时，裂缝开始延伸，即：

$$K_{\mathrm{I}}^{a,b} = K_{\mathrm{Ic}} \quad (10-13)$$

由式(10-12)、式(10-13)，可以得到缝内净压力分布为：

$$p(x) = \frac{K_{\mathrm{Ic}}}{\sqrt{\frac{\pi h}{2}}} + \frac{2\Delta S \cos^{-1} f}{\pi} \quad (10-14)$$

对式(10-14)两端求导，得：

$$\frac{dp}{dx} = -\left[\frac{K_{\mathrm{Ic}}}{\sqrt{2\pi h}} - \frac{2f_1 \Delta S}{\pi \sqrt{1-f_1^2}} \right] \frac{1}{h} \frac{dh}{dx} \quad (10-15)$$

将式(10-15)与缝中流体压降方程联立并整理得：

$$\frac{dp}{dx} = \frac{32K}{3\pi} \left(\frac{2n+1}{2n} \right)^n \frac{q^n(x)}{h^{n-1}(x) W_0^{2n+1}(x) \left[\frac{K_{\mathrm{Ic}}}{\sqrt{2\pi h(x)}} - \frac{2\Delta S f_1}{\pi \sqrt{1-f_1^2}} \right]} \quad (10-16)$$

四、裂缝宽度方程

裂缝宽度方程表征了缝中任一位置的缝宽与缝中净压力分布、缝高之间的函数关系。根据英格兰和格林的研究，在上下地应力相等及平面应变条件下，裂缝的动态宽度为：

$$W(x,y) = \frac{4(1-\nu)}{G} p(x) l(x) \left[\sqrt{1-\eta^2} - \frac{2}{\pi} \frac{\Delta S}{P(x)} \sqrt{1-\eta^2} \cos^{-1} f_1 \right.$$

$$\left. - f_1 \ln \frac{\sqrt{1-\eta^2} + \sqrt{1-f_1^2}}{\sqrt{|f_1^2 - \eta^2|}} + \eta \ln \frac{f_1 \sqrt{1-\eta^2} + \eta \sqrt{1-f_1^2}}{\sqrt{|f_1^2 - \eta^2|}} \right] \quad (10-17)$$

式中　　η——x 处的无因次高度,$\eta = y/l(x)$;

$l(x)$——缝内 x 处的半缝高,$l(x) = h(x)/2$;

G——岩石的剪切弹性模量,kPa;

ν——岩石的泊松比,无因次;

ΔS——生产层与遮挡层的地应力差,kPa,$\Delta S = S_2 - S_1$;

S_2——上下遮挡层的地应力,kPa;

S_1——生产层的地应力,kPa;

$P(x)$——缝中 x 处的净压力,kPa;

F_1——缝中 x 处的无因次有效厚度,$f_1 = H/h(x)$。

上式中,令 $\eta = 0$,即 $y = 0$ 可以得到沿缝长方向任一位置 x 处裂缝中心的最大宽度为:

$$W_0(x) = \frac{2(1-\nu)}{G} P(x) h(x) \left[1 - \frac{2}{\pi} \frac{\Delta S}{P(x)} \left(\cos^{-1} f_1 - f_1 \ln \frac{1 + \sqrt{1 - f_1^2}}{f_1} \right) \right]$$

(10 – 18)

五、拟三维数学模型的求解

在裂缝三维延伸的数学模型中,裂缝的动态长度、宽度、高度、缝中压力分布和流量分布等都是相互关联的,因此,求解裂缝延伸的拟三维数学模型,其实质是联立求解连续性方程、流体流动的压降方程、裂缝宽度方程和裂缝高度方程。

模型求解步骤为:

(1)给定一个时间 T,估算与该时刻对应的裂缝长度 L,可以采用二维模型估算初使缝长;

(2)将裂缝沿缝长方向划分为长度为 ΔX 的 N 个长度单元,利用流量方程求得各个长度单元上的流量分布 $q(x)$;

(3)求解缝高方程,从裂缝前缘尖端开始沿井筒方向在每个长度单元上利用龙格—库塔法对该微分方程进行数值求解,得到每个长度单元上的缝高 $h(x_i)$;

(4)求解缝中压力分布 $P(x_i)$;

(5)求解裂缝剖面的缝宽分布 $W(x_i, y_i)$;

(6)检验计算的裂缝几何尺寸是否满足连续性方程,若不满足,则重新假设缝长,重复 2~6 步,直到满足给定精度要求;

(7)改变时间 T,可以得到不同时刻下裂缝的动态几何尺寸。

试验与理论计算表明,储集层的岩石力学性质(杨氏模量和断裂韧性值)对于裂缝的延伸影响较小,而隔层与产层的最小水平主应力差是影响裂缝高度最显著的因素。裂缝易压穿高硬度、高强度、高模量的地层,不宜压穿薄的高应力层。根据试验结果,两种物质性质的显著差异对裂缝缝高无明显影响,而应力显著差异却能阻碍甚至终止裂缝增长。边界层常常是由软的、富含黏土且多具有高应力的页岩组成,这对水力裂缝的垂向控制是很有利的。这种软的、富含黏土的物质之所以具有高应力,是因为它近似于水静力平衡状态,水平应力接近于上覆岩层应力。杨氏模量以两种方式限制裂缝增长:

其一,到达两种物质接触面附近的裂缝将由于接触面存在而使它的增长速度减缓,原因是当裂缝接近或穿过接触面时,裂缝顶端的应力强度因子稍微有点减少;

其二,如果边界层的模量比油层的模量大,那么杨氏模量能阻止裂缝增长。在高模量的边界层中裂缝宽度比较窄,因而流动阻力比较高,产生裂缝更困难。这种情况在现场不常有,因为砂岩模量一般比页岩大。压裂液的性能对裂缝延伸有重要影响,压裂液的滤失系数反映了压裂液向地层的渗透能力,滤失系数越大,用于延伸裂缝的压裂液减少,必然会降低裂缝尺寸;压裂液的稠度系数实质上反映了压裂液的粘滞性,降低稠度系数,有利于增加压裂液在裂缝中的流动性,降低流动的压力梯度,从而有利于增加缝长,控制缝高。施工参数则间接反映了施工规模,施工规模越大,则裂缝尺寸越大。但值得注意的是,不同的压裂液有不同的极限造缝能力,即当其他参数一定时,施工规模大到一定程度,继续加大施工规模,裂缝尺寸增加很小,小排量施工有利于降低压裂液在缝中的压力梯度,从而可以控制裂缝高度。

第四节 地应力与压裂施工设计

一、最小水平主应力的值与压裂施工压力和破裂压力

井口施工泵压是由破裂压力、井筒的液注压力、管线及孔眼摩阻决定的。其关系式为:

$$p_{pump} = p_f - p_m + p_F \tag{10-19}$$

$$p_f = 3\sigma_h - \sigma_H - p_p + S_t \tag{10-20}$$

式中 p_{pump}——井口施工泵压,MPa;

p_f——破裂压力,MPa;

p_m——井筒中的液柱压力,MPa;

p_F——管线及孔眼的摩阻,MPa;

σ_h——地层最小水平主应力,MPa;

σ_H——地层最大水平主应力,MPa;

p_p——油层孔隙压力,MPa;

S_t——油层岩石抗张强度,MPa。

式中破裂压力随最小水平主应力值的增大而增大。当井筒中的液柱压力、管线及孔眼的摩阻确定后,井口施工泵压也将随最小水平主应力值的增大而增大。但是,压裂设备的能力(功率、泵压)是有限的,压裂施工压力又同时受压裂井口、油管和套管承压能力的限制。因此,在对最小水平主应力较高的油层进行压裂时,需要功率大、承压高的压裂设备,也需要承压高的压裂井口和套管,否则,就难以压开油层,也就达不到油层改造的目的。

二、地应力与压裂液的选择

地应力数值的大小对压裂液性能的选择主要表现在对压裂液的摩阻和压裂液的流变性要求上。

1. 地应力数值的大小与压裂液摩阻选择的关系

施工泵压与摩阻可用公式(10—21)表示:

$$p_{pump} = 3\sigma_h - \sigma_H - p_p + S - p_m + p_F \tag{10-21}$$

当地面施工泵压恒定时,最小水平主应力越高,则要求摩阻压力越小。当最小水平主应力大到一定程度时,再降低施工摩阻已成为不可能。要降低施工摩阻,从施工参数要求上,一是降低施工排量,但排量太低,压裂施工则无法顺利进行,会增加施工中过早脱砂的风险,导致压裂施工的失败。二是进一步降低压裂液的粘度。但是,进一步降低压裂液的粘度,压裂液的悬

砂性能将会降低,压裂液中的支撑剂浓度会降低,压裂后的闭合裂缝将得不到很好的支撑,增产效果将变差。因此施工摩阻的降低是有一定限度的。此时,施工泵压高需要使用耐压更高的压裂井口,同时要采取保护套管的相应措施,才能保证施工的顺利、安全进行。

2.地应力大小与压裂液流变性设计的关系

压裂液流变性是压裂设计的重要参数,它关系到施工的成败和好坏。压裂液的流变参数中,压裂液在水力裂缝内流动时的剪切速率$\dot{\gamma}$及流动粘度μ的设计与地应力数值大小有关,关系式如下:

$$\dot{\gamma} = \frac{0.1Q'}{HW^2} = \frac{0.1Q'(E')^2}{4H^3(p_{if}-\sigma_h)^2} \quad (10-22)$$

$$\mu = K'\left(\frac{0.1Q'}{HW^2}\right)^{n'-1} = K'\left[\frac{0.1Q'(E')^2}{4H^3(p_{if}-\sigma_h)^2}\right]^{n'-1} \quad (10-23)$$

式中 $\dot{\gamma}$——压裂液在裂缝内流动时的剪切速率,s;

μ——压裂液在裂缝内的流动粘度,cm^2/s;

Q'——裂缝中流量,m^3/min;

W——裂缝宽度,m;

H——裂缝高度,m;

K'——压裂液的稠度系数,$MPa \cdot s^{-1}$;

n'——压裂液的流态指数,无量纲;

E'——岩石的弹性模量,MPa;

p_{if}——裂缝内的压力,MPa;

σ_h——最小水平主应力,MPa。

三、地应力与支撑剂的选择

在水力压裂技术中,支撑剂作为主要施工材料对水力裂缝起到一个支撑作用,从而为压裂之后地层中流体的流动提供较高导流能力的通道。在这一过程中,支撑剂承受到最小水平主应力的作用。由于闭合压力的作用,使得支撑剂在油藏中长期处于承压状态,以致破碎,降低其渗透率,影响压裂施工后的增产及有效期,直接关系到油层改造的经济效益。

在支撑裂缝中,支撑剂所承受的压力与最小水平主应力之间有如下关系:

$$p_a = \sigma_h - p_{wf} \quad (10-24)$$

式中 p_a——支撑剂所承受的压力,MPa;

p_{wf}——井底流动压力,MPa。

实际上,在裂缝中不同位置处,支撑剂所承受的压力是不一样的,因此公式(10-24)只是一个平均的概念。

从公式(10-24)可以看出,最小水平主应力越大,在井底流动压力一定的情况下,支撑剂所承受的压力也越大,这样对支撑剂的强度及导流能力等的要求也越高。

四、地应力与施工排量的关系

根据造缝机理,压开地层是因为压裂液在井底憋起高压超过地层破裂压力所致。因此,在压裂设计时,选择排量的第一个条件便是施工排量Q大于地层的吸收速度Q_a,而吸收速度可用公式(10-25)计算:

$$Q_a = A \times \frac{Q_1}{\Delta p_1} \times \Delta p_2 \tag{10-25}$$

$$A = f\left(\frac{\mu\rho}{B}\right) \tag{10-26}$$

式中　A——吸收系数(与流体密度、粘度有关)；
　　　Q_a——地层的吸收速度，m^3/min；
　　　Q_1——压裂前油气井的稳定日产量，t/d；
　　　Δp_1——压裂前孔隙压力与流压之差，MPa；
　　　Δp_2——破裂压力与压前地层压力之差，MPa。

假设地层压力为 p，流动压力为 p_{wf}，破裂压力为 p_f，则有：

$$Q_a = A \times \frac{Q_1(p_f - p)}{p - p_{wf}} \tag{10-27}$$

又因 $p_f \geqslant \sigma_h$，把它代入公式(10-27)有：

$$Q_a = A \times \frac{Q_1(\sigma_h - p)}{p - p_{wf}} \tag{10-28}$$

从式(10-28)可以看出，Q_a 与 σ_h 呈正比关系。同样，由于施工排量大于地层吸收速度，故 Q 与 σ_h 也呈正比关系。

在地层中一旦造成裂缝，液体进入裂缝后，井眼附近的应力集中即自行消失。此后裂缝向三个方向(即在长度、宽度和高度)延伸，当地层接近破裂时，施工压力较高，施工排量也随之增大，这正反映出注入压力要平衡周围由于两个水平主应力所形成的应力集中及其他应力和阻力。当地层破裂后，裂缝在较低的压力下延伸，裂缝的延伸压力随着裂缝向地层的内部延伸而稍有增加，这时施工排量也达到最大。

从上面分析看，在地层破裂前，施工排量与最小主应力呈正比关系，在破裂后施工排量增加幅度减缓，基本上呈平缓状态。

五、地应力与压裂施工功率

设井底破裂压力为 p_f，施工压力为 p_{pump}，管内摩阻总压降为 Δp_F，孔隙摩阻为 Δp_m，井筒内液柱压力为 p_m。根据压开裂缝的条件，有：

$$p_{pump} + p_m - \Delta p_F - \Delta p_m \geqslant p_f$$

即

$$p_{pump} \geqslant p_f + \Delta p_F + \Delta p_m - p_m \tag{9-29}$$

$$P = \eta p_{pump} q$$

式中　η——功充因数(与海拔高度有关)；
　　　p_{pump}——井口施工压力，MPa；
　　　q——施工排量，$1/s$；
　　　P——施工所需功率，kW。

由公式(10-29)可以看出，施工所需功率与施工排量呈正比关系，与施工压力也呈正比关系，而施工排量与最小水平主应力呈正比关系，也就是说，最小主应力越大，压裂施工所需的功率也随着增大。

第十一章 油气井生产出砂

油井出砂是一个带有普遍性的复杂问题。对于弱胶结地层,其结构疏松,强度低,出砂现象非常严重。出砂不仅会导致油井减产或停产、地面和井下设备磨蚀,而且会使套管损坏、油井报废,因此出砂问题迫切需要解决。出砂机理作为出砂预测和防砂的理论基础,越来越受到人们的重视。不同的地层具有不同的出砂机理,也应采取不同的防砂措施。对于胶结地层,出砂主要是由于地层发生剪切破坏而引起的,其防砂的关键在于防止地层发生剪切破坏。尽管当井眼压力达到发生剪切破坏的临界值时,不一定马上引起油井出砂,但是,在生产过程中一定要控制某些参数(如井眼压力、储层压力等),使其达不到临界值。目前,虽然很多油田在防砂工作方面已投入了大量的人力和物力,并且取得了相应的效果,但对出砂机理及出砂规律研究很少,使得在制定开采工艺(如循环开井、射孔设计、合理生产压差及产量的确定等)及采取防砂措施方面带有盲目性,造成大量的人力、物力的浪费。因此,加强对出砂规律方面的研究是十分必要的。

第一节 国内外出砂机理研究现状

防砂是贯穿油气井开采过程的永恒主题,几十年来国内外专家、学者对油气井的出砂机理进行了大量的研究工作,并得出了很多结论,这些结论对现今的防范工艺和防范技术起到了积极的推动作用。回顾、整理、分类和总结这些出砂机理方面的研究成果,可将其分为如下 5 个方面。

一、根据地层特点分析出砂机理问题

1991 年在 N. Morita 和 P. A. Boyd 两人发表的文章中详细地分析了油田现场常见的 5 种典型的油气田出砂问题。

(一)地层的弱胶结出砂

这类油气藏出砂发生在油气井生产初期,或关井后的第二个生产周期。对于弱胶结地层,剪切破坏所导致的出砂量要比张应力作用所造成的出砂量大。由于地层胶结性差,较小的采液强度就可以导致油气井出砂。

(二)中等胶结强度易出水地层出砂

这种中等强度定义地层强度在 3.45～6.8MPa。这种地层开始不出砂,地层出水后开始出砂。其主要原因是由于出水后使原来固结砂粒的毛管力消失,由于毛管力的消失,地层砂在地层内流动着的流体作用下,剪切破碎增强,破碎的砂粒的运移增大了砂粒间的剪切力,从而使油气藏出砂加剧。

(三)油藏压力下降导致胶结性好的地层出砂

由于油藏压力的降低,同时在主应力非常大的情况下,胶结强度高的地层易出砂,这种地

层出砂状况较弱胶结地层差，同时也可能时断时续地发生。

(四) 具有高水平构造应力、胶结性好的地层出砂

通常，两个水平主构造应力在出砂层位没有明显的区别。然而如果由于孔隙度的减小而使地层强度变得很高，此时地层有较小的运动，将导致该方向上的应力很高，这种较高的应力差能导致井眼破碎，这种作用的结果使油气井出砂。

(五) 井眼表面周围高压力梯度的出砂问题

由于井眼表面周围高压力梯度，射孔弹在射孔的过程中对井壁的振动作用造成孔眼壁面地层胶结性变差，加上流体流动拖曳力和摩擦力的作用，使地层的出砂加重。孔眼附近出砂区最一般的特点是胶结性差，这种观点体现了传统上只用胶结性差作为衡量地层出砂的标准。如果最大主应力超过地层强度，就可以在不考虑地层胶结性差等因素的情况下断定地层出砂；如果现存的压力超过地层压力，出砂量增加的主要原因是剪切破碎。通常如果地层突然出水或关井次数增加必将使地层出砂情况加剧。

二、根据两种力的作用对出砂机理进行分析

20世纪80年代末N. Morita和D. L. Whltfill等人在他们的文章中论述了由于两种力的作用导致地层出砂，其一是剪切应力导致的地层破碎，其二是张应力造成的地层破碎。如果地层内流体的流速高，张应力破碎将发生。如果井底压力下降，剪切破碎将占主导地位。虽然在通常条件下，纯张应力破碎很少发生，然而达到以下条件就将发生：

(1) 如果射孔孔眼间距超过总间距的1/3；
(2) 如果射孔密度小于7孔/m；
(3) 如果射孔孔眼被封堵；
(4) 对孔眼进行净化时。

三、根据砂拱稳定机理进行出砂机理分析

Hall、C. D. JR.和Harrisberger等人是第一个用岩心三轴向试验来研究在不同的荷载和油、水两相作用下砂拱的稳定性问题。通过三轴向试验可归纳砂拱所表现出来的一些特性，他们通过试验，观察到当润湿相浓度小于某个临界值时，砂拱将保持稳定；如果润湿相浓度达到这个临界值时，砂拱将被破坏，另外他还得出砂拱的稳定能力与砂拱的尺寸、润湿相大小有关，而且围绕在孔眼周围的砂粒必须具有一定的润湿相才能形成砂拱等结论。同时，他还指出稳定的砂拱必须具有一定的外界应力和自身的凝聚力。L. C. B. Bianco和P. M. Halleck等人在总结Hall、C. D. JR.和Harrisberger研究成果的基础上，用试验结果进一步说明润湿相浓度的变化对砂拱行为和砂拱稳定性的影响。

(1) 单相浓度的砂粒构成不了稳定的砂拱；
(2) 强烈的引力使孔眼增大；
(3) 两相环境下的砂拱稳定性好，在试验条件下(S_w——润湿相饱和度)

当$S_w > 3\%$，形成稳定的砂拱；

当$S_w < 20\%$，有出砂的迹象；

当$20\% < S_w < 32\%$，连续出砂；

当$S_w > 32\%$，大量的流动砂产生。

(4)在两相区环境下,仅润湿相携带砂粒;

(5)在润湿相饱和度较小的环境条件下,液流速度增加,砂拱尺寸也随之增加,随流速的降低砂拱保持稳定;

(6)润湿相浓度超过某一临界值时,砂拱将发生坍塌破坏。

四、由砂粒从骨架脱附情况来分析地层出砂机理

出砂是一个单独的砂粒或者砂的集合物从砂的"骨架"上运移进入一个流动的流体中的过程,这个过程是由两种机理引起的:塑性变形断裂,当一连续断裂准则局部地得到满足,而且脱附失败的时候;当在单独的砂粒以及砂的集合物上的推力超过阻力的时候。前者发生在平衡条件下,后者发生在动力学条件下。在平衡条件下,表面应力的增加只能引起颗粒集合体的压缩或者膨胀而不会改变包含在系统中的固体质量,如果有一个颗粒从这个系统中迁移走了,这个颗粒周围的接触平衡就被打破。

颗粒迁移的时候可以出现几个状态,如图11-1所示,由迁移走的颗粒支持的接触力不得不重新分配到其他周围的颗粒上去以便达到一个新的平衡。这种接触力的重新分配的一个直接结果是在附近颗粒上的接触力将增加。如果这个颗粒充填结构不接受重新分配的力或者如果周围的颗粒达到了断裂准则,颗粒将从骨架上脱离下来并落入移动的流体中。只有在孔隙度梯度方向上的驱动力的分量才对驱动因素有贡献,其他方向上的分量主要是由于被其他颗粒的几何堵塞(减少了运动学的自由度,见图11-1),使砂粒集聚体压缩或膨胀。因此在孔隙度梯度变化方向上的分量是控制颗粒运移的主要因素。砂粒运移模型如图11-2所示。

图11-1 砂粒脱附示意图

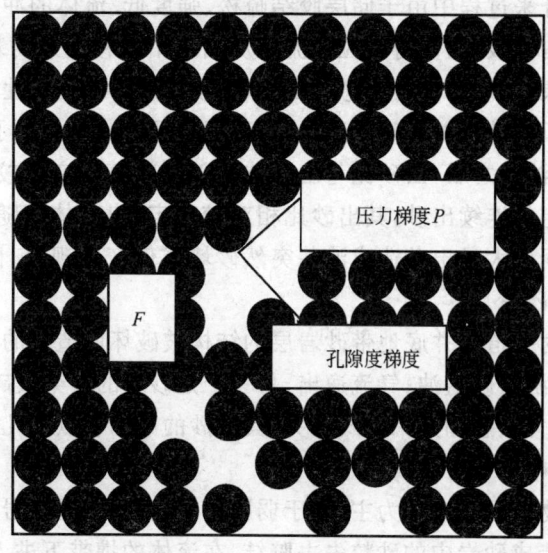

图11-2 砂粒运移模型

五、根据出水后岩石性能的变化分析地层出砂机理

有几种因素导致出水后岩石胶结强度降低：

(1)矿化水与岩石间的化学反应。矿化水与岩石间的化学反应包括石英与矿化水的反应、碳酸钙溶解、岩石中铁离子的沉淀作用等。

(2)岩石表面张力和毛管力的变化。

(3)较高的流体压力梯度、高流速和较强的拖曳力。

(4)流体将岩石颗粒从岩石骨架上拖曳下来。

(5)粘土膨胀作用。

这些因素的作用都是由于地层出水所产生的，总结归纳起来主要有两个因素，一是由化学反应引起的，另一个是由于含水饱和度的变化导致毛管力的变化而引起的。两种主要的化学反应是石英水解和碳酸盐溶解。虽然毛管力要比渗流力小几倍，但在出砂机理分析过程中是不可忽视的。随着含水饱和度的增加，毛管力强度要下降很多；随着含水饱和度的增加，由于化学反应所产生的变化要作用很长时间，总之可以得出结论：在地层岩石含水饱和度达到临界值前，毛管力起作用，而含水饱和度达到临界值之后，矿化水与岩石的化学反应起作用。

从整个出砂机理的研究历史看，对出砂机理的研究已经从宏观上的地层结构力和地层内流体的多相流动的共同作用发展到微观上的地层砂颗粒从砂体骨架上的脱落和矿化水与地层岩石间的化学反应。对地层出砂机理的研究越来越细致，越来越具体，对防砂工艺的发展有更大的推动作用。

第二节　油层出砂原因及出砂方法预测

一、油层出砂原因

出砂现象是油气开采过程中由于储层胶结疏松、强度低、流体的冲刷而导致射孔孔道附近或井底地带砂岩层结构被破坏，使得砂粒随流体从油层中运移出来的现象。根据油井生产过程所观察到的出砂现象，出砂可分为不稳定出砂、连续性出砂和突发性大量出砂。不稳定出砂是指在正常生产条件下出砂量随时间而递减，这种现象通常出现在射孔或酸化后的排液过程中，以及水推进或放大油流之后，出砂比与出砂体积随时间衰减变化较大；连续性出砂是油井生产过程中长时间稳定的连续出砂，其出砂比相对较稳定，出砂体积随时间衰减变化小；突发性大量出砂是指短时间内大量出砂造成油井突然砂堵或停产的现象，比如放大油流时引起油井大量出砂，造成井眼砂堵。

油层出砂是由于射孔道或井底地带砂岩层的结构被破坏所造成的。它一般以两种方式产生：一个是砂岩体中的游离砂随油、气流逸出，另一个是砂岩的骨架破碎，造成出砂。通常出砂与砂岩的胶结强度、应力状态和开采方式有关，其出砂的原因有以下几个方面。

1. 产层胶结状况对出砂的影响

砂岩层中的胶结物以泥质成分为主，属于弱胶结和松散胶结，砂岩的强度较低。成分受水浸泡，粘土膨胀分散，造成砂岩中的砂粒失去胶结，在流体的携带下进入井筒，形成出砂。当砂岩中的含水量达到一定程度时，岩石强度明显降低，对出砂的影响明显增大。因此，砂岩胶结

的好坏是引发出砂的直接因素。高含水开发期由于水含量增大使产层物性发生变化,受水浸的影响,胶结物中的粘土矿物水化膨胀和运移,损害胶结物,砂粒失去胶结,仅靠围岩压力和相互摩擦力难以限制其运移。同时孔隙内的渗流速度逐渐增大,对砂粒的拖曳力增加,使砂粒运移明显加快。油层在流体的常年冲蚀下,胶结剥离,部分骨架遭到破坏,而被液流带入井筒,造成出砂。

2. 地应力对出砂的影响

在弱胶结砂岩地层中,由于地应力非均匀性的影响,井壁周围某些方位地层将遭受较高的压应力集中,而导致该方位地层先于其他方位地层剪切屈服、出砂。因此,对这些方位进行选择性避射将有利于防砂和延长油井的开采寿命。

3. 流速及生产压差对出砂的影响

当砂岩骨架破坏后,在较高液流的冲刷下,使破碎的骨架砂大量逸出,造成大量出砂。在小流速、低压差下,砂砾可能排列成稳定的砂拱,当液流流速高、内外压差增大时,稳定砂拱被破坏,不能阻挡砂砾。在高速流体冲刷下,射孔孔道或井壁处的砂拱破坏,砂砾大量逸出。

4. 油层开采后期地层压力下降对出砂的影响

地层压力下降,储层结构破坏。开采后期,油层总压降已达 5MPa 以上,油层原始状态早已破坏,砂粒间的平衡被打破,加剧了油层出砂。注水井附近油层内成高压,超过原始地层压力;采油井附近油层内是低压区,小于原始地层压力。在低压区,地层孔隙压力的降低、上覆岩层压力的存在使砂粒间的接触应力增加,当超过砂岩的抗压强度时,砂岩骨架破碎,引起严重出砂,且不可逆转。油层开采之前,砂砾骨架之间的接触应力与地层压力共同作用承载着上覆岩层压力,即 $P_o = P_p + \sigma$,其中 P_o 为上覆岩层压力,P_p 为地层压力,σ 为砂砾骨架的接触应力。当地层压力 P_p 下降较多,且砂岩层又由于胶结疏松而强度降低时,σ 会大于骨架之间的承载能力而将砂岩层压碎,造成大量出砂。

5. 介质变化对出砂的影响

1)水对出砂的影响

通常采油中后期的大排量生产使出砂程度更为严重。在特高含水期,由于含水上升,保证稳产或缓产量递减的主要手段之一是增加产液量,这样势必加大生产压差,提高了采液强度、井筒内流体的流速,使出砂程度日趋严重。流体尤其是水的冲刷将已松散的胶结物带走后,出砂几乎成为必然。另外,反复地开泵、停泵,使岩层受交变应力的作用,岩石也会产生疲劳破坏,增大出砂的可能性。在采油中后期,油层含水率上升,大量的注入水浸泡油层,使砂岩层的某些胶结物强度降低(如粘土胶结物浸泡后,会使胶结强度降低很多),粉化脱落而不能胶结住砂砾,造成出砂。鉴于此,有的地方已经考虑用柴油驱替、蒸汽吞吐等。

2)油流粘度对出砂的影响

试验证明,流体粘度越大,越容易引起出砂。当流速高于出砂临界流速时,在相同的流速下,流体的粘度越大,出砂量越大。流体的粘度在出砂过程中起到很大的作用:一是悬砂、携砂;二是携砂流体对砂体的冲刷和剥蚀,流体粘度升高,携砂、悬砂能力增强,流动过程中的拖曳力也就越大,对砂体的冲刷和剥蚀就更加严重,最终导致出砂加剧。因此,在疏松砂岩油藏开采过程中,应尽量保持地层压力高于饱和压力,防止由于脱气而改变原油性质。

3)流体 pH 值对出砂的影响

试验证明,注入流体 pH 值对出砂有一定影响。pH 值增大,临界出砂流速减少;pH 值的升高,使岩石粘土矿物中晶层间的斥力增大,导致粘土矿物更易分散、脱落,并随流体的流动而运移,造成出砂。另外,pH值同样会改变非粘土颗粒表面的电荷分布,使颗粒与基质间的范氏力减弱,那些与基质胶结不好或非胶结的颗粒将被释放到流体中去,从而导致自由颗粒数目增多,出砂的可能性更大。

4) 温度对出砂的影响

试验证明,当井筒内的液体压力高于地层压力,且地层温度高于井筒内流体温度,地层受井筒内流体冷却作用时,随着温差的增大,井壁及其附近地层内周向应力和轴向应力随之减少,周向应力和轴向应力逐渐由压应力变为张应力,井壁张性破坏的可能性增大。

6. 塑性区渗透率对出砂的影响

塑性区渗透率由于压实及来自远处细砂的堵塞而减少,从而增大流区的流动压力梯度,进而易造成拉破坏出砂。

7. 气侵对出砂的影响

在油田开发过程中,当井底压力低于饱和压力时,井底附近原来溶解在原油中的天然气就分离出来,这部分气体侵入会对出砂产生影响。气体对出砂方面的影响可从两个方面来说明,一是由于贾敏效应的存在,流体的阻力增大,也就是对砂粒的拖曳力增加,因此使出砂量增加;二是由于地层有消泡作用,气泡前破后继,这样对岩石骨架作用于交变应力,可能使其发生疲劳破坏,使出砂量增多。

8. 交替开、关井对出砂的影响

关井后,地层压力趋于恢复平衡,孔腔附近的孔隙压力升高,而有效地应力下降;开井后,孔腔附近的孔隙压力下降,而有效地应力升高。因此,开、关井一方面可引起孔腔壁附近岩石的疲劳,另一方面可加剧其剪切破坏,从而在流体力的作用下使出砂更严重。

9. 射孔完善程度及射孔参数对出砂的影响

在油井投产或补孔时,目前要求的射孔密度一般在 13～16 孔/m,但在实际操作中真正打开油层的通道较少。射孔完善程度好的孔道液流流速高,携砂能力强,高速液流携带地层砂冲刷防砂屏障,很快造成防砂失效。试验证明,井斜角的增加、孔密的增加、流速的增加、或者布孔方式从螺旋到水平再到垂直的改变都会使出砂量增加,特别是对于井斜角大于 10°、布孔方式为串联、流速为 1600cc/h 的井眼模型,出砂更为明显。

10. 不适当的措施或管理对出砂的影响

不当的增产措施(如酸化或压裂)或管理(如造成井下过大的压力激动)都会引起地层出砂。

综上所述,影响地层出砂的因素十分复杂,归纳起来主要有:原地应力、岩石强度、地层压力衰减、生产压差或流速、地层是否含水和含水率大小、射孔参数以及不适当的增产措施或管理等方面。对弱胶结疏松砂岩地层分析并找出影响地层出砂的因素以及对油气层的出砂预测进行系统研究,是优化防砂方式、减少完井成本、最大限度提高油气井产能的有力保证。

二、出砂方法的预测

研究出砂的机理及在什么样情况下才出砂、出砂量的大小及如何预测,对于油气田开发方案的设计及套柱的设计,对提高油田的整体投资效益至关重要。

出砂量的预测是一个世界性的难题,由于它的影响因素多,各因素之间的相关性强,因此很难创建出砂量的明确计算方法。目前出砂预测方法有如下几种。

(一)现场观测法

1. 岩心观察

疏松岩石用常规取心工具收获率低,很容易将岩心从取心筒中拿出或岩心易从取心筒中脱落;用肉眼观察、手触等方法判断时,疏松岩石或低强度岩石往往一触即碎,或停放数日自行破碎,或在岩心上用指甲刻痕;对岩心浸水或盐水,岩心易破碎。如有上述现象,则说明生产过程中地层易出砂。

2. DST 测试

如果 DST 测试期间油气井出砂(甚至严重出砂),说明生产过程中地层易出砂;如果 DST 测试期间未见出砂,但仔细检查井下钻具和工具,在接箍台阶等处附有砂粒,或在 DST 测试完毕后,砂面上升,说明生产过程中地层易出砂。

3. 邻井状态观察

同一油气藏中,邻井生产过程中出砂,本井出砂的可能性大。

(二)室内试验法

通过岩心纯油驱替试验,来确定压差、排量与砂粒含量之间的关系,从而对出砂程度进行判断,确定无砂生产的最大生产压差及最大采液强度。

(三)经验类比分析法

1. 孔隙度法

一般认为,地层的孔隙结构与地层的胶结强度有关,通过对胜利油田的大量统计结果表明:若地层孔隙度大于30%,地层出砂较为严重,完井过程中必须考虑各小层都将出砂。

2. 声波时差法

通过对大量的现场统计数据进行分析,胜利油田出砂油藏的 Δt_c(出砂临界声波时差)约为 $310\mu s/m$,而永 8 断块的声波时差较高,为 $350\sim370\mu s/m$,易出砂。

(四)出砂指数法

测井资料出砂指数法是根据岩石强度的有关参数,计算出不同井深的出砂指数。依据各弹性模量之间的关系,求得的出砂指数关系式为:

$$B = \frac{E}{3(1-2\mu)} + \frac{2E}{3(1+\mu)} \tag{11-1}$$

式中　B——出砂指数,MPa;

E——杨氏模量,MPa;

μ——泊松比。

B 值越大,岩石强度越大,稳定性越好,油层不易出砂。通常情况下:$B>2.0\times10^4$MPa,油层不出砂;$B\leqslant2.0\times10^4$MPa,油层出砂;B 越小,油层出砂越严重。

(五)经验法

1. 声波时差法

声波时差 $\Delta t_c\geqslant295\mu s/m(95\mu s/ft)$ 时,地层容易出砂。

2. G/C_b 法(斯伦贝谢公司方法)

根据力学性质测井所求得的地层岩石剪切模量 G 和岩石体积压缩系数 C_b,可以计算 G/C_b 值,其计算公式如下:

$$\frac{G}{C_b} = \frac{(1-2\mu)(1+\mu)\rho^2}{6(1-\mu)^2(\Delta t_c)^4} \qquad (11-2)$$

式中　G——地层岩石剪切模量，MPa；

　　　C_b——岩石体积压缩系数，1/MPa；

　　　μ——岩石泊松比，小数；

　　　ρ——岩石密度，g/cm³；

　　　Δt_c——声波时差，μs/m。

当 $G/C_b > 3.8 \times 10^7 (\text{MPa})^2$ 时，油气井不出砂；当 $G/C_b < 3.3 \times 10^7 (\text{MPa})^2$ 时，油气井要出砂。

3. 组合模量法（Mobil 公司方法）

根据声速及密度测井资料，用下式计算岩石的弹性组合模量 E_c：

$$E_c = 9.94 \times 10^8 \times \rho_r / \Delta t_c^2 \qquad (11-3)$$

式中，E_c 为地层岩石弹性组合模量，MPa；其他符号同上。

一般情况下，E_c 越小，地层出砂的可能性越大。美国墨西哥湾地区的作业经验表明，当 E_c 大于 2.068×10^4 MPa 时，油气井不出砂；反之，则要出砂。英国北海地区也采用同样的判据。我国的胜利油田也用此法在一些油气井上做过出砂预测，准确率在 80% 以上。出砂与否的判断方法如下：(1) $E_c \geq 2.0 \times 10^4$ MPa，正常生产时不出砂；(2) 1.5×10^4 MPa $< E_c < 2.0 \times 10^4$ MPa，正常生产时轻微出砂；(3) $E_c \leq 1.5 \times 10^4$ MPa，正常生产时严重出砂。

（六）力学计算法

根据他人的研究成果，对于任意角度的定向斜井，其防砂判据为：

$$C \geq 2(p_s - p_{wf}) + \frac{3-4\mu}{1-\mu}(10^{-6}\rho g H - p_s)\sin\alpha + \frac{2\mu}{1-\mu}(10^{-6}\rho g H - p_s)\cos\alpha \qquad (11-4)$$

式中　C——地层岩石抗压强度，MPa；

　　　μ——岩石泊松比，小数；

　　　ρ——上覆岩层平均密度，kg/m³；

　　　g——重力加速度，m/s²；

　　　H——地层深度，m；

　　　p_s——地层流体压力，MPa；

　　　p_{wf}——油井生产井底流压，MPa。

如果式(11-4)成立，则表明在上述生产压差($p_s - p_{wf}$)下，不会引起岩石结构的破坏，也就不会出骨架砂，可以选择不防砂的完井方法；反之，地层胶结强度低，井壁岩石的最大切向应力超过岩石的抗压强度引起岩石结构的破坏，地层会出骨架砂，需要采取防砂完井方法。

但是很难用一种方法准确预测一口生产井全过程中是否出砂和何时出砂，只有通过多种预测方法才能使预测比较可靠。

第三节　裸眼完井出砂预测模型的确定

采用裸眼完井的油井，其地层一般具有较高的强度，只有在地层发生破坏后，才会引起出砂。对于这类地层，防砂的关键在于防止地层发生剪切破坏。尽管当井眼压力达到地层剪切破坏的临界值时,不一定马上引起油井出砂,但是,在生产过程中一定要控制某些参数(如井眼压力、储层压力等),防止其达到临界值。

一、生产过程中井壁周围的应力分析

假设井壁周围的地层为多孔弹性介质,井壁周围的应力状态可以用以下力学模型求解:在无限大平面上,一圆孔受均匀的内压,而在这个平面的无限远处受两个水平地应力的作用,其垂直方向上受上覆岩层压力,如图11-3所示。

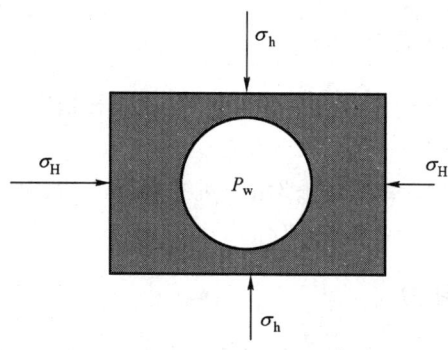

图 11-3 井壁受力的力学模型

井壁围岩应力分布为:

$$\begin{cases} \sigma_r = \dfrac{R^2}{r^2}P_w + \dfrac{1}{2}(\sigma_H + \sigma_h)(1 - \dfrac{R^2}{r^2}) + \dfrac{1}{2}(\sigma_H - \sigma_h) \\ \qquad \times (1 + \dfrac{3R^4}{r^4} - \dfrac{4R^2}{r^2})\cos 2\theta + \dfrac{1-2\gamma}{2(1-\gamma)}\alpha \left[\dfrac{R^2}{r^2} - \dfrac{\ln(R_0/r)}{\ln(R_0/R)}\right] \cdot (P_{fo} - P_w) \\ \sigma_\theta = -\dfrac{R^2}{r^2}P_w + \dfrac{1}{2}(\sigma_H + \sigma_h)(1 + \dfrac{R^2}{r^2}) - \dfrac{1}{2}(\sigma_H - \sigma_h)(1 + \dfrac{3R^4}{r^4}) \\ \qquad \times \cos 2\theta - \dfrac{1-2\gamma}{2(1-\gamma)}\alpha \left[\dfrac{R^2}{r^2} + \dfrac{\ln(R_0/r)}{\ln(R_0/R)}\right](P_{fo} - P_w) \\ \sigma_z = \sigma_v - \gamma \left[2(\sigma_H - \sigma_h)(\dfrac{R^2}{r^2})\cos 2\theta\right] \\ \qquad - \dfrac{1-2\gamma}{2(1-\gamma)}\alpha \dfrac{2\ln(R_0/r) - \gamma}{\ln(R_0/R)}(P_{fo} - P_w) \end{cases} \quad (11-5)$$

由于井眼附近产生应力集中,使得井壁上的应力最大,因此将井壁上的应力与强度准则相比较,便可判断井眼是否稳定。假设边界在有限的距离处,即 $r = R_0 > R$,则边界条件为:

$$\begin{cases} \sigma_z(R_0) = \sigma_v \\ P_f(R_0) = P_{fo} \end{cases} \quad (11-6)$$

在井壁处,边界条件为:

$$\sigma_r(R) = p_w \quad (11-7)$$

在生产过程中井壁为渗透性的,那么有:
$$p_f(R) = p_w \tag{11-8}$$

井壁处的应力分布为:
$$\begin{cases} \sigma_r = p_w \\ \sigma_\theta = -p_w + \sigma_H(1-2\cos2\theta) + \sigma_h(1+2\cos2\theta) - \delta(p_{fo} - p_w) \\ \sigma_z = \sigma_v - 2\gamma\cos2\theta(\sigma_H - \sigma_h) - \delta(p_{fo} - p_w) \\ \delta = \alpha\dfrac{(1-2\gamma)}{(1-\gamma)} \end{cases} \tag{11-9}$$

公式(11-9)中,当 $\cos2\theta = -1$,即 $\theta = \pm\pi/2$ 时,径向和轴向应力达到最大为:
$$\begin{cases} \sigma_r = p_w \\ \sigma_\theta = -p_w + 3\sigma_H - \sigma_h - \delta(p_{fo} - p_w) \\ \sigma_z = \sigma_v + 2\gamma(\sigma_H - \sigma_h) - \delta(p_{fo} - p_w) \end{cases} \tag{11-10}$$

二、出砂预测模型的建立

两个常用的岩石破坏准则为 Coulomb-Mohr(库仑—莫尔)准则和 Drucker-Prager 准则。用主应力表示的库仑—莫尔准则为:
$$\sigma_1 - \alpha p_w = \tau_0 + (\sigma_3 - \alpha p_w)\tan^2\beta \tag{11-11}$$

Drucker-Prager 准则为:
$$\sqrt{J_2} \geqslant C_0 + C_1 J_1 \tag{11-12}$$
$$J_1 = \frac{1}{3}(\sigma_1 + \sigma_2 + \sigma_3) \tag{11-13}$$
$$J_2 = \frac{1}{6}[(\sigma_1 - \sigma_2)^2 + (\sigma_2 - \sigma_3)^2 + (\sigma_1 - \sigma_3)^2] \tag{11-14}$$

虽然库仑—莫尔破坏准则比较简便,但是它没有考虑中间主应力的影响,并且应用时要确定各主应力的大小。而在生产过程中,井眼附近的应力分布是不断变化的,主应力的大小也随之变化。这样,一方面不能忽视中间主应力的影响;另一方面难以确定主应力的大小,给库仑—莫尔破坏准则的使用带来不便。因此,本文采用 Drucker-Prager 准则。假设储层压力在某一时期内保持不变,则井壁应力与生产压差的关系为:
$$\begin{cases} \sigma_r = p_{fo} - \Delta p \\ \sigma_\theta = (1-\delta)\Delta p + 3\sigma_H - \sigma_h - p_{fo} \\ \sigma_z = -\delta\Delta p + \sigma_v + 2\gamma(\sigma_H - \sigma_h) \end{cases} \tag{11-15}$$

于是可以确定临界生产压差为:
$$\Delta p_c = \frac{-b - \sqrt{b^2 - 4ac}}{2a} \tag{11-16}$$

$$a = (6 - 8C_1^2)\delta^2 - 18\delta + 18$$
$$b = 6(\delta - 2)(2p_{fo} - 3\sigma_H + \sigma_h) + 6(\delta - 1)[p_{fo} - \sigma_v - 2\gamma(\sigma_H - \sigma_h)]$$
$$\quad + 6[3\sigma_H - \sigma_h - p_{fo} - \sigma_v - 2\gamma(\sigma_H - \sigma_h)]$$
$$\quad + 8C_1\delta\{3C_0 + C_1[3\sigma_H - \sigma_h + \sigma_v + 2\gamma(\sigma_H - \sigma_h)]\}$$

$$c = 3(2p_{fo} - 3\sigma_H + \sigma_h)^2 + 3[p_{fo} - \sigma_v - 2\gamma(\sigma_H - \sigma_h)]^2$$
$$+ 3[3\sigma_H - \sigma_h - \sigma_v - 2\gamma(\sigma_H - \sigma_h) - p_{fo}]^2 - 18C_0^2$$
$$- 2C_1^2[3\sigma_H - \sigma_h + \sigma_v + 2\gamma(\sigma_H - \sigma_h)]^2$$
$$- 12C_0 C_1[3\sigma_H - \sigma_h + \sigma_v + 2\gamma(\sigma_H - \sigma_h)]$$

从式(11-16)可以看出,求临界生产压差的表达式十分复杂,为了分析计算方便,在此提出地层稳定性指数 S 的概念。令:

$$S = C_1 J_1 + C_0 - \sqrt{J_2} \tag{11-17}$$

当 $S>0$ 时,地层稳定;当 $S=0$ 时,地层处于临界状态;当 $S<0$ 时,地层屈服。

三、各参数对地层稳定性的影响

(一)储层压力对地层稳定性的影响

对于胶结强度比较大的储层,一般不会发生沉降,随着孔隙压力的降低,有效原地应力增大。假设原始地应力状态为: $\sigma_v = 0.021H$; $\sigma_H = -22.58 + 0.034H$; $\sigma_h = -11.56 + 0.022H$; $p_w = 15\text{MPa}$。其他参数 $\alpha=1$; $\gamma=1/3\text{MPa}$; $C_0 = 16\text{MPa}$; $C_1 = 0.4\text{MPa}$; $H = 2000\text{m}$。

给定一组逐渐变小的储层压力值,通过以上公式可以计算得到一组对应的地层稳定性指数变化值,如表 11-1 所示。图 11-4 给出了储层压力逐渐衰减的情况下地层稳定性的变化规律。

表 11-1 储层压力与地层稳定性指数对应数据

储层压力,MPa	地层稳定性指数,MPa	储层压力,MPa	地层稳定性指数,MPa
25	0.858825	19	0.15294
24	0.741178	18	0.03529
23	0.623531	17.7	0
22	0.505884	16.3	-0.1647
21	0.388237	15.5	-0.25882
20	0.27059	14.8	-0.34117

由图 11-4 可以看出,随着储层压力的衰减,S 变小,当储层压力下降至 17.7MPa 时,地层开始屈服。地层屈服后,岩石的力学强度降低了,在井眼周围就产生了一个弱化区。随着岩石的变形,只要流体的拖曳力或压力波动达到一定的值,就会使井眼周围的屈服区砂粒产出。

(二)生产压差对地层稳定性的影响

假设 $p_{fo} = 22\text{MPa}$,原始地应力状态、岩石的强度系数、井深、泊松比等参数同上。同样给定一组生产压差值,则可计算出相应的地层稳定性指数变化值,如表 11-2 所示。图 11-5 为生产压差与地层稳定性指数 S 的关系曲线。

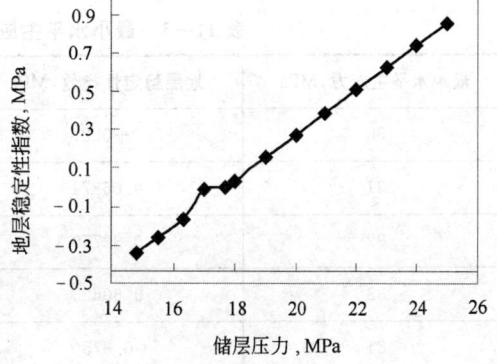

图 11-4 储存压力衰减对地层稳定性的影响

表 11—2　生产压差与地层稳定性指数对应数据

生产压差,MPa	地层稳定性指数,MPa	生产压差,MPa	地层稳定性指数,MPa
0	6.2857	6.5	1.64284
1.5	5.214271	7	1.285698
2	4.857128	7.5	0.928655
3	4.152852	8	0.5714
4	3.428556	8.8	0
5	2.71427	10	−0.85716
6	1.9998		

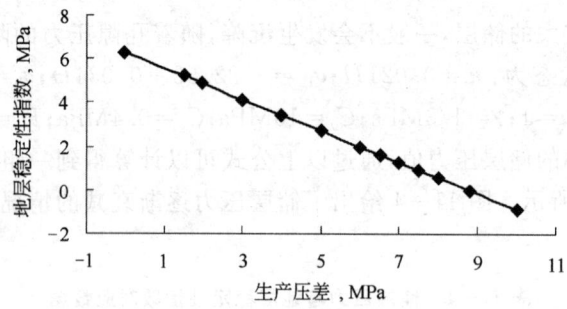

图 11—5　生产压差对地层稳定性的影响

由图 11—5 可以看出,随着生产压差的增大,S 变小,当生产压差达到 8.8MPa 时,地层开始屈服。因此要保持地层稳定,就要使生产压差保持在 8.8MPa 以下,根据这一生产压差可求出不出砂开采的最高产量。

(三)原始地应力状态对地层稳定性的影响

在 $p_{fo}=22\text{MPa}$、$p_w=15\text{MPa}$、$\sigma_v=0.021H$、$C_0=16\text{MPa}$、$C_1=0.4\text{MPa}$、$\alpha=1$、$\gamma=1/3\text{MPa}$、$H=2000\text{m}$ 下,通过计算,表 11—3 和表 11—4 分别为最小和最大水平主应力与地层稳定性指数变化值的总汇。图 11—6 和图 11—7 分别为最小和最大水平主应力与地层稳定性指数的关系曲线。

表 11—3　最小水平主应力与地层稳定性指数对应数据

最小水平主应力,MPa	地层稳定性指数,MPa	最小水平主应力,MPa	地层稳定性指数,MPa
30	−0.2	36	1.41250
31	0.06874	37	1.68125
32	0.33750	38	1.950
33	0.60625	39	2.21875
34	0.875	40	2.4875
35	1.14375	42	3.025

表 11-4　最大水平主应力与地层稳定性指数对应数据

最大水平主应力,MPa	地层稳定性指数,MPa	最大水平主应力,MPa	地层稳定性指数,MPa
36	10.0064	43	3.0068
37	8.9998	44	1.9899
38	8.00236	45	0.9858
39	7.0	46	0
40	5.886	47	−1
41	4.9736	48	−1.998
42	4.0135		

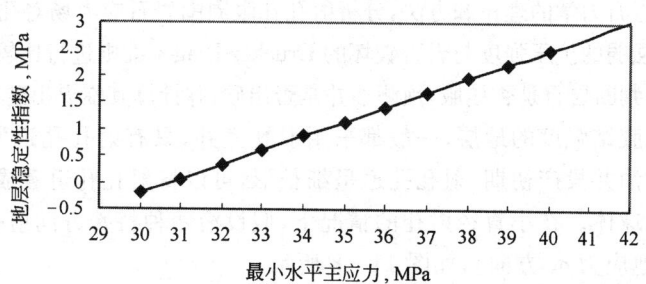

图 11-6　最小水平主应力对地层稳定性指数的影响

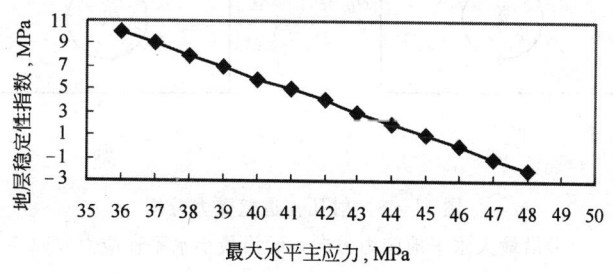

图 11-7　最大水平主应力对地层稳定性指数的影响

由图 11-6、图 11-7 可以看出,随着最小水平主应力的减小和最大水平主应力的增大,水平地应力不均匀地增加,地层稳定性变差。因此,准确地确定原地应力状态对出砂预测也是十分关键的。

由以上的分析可以得出:

(1)影响油井出砂的因素众多,因此要根据不同的地层、不同的完井方法以及出砂的不同过程,采取不同的方法研究其出砂机理;

(2)通过分析裸眼井周围的应力分布,利用 Drucker-Prager 强度准则,建立了相应的出砂预测模型,提出了地层稳定性指数的概念;

(3)研究发现,随着储层压力衰减、原地应力的增加,地层稳定性变差,容易发生剪切破坏并引起油井出砂;

(4)生产压差对地层稳定性具有重要的影响,随着生产压差的增大,地层稳定性变差,容易引起油井出砂。因此控制生产压差是减少油井出砂的重要措施;

(5)岩石发生剪切破坏后,在井壁周围产生屈服区,此时砂粒间只有很小的残余强度,这时它的抗拉强度很小,较小的流速就能将其冲走。因此对于采用裸眼完井的强度比较大的地层而言,防砂的首要任务在于防止岩石发生剪切破坏。

第四节 射孔完井出砂预测模型的确定

目前,多数井采用射孔完井法,因此研究其出砂机理具有重要意义。通常,对油井出砂机理的研究常采用 Coulomb-Mohr 准则和 Drucker-Prager 准则,也有的用井壁岩石的拉伸破坏准则。这里主要讲述的是采用岩石力学的理论和方法,分析射孔孔眼周围岩石应力场对孔道稳定性的影响,将反映储层岩石胶结强弱的抗压强度与岩石破坏的 Drucker-Prager 准则进行比较,从而建立射孔完井临界出砂预测模型,判断岩石是否屈服,预测油井是否出砂,并计算其临界出砂参数。

对于具有一定胶结强度的地层,一般都采用射孔完井,只有射孔孔道发生破坏时,才可能出现出砂现象。在油井投产初期,射孔孔道呈细长形,可以将射孔孔道看成是长轴和短轴之比非常大的不规则椭球体。在小直径射孔的情况下,假设沿两种特殊方向射孔(沿最大水平地应力 σ_H 和最小水平地应力 σ_h 方向),如图 11-8 所示。

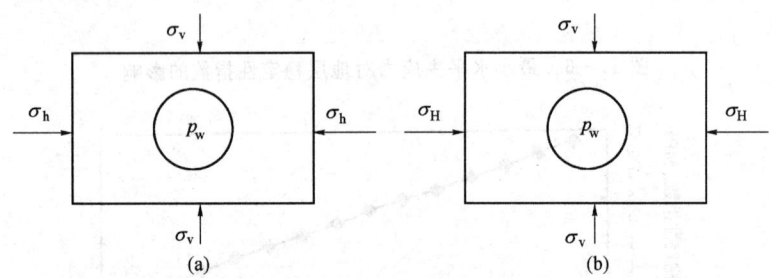

图 11-8 射孔孔道壁受力分析
(a)沿最大水平地应力方向;(b)沿最小水平地应力方向

一、沿最大水平地应力方向射孔时的应力分析

由图 11-8(a)可知,射孔孔道壁处岩石的应力分布为:

$$\begin{cases} \sigma_r = p_w \\ \sigma_\theta = -p_w + \sigma_v(1-2\cos2\theta) + \sigma_h(1+2\cos\theta) - \delta(p_{fo}-p_w) \\ \sigma_z = \sigma_H - 2\gamma\cos2\theta(\sigma_v - \sigma_h) - \delta(p_{fo}-p_w) \\ \delta = \beta(1-2\gamma)/[2(1-\gamma)] \end{cases} \quad (11-18)$$

式中 p_{fo}——孔隙压力,MPa;

p_w——井眼压力,MPa;

γ——泊松比;

δ——中间过渡变量;

β——Biot 系数,一般取 1;

σ_v——垂直主应力,MPa。

因生产压差 $\Delta p = p_{fo} - p_w$，当 $\theta = \pm \pi/2$ 时，由式(11-18)可以得到射孔孔道壁处岩石的 3 个主应力为：

$$\begin{cases} \sigma_1 = \sigma_r = p_{fo} - \Delta p \\ \sigma_2 = \sigma_\theta = (1-\delta)\Delta p + 3\sigma_v - \sigma_h - p_{fo} \\ \sigma_3 = \sigma_z = -\delta \Delta p + \sigma_H + 2\gamma(\sigma_v - \sigma_h) \end{cases} \quad (11-19)$$

式中 σ_r、σ_θ、σ_z——地层中某点所受径向应力、周向应力和垂向应力，MPa；
σ_1、σ_2、σ_3——第一、第二和第三主应力，MPa。

二、沿最小水平地应力方向射孔时的应力分析

由图 11-8(b)可知，可以得到射孔孔道壁处岩石的 3 个主应力分别为：

$$\begin{cases} \sigma_1 = \sigma_r = p_{fo} - \Delta p \\ \sigma_2 = \sigma_\theta = (1-\delta)\Delta p + 3\sigma_v - \sigma_H - p_{fo} \\ \sigma_3 = \sigma_z = -\delta \Delta p + \sigma_h + 2\gamma(\sigma_v - \sigma_H) \end{cases} \quad (11-20)$$

由于射孔孔道附近产生应力集中，使得孔道壁上的应力最大，因此，将孔道壁上的应力与强度准则对比，可以预测井眼是否稳定。

Drucker-Prager 准则为：

$$J_1 = \frac{1}{3}(\sigma_1 + \sigma_2 + \sigma_3),$$

$$\sqrt{J_2} \geqslant C_0 + C_1 J_1$$

$$J_2 = \frac{1}{6}\left[(\sigma_1 - \sigma_2)^2 + (\sigma_2 - \sigma_3)^2 + (\sigma_1 - \sigma_3)^2\right]$$

其中，C_0、C_1 可由公式(11-21)确定，即：

$$\left. \begin{array}{l} C_0 = 3\tau_0/\sqrt{9 + 12\tan^2\alpha} \\ C_1 = 3\tan\alpha/\sqrt{9 + 12\tan^2\alpha} \\ \tau_0 = \frac{1}{2}\sigma_c(\sqrt{f^2+1} - f) \end{array} \right\} \quad (11-21)$$

式中 f——内摩擦系数；
σ_c——岩石的抗压强度，MPa；
α——内摩擦角。

由公式(11-10)和公式(11-20)可得到关于 Δp 的一元二次方程式为：

$$A\Delta p^2 + B\Delta p + C = 0 \quad (11-22)$$

解方程(11-22)，可得临界生产压差 Δp_c 为：

$$\Delta p_c = \frac{-B + \sqrt{B^2 - 4AC}}{2A} \quad (11-23)$$

$$A = (6 - 8C_1^2)\delta^2 - 18\delta + 18$$
$$B = 6(\delta-2)(2p_{fo} - 3\sigma_v + \sigma_h) + 6(\delta-1)[p_{fo} - \sigma_H - 2\gamma(\sigma_v - \sigma_h)]$$
$$\quad + 6[3\sigma_v - \sigma_h - p_{fo} - \sigma_H - 2\gamma(\sigma_v - \sigma_h)]$$
$$\quad + 8C_1\delta\{3C_0 + C_1[3\sigma_v - \sigma_h + \sigma_H + 2\gamma(\sigma_v - \sigma_h)]\}$$

$$C = 3(2P_{fo} - 3\sigma_v + \sigma_h)^2 + 3[p_{fo} - \sigma_H - 2\gamma(\sigma_v - \sigma_h)]^2$$
$$+ 3[3\sigma_v - \sigma_h - \sigma_H - 2\gamma(\sigma_v - \sigma_h) - p_{fo}]^2 - 18C_0^2$$
$$- 2C_1^2[3\sigma_v - \sigma_h + \sigma_H + 2\gamma(\sigma_v - \sigma_h)]^2$$
$$- 12C_0 C_1[3\sigma_v - \sigma_h + \sigma_H + 2\gamma(\sigma_v - \sigma_h)]$$

将 Drucker－Prager 准则进行变换，并引入地层稳定性指数 S，得到：

$$S = (C_0 + C_1 J_1) - \sqrt{J_2} \tag{11-24}$$

当 $S>0$ 时，地层稳定；

当 $S=0$ 时，地层处于临界状态；

当 $S<0$ 时，地层屈服。

假设射孔孔道内的压力降较小，流体的流动将集中在射孔孔道的顶端，且射孔孔道顶端为半球形。由 Scheater 的孔道流体流动速率公式得到油井临界产量的计算式为：

$$q_c = 7.08 \times 10^{-3} kh \Delta p_c / \mu b \ln\left[\frac{r_e}{L_p}\right] \tag{11-25}$$

式中　k——岩石的渗透率，$10^{-3}\mu m^2$；

　　　h——油层厚度，cm；

　　　Δp_c——出砂临界压差，105Pa；

　　　μ——油水混合液粘度，MPa·s；

　　　b——体积系数；

　　　r_e——油藏半径，cm；

　　　L_p——射孔孔道长度，cm；

　　　q_c——临界产液量，m^3/d。

临界流速为：

$$u_c = q_c/(2\pi r_p^2) \tag{11-26}$$

式中　u_c——临界流速，cm/s；

　　　r_p——孔道半径，cm。

第五节　裸眼完井与射孔完井优劣性的比较

完井，顾名思义指的是油气井的完成，抽象地讲是根据油气层的地质特性和开发开采的技术要求，在井底建立油气层与油气井井筒之间的合理连通渠道或连通方式。只有根据油气藏类型和油气层的特性并考虑开发开采的技术要求去选择最合适的完井方式，才能有效地开发油气田，延长油气井寿命和提高油气田开发的经济效益。因此，选择合理的完井方式非常重要。

目前防砂可采用的完井方式有割缝筛管、绕丝筛管、预制筛管、砾石充填、压差控制、地层胶结、压裂—封堵等。直井可采用这些方法中的任何一种，然而对于水平井、大位移井、大斜度井来说，可采用的有效方法不多，其中割缝筛管完井是一种较为简单实用的完井方式。其优点是井身结构简单、成本低、完井速度快、渗流面积大、产能高，完井时可钻至油层上部固井，然后用优质泥浆打开油层而防止油层污染，将割缝筛管悬挂在套管上，下到油层部位阻挡油层出砂。为了预测出砂程度，说明水平井出砂严重程度远低于直井的力学机理，要对射孔和裸眼水平井进行分析。

一、直井射孔完井稳定性分析

射孔不稳定和井眼破裂是出砂的主要原因。射孔孔眼附近的流体作用和近井眼应力的联合作用使得地层出砂。开始是单独的颗粒从骨架中分离出来,然后形成桥架,在孔眼周围或尖部形成稳定的砂桥,孔隙度和渗透率增加,但是岩石的强度相应降低了。在相对较低的流速下,流体流动作用力不会影响砂桥的稳定性,但随流速的增加,流动作用力足够大时,颗粒从砂桥中冲走,因而形成了非稳定性砂桥。如果作用力太大,就形成不了砂桥,就会不断地出砂。射孔孔眼压差 Δp 等于油藏压力 p_b 和井底压力 p_a 之差,临界压降 Δp_c 是当砂桥由于拉应力或剪应力作用开始不稳定时的 Δp。射孔井考虑为圆柱形谐振腔,底部为球形。因为球形底部的压力梯度最大,所以在分析时,可简化为考察在射孔孔道末端的半球区域周围的压力梯度。假定地层是均质的、各相同性的,并且无穷大,孔隙流体假定为不可压缩的层流。对于球形腔周围的地层,力学稳定的控制应力关系为:

$$\frac{ds_r}{dr} + \frac{2(s_r - s_t)}{r} = 0 \tag{11-27}$$

式中 s_r——径向应力;
s_t——切向应力。

假设腔室周围区域处在弹性稳定的限制内,结合摩尔—库仑破坏准则可得:

$$s_r - s_t = -\left[\frac{2\sin\alpha}{1-\sin\alpha}\right](s_r - p + c\cos\alpha) \tag{11-28}$$

式中 c——内聚力;
α——内摩擦角。

利用上述基本方程,结合达西定律和摩尔—库仑破坏准则,可推出一个射孔孔眼出现破坏时的控制方程为:

$$\frac{q\mu}{4\pi kr} = \frac{4c\cos\alpha}{(1-\sin\alpha)} \tag{11-29}$$

式中 q——流量;
μ——粘度;
k——渗透率;
r——射孔孔眼半径。

公式(11-29)中给出了临界流速与岩石性质 c、α 的关系。经过系列推导可得井眼的临界压差 Δp_c 为:

$$\Delta p_c = \frac{4c\cos\alpha}{1-\sin\alpha}\ln\left(\frac{r}{r_a}\right) \tag{11-30}$$

式中 r_a——射孔孔眼顶端球形腔半径。

二、水平井裸眼完井中的出砂问题

在原始状态下,油砂为弹性状态。井眼形成后,井壁应力集中,井壁附近出现塑性区。由于原油粘度随温度增加显著降低,因此微小的温度变化都会影响应力大小、分布和塑性区范围。割缝筛管可以防止松散的砂岩堵塞井眼,其效果取决于控制砂的程度。割缝筛管的防砂机理是允许一定大小的、能被原油携带到地面的细小砂粒通过,而把较大的砂粒阻挡在筛管外面,大砂粒在筛管外面形成"砂桥",达到防砂的目的。如图11-9所示。

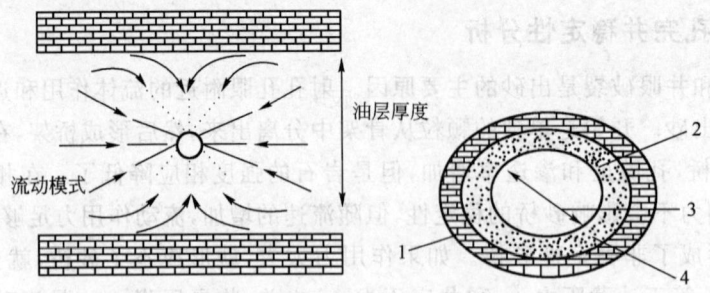

图 11-9 水平井的柱面对称图
1—弹性区；2—污染带；3—割缝筛管；4—弹—塑区

孔隙压力在地层中的分布情况为：

$$\frac{d\sigma_r}{dr} = \frac{2\sin\alpha}{1-\sin\alpha}\frac{1}{r}(\sigma_r + c\cos\alpha) - \frac{dp}{dr} \tag{11-31}$$

式中　r——距井眼中心的径向距离；
　　　a——井眼半径；
　　　Q——井内每单位长度的流量。

满足力学稳定性条件后，上式变为：

$$p(r) = \frac{Q\mu}{2\pi k}\ln\left(\frac{r}{a}\right) + p_a \tag{11-32}$$

其中，$\sigma_r = s_r - p$，为有效的径向应力。

积分并带入边界条件后，得到临界流量：

$$Q \leqslant \frac{4\pi kc}{\mu} \times \frac{\cos\alpha}{1-\sin\alpha} \tag{11-33}$$

上式是一个稳定压力状态分布。Q 是无限距离的水平井每单位长度的流量，在实际中，油藏的高度是受到限制的。假设流速在径向距离 b 上是圆形对称的，b 点与井内之间的压降是：

$$p_b - p_a = \Delta p_h = \frac{Q\mu}{2\pi k}\ln\left(\frac{b}{a}\right) \tag{11-34}$$

利用以上两式，设油藏厚度为 H，井眼直径为 D，则有压降 Δp_h 的临界值为：

$$\Delta p_{ch} = \frac{2c\cos\alpha}{1-\sin\alpha}\ln\left(\frac{H}{D}\right) \tag{11-35}$$

上述式(11-34)和式(11-35)两式适用于从理论上说明易出砂的储层，水平井可显著改善出砂情况，比较式(11-34)和式(11-35)，可以得出水平井采油临界压差与直井射孔压差的比为：

$$R = \frac{\Delta p_{ch}}{\Delta p_c} = 0.5\ln\left(\frac{H}{D}\right)/\ln\left(\frac{r}{r_a}\right)$$

如果，$H=15m$，$D=0.22m$，那么，$R=2.1$，即防止出砂的水平井采油临界压差是直井射孔的 2.1 倍。

三、实例应用

新疆石油管理局九区齐古组油藏处于克—乌大断裂上盘超覆尖灭区带上。受克—乌大断裂及多区构造运动影响，形成断块油藏。油藏岩石为一套正旋回砂泥碎屑岩组合体，埋深浅，欠压实,因而胶结疏松。含油砂岩以中细砂岩为主,其次为粗砂岩。由于储层埋深浅,欠压实,胶结疏松,生产时容易出砂。按岩石力学的观点,油层出砂是由于井壁岩石结构被破坏所引起的,而地应力是决定岩石原始应力状态及其变形破坏的主要因素。在钻井前,岩石在垂向和侧向应力的作用下保持平衡状态;钻井后,其原始应力状态遭到破坏,在开采的过程中,井壁将保持高的应力值,井壁岩石在一定条件下发生变形和破坏,这是出砂的内在原因。在开采过程中,生产压差的大小及油层流体压力的变化是储层出砂与否的外因。另外,稠油因为粘度高、比重大、流动阻力大,对岩石的冲刷力和携砂能力比较强,从而降低了岩石强度,油层容易出砂。当井壁岩石所受的最大张应力超过岩石的抗张强度,则会发生张性断裂或张性破坏,其具体表现在:井壁岩石不坚固;在开发和开采过程中油层出骨架砂。此外,油层是否含水和含水率的大小也是影响油层出砂的其他原因。新疆超浅层稠油油藏水平井为了防砂,完井时采用割缝筛管,而割缝筛管的缝口宽度是一个十分重要的问题。在防砂技术方面,最重要的是合理选择与储层砂的颗粒大小相对应的筛管缝宽,割缝宽必须根据需阻挡的地层砂合理地选择,缝太宽,则不防砂;缝太窄,可能堵死油流通道,导致产量降低,缝的宽度应有利于形成"砂桥"。新疆已钻成的稠油水平井试产均未发现对生产有影响的出砂问题。

通过以上的分析可以得出：

(1)水平井的临界压差取决于油藏的泻流半径,在相同的临界压差下,直井的出砂量将比水平井大,薄油层防止出砂的生产压差低于厚油层。在欠压实胶结疏松储层中,水平井裸眼或筛管完井有利于防砂。

(2)浅层稠油油藏筛管完井是一种经济实用的完井方式,能够较好地起到防砂的作用,同时它既能起到裸眼完井的作用,又防止了裸眼井壁坍塌,堵塞井筒。

(3)新疆油田的稠油水平井的生产实践说明本文所提出的分析方法对防砂具有一定的参考价值。

第六节　弱胶结砂岩油藏防砂措施及对策探讨

在同"砂害"作斗争的长期过程中,人们研究了各种各样的防砂方法,目前国内外最常见的防砂完井方法有：

(1)割缝衬管完井。

(2)绕丝筛管完井。

(3)裸眼预充填类筛管完井,预充填类筛管包括预充填砾石筛管、金属纤维筛管、烧结陶瓷筛管、金属毡筛管等。国外的 Stratapac 筛管、Sinterpak 筛管属于金属纤维类筛管。

(4)裸眼井下砾石充填完井。

(5)射孔套管内预充填类筛管完井。

(6)射孔套管内井下砾石充填完井,砾石充填方式包括常规砾石充填、高速水砾石充填、压裂充填(主要有清水压裂充填、端部脱砂压裂充填、胶液压裂充填三种)。

但实际上人们在防砂的措施上已不再是单一模式,而是采取机械、化学一体化的综合配套防砂技术。对于弱胶结砂岩地层,携砂冷采是关键。2003年,吉林套保油田现场应用结果显示,通过采取携砂冷采技术,套保油田单井产量上升近5倍,较好地解决了"出水"、"砂卡"等技术难题。携砂冷采技术在海外项目中也取得了重大进展。在苏丹6区Fula稠油油藏储层物性研究的基础上,通过对稠油冷采方式的研究与分析,评价筛选了可用于 Fula 稠油油藏的防砂冷采与携砂冷采两种方式。在两种冷采方式现场试验和经济评价结果的基础上,提出了能够最大限度发挥 Fula 稠油油藏综合经济效益的"(有限)携砂采油"开采方式,制定了稠油(有限)携砂冷采开发程序和开发方案设计,提出了 Fula 油田有限防砂工艺方案,并应用螺杆泵进行开采试验。目前正在苏丹 Fula 油藏进行的携砂稠油冷采成为主体开采技术。针对弱胶结砂岩地层的特点,可以从如下几个方面对其整治。

一、针对产层出砂粒径差距大,采取定量制的机械防砂措施

为防止大粒径砂进入深井泵造成卡泵,借鉴岩心分析中的方法,以粒度累计曲线为基础,通过选取有代表性的砂样,采取对砂样筛析的方法,选取定量目数的防砂管防砂。原理是利用不同孔眼的各类防砂管屏蔽遮挡不同粒径的地层砂,技术关键是优选合理的参数(防砂管孔眼大小)。防砂粒径的确定是重要参数之一:如果防砂管的防砂粒径过大,达不到有效挡砂目的,而如果防砂管的防砂粒径过小又限制产能发挥。通常防砂管的选取要与粒度最大的颗粒粒径吻合,这样才能保证绝大多数砂粒无法随油流进入生产管柱内,粒径较小的颗粒虽然能进入井筒内,但可以随原油举升到地面。

二、结合油藏特点,地质与工艺结合,优选合理化学防砂措施

对处于出砂高峰期的油井和处于易出砂沉积相带的井(如位于水下分支河道、河口坝微相处,这些相带渗透率高、产液量高),为了防止油层大量出砂,造成近井地带亏空,导致套变发生,主要采取化学防砂措施。其技术关键是如何控制好化学防砂后渗透率的损失,实现既可防砂又保证油井产能的目的。为此,根据油井出砂历史、目前地层压力状况、注采连通情况、渗透率大小,合理确定施工参数,精确计算防砂所要达到的防砂半径,通过优化施工方案,保证防砂方案的落实,施工后采取有效手段进行评价,为下一步实施提供依据。例如,2002 年 1 月施工的新北油田 10-103 井,该井处于水下分支河道微相,施工前出砂严重,油井不能正常生产,处于半停产状态。鉴于此,根据该井油藏各项参数、出砂情况、近井地带因出砂造成的亏空情况,精心设计了施工参数。采取改性氨基树脂防砂,施工后恢复了正常生产,初期日增油 2.1t。通过防砂后试井评价,渗透率损失 20%,产油指数能够满足要求。截至 2003 年 12 月末,累计增液 764.7t,累计增油 608.2t。

三、推广应用螺杆泵排砂技术

对于出细粉砂且出砂量较大并出泥浆的油井,鉴于机械防砂效果不理想、采取化学防砂易造成产能下降过大的实际,试验并应用螺杆泵排砂技术。螺杆泵排砂冷采是目前稠油开发的主流技术,但是对于稀油油藏防砂、治砂并不多见。其技术关键在于如何依据地层能量状况、地质条件差异,确定油井供液能力和螺杆泵抽汲能力的匹配关系来进行选型。螺杆泵能够防砂主要由其结构决定:螺杆泵的转子和定子是软接触,具有一定嵌砂能力,而且由于运行、排量稳定,携砂能力也较强,因此,具有较强的耐砂能力,不易造成砂卡。应用时,根据地层供液能力的强弱、油井出砂轻重,确定螺杆泵排量和下泵参数、杆管组合和锚定装置。考虑单一工艺不能满足防砂要求,又采取了配套工艺:如螺杆泵与化学预处理工艺相结合,先对近井地带堵塞的井进行化学解堵处理;对出砂严重的井,采取化学防砂后,再下螺杆泵;对一般出砂井采取泵下接各类机械防砂管的工艺;对地层压力高的出砂井,采取螺杆泵与丢手滤砂管及防顶砂隔

器配套工艺技术,以解决高低压层的压差问题。这样既可以改善防砂效果,又延长了螺杆泵使用寿命。螺杆泵免修期一般可达 500d 以上,比常规深井泵免修期长 200~300d。

四、对出砂严重井,采取酸化—氨基树脂防砂技术

对出砂严重的井,先对油层进行酸化深度预处理,破坏泥浆体系,再大排量将泥质和细粉砂挤入油层深处,然后采取化学防砂,重塑人工井壁。这样生产时,由于油层深处的流动速度和流压远小于井眼附近,达不到启动所需流速,从而达到抑制出砂和泥浆的目的。

五、针对不同层系同时出砂、不同井况问题,优选最佳防砂方法

(1)对于开采单层且油层纵向渗透率差异小、砂粒相对均匀的出砂井,选取改性氨基树脂防砂技术。

(2)对于不同层系合采井且各层同时出砂的井,采取严重出砂层化学防砂,再与机械防砂工艺结合的办法。如上层采取化学防砂,下层采取绕丝筛管—砾石充填防砂工艺,既可达到防砂目的,又可防止下面油层砂埋。

(3)对于出砂造成近井地带地层堵塞的井,采取补孔、负压捞砂返排、水力冲洗以及丢手砾石充填与压裂一体化相结合等技术方法,消除堵塞。

综上所述,可以得出:

①随着开发的深入,油层出砂机理、出砂特点也发生变化。防砂应根据油层特点、出砂的具体情况,深化机理研究,采取针对性的工艺措施。

②对出砂严重井应采取化学防砂,避免油层由于出砂严重导致套变发生。同时化学防砂应考虑渗透率损失,保证产能发挥。

③对高含水出砂井,应采取化学防砂,再下大泵提液;对低含水出砂井,应以机械防砂和采取合理工作制度来预防出砂为手段,确保低含水期较高的采收率。

④在充分结合其他工艺情况下,螺杆泵用于稀油防砂效果较为理想,特别是对防治出砂粒径较小和出泥浆的井效果更好,关键是做好选井、选型工作。

第十二章 油气井生产套管的损坏机理

油气井生产套管的损坏是各油田面临的一个突出问题,严重地影响着油田的开发进程:生产套管的损坏,影响油田的正常生产。对于注水井来说,套管损坏影响分层注水、分层调整,同时套管损坏增加油气水井套管大修的工作量,增加了成本。油气水井套管的损坏,究其原因多种多样,但主要有套管设计不够合理、完井方法不适当、固井质量不好等,套损的主要类型有含盐、软泥岩岩层油田套管的损坏、出砂井套管的损坏、稠油油田热采等套管的损坏、注水油田注水井套管的损坏、硫化氢气体套管和起落井套管的损坏。本章主要分析含盐、软泥岩地层的套管损坏机理及出砂引起的套损情况分析,并提出相应的防护措施。

第一节 套管损坏的基本理论及文献调研

一、国内外套管损坏的现状

国内外几乎所有的油田在开发过程中,都遇到了不同程度的套管损坏。套管损坏会导致注采井网层系布局越来越不合理,难以实施增产、增注措施,使开发方案的规划和实施受井况限制,导致打更新井重新投资。同时,使原油产量下降,给油田生产带来严重的损失。

国内在玉门、大庆、吉林、江汉、华北、中原、胜利、青海、长庆、辽河、大港、四川等油田都出现了不同程度的套管损坏。20 世纪 90 年代以来,上述大部分油田套管损坏呈直线上升趋势。目前,我国西部的新开发油田塔里木和吐哈两油田也出现了套管变形。据不完全统计,截至 1994 年,全国套管损坏井已达 13 500 多口。

当一个油田的套管损坏井达到一定数量后,就会给油田正常开发带来难以弥补的损失。

二、套管损坏的形式

套管损坏主要表现为变形、破裂和错断,其中套管变形和破裂的井多集中在泥岩、盐岩等蠕变地层的层段,套管错断井多分布在断裂带处。

套管变形是指套管的变形没有超过套管的塑性范围,该类型主要有五种形态变形:椭圆变形、弯曲变形、单面挤扁变形、缩径变形和扩径变形,除弯曲变形外,其他四种变形形态是指套管变形中某一段变形形态。对于一口具体的套管变形井,往往不是一处变形,而是多处变形,变形形式也是多种形态的组合,如椭圆变形伴随弯曲变形,等等。

套管破裂是指套管裂开和腐蚀穿孔两种形态,其套管裂开形态又分为纵向裂开和四周开裂两种形式。纵向裂开是指裂纹沿套管轴向方向,主要是由于射孔时造成的或由于套管本身重量产生的一定内压力造成的。四周开裂是沿套管纵向裂开,这种破坏形式可能在管子端部不开裂而是膨胀,如果套管无膨胀破坏发生,则套管从四周开裂。腐蚀穿孔造成套管大面积穿孔或内外壁出现麻凹,其原因是由于含有高矿化度、高浅层水、细菌、硫酸菌和酸化改造地层造成的。

套管错断是套管变形量超过了套管的塑性范围,套管在水平方向错断开,断开处附近伴随弯曲,这种形式的变形主要是由于套管受强大的剪应力造成的。

三、套管损坏的原因

(一)地层方面的原因

1. 泥岩膨胀和蠕变

泥岩是一种不稳定的岩类,温度的升高能促进其蠕变,在有水的作用下能引起其膨胀。增加对套管的外部负荷,当套管的抗压强度低于外部负荷时,套管就被挤压乃至错断。

2. 盐岩蠕变

盐岩层在地层温度和上覆地层压力作用下,由于盐岩密度小于岩石密度,同时,盐岩或含盐泥岩遇水膨胀,造成向低压的井筒方向蠕动,致使套管损坏。

3. 地壳运动

研究表明,现代地壳运动(升降)能导致套管损坏,而套管损坏的程度和时间取决于现代地壳运动升降和空间上分布的差异。

4. 井底出砂和油层压实

油井生产过程中出砂,会在下衬管段形成空洞和坑道,在油层压实和地层压力下降情况下,使周围岩石应力状态发生变化。这样,由于形成了空洞,就产生了一种力图恢复空洞上部已破坏的应力状态平衡,这样,在空洞上面地区之间的界面上就会产生切线应力区。如果这些切线应力高于岩石破裂强度,空洞上的已卸压岩石就能坍塌,形成对套管的作用荷载,导致套管损坏。

(二)工程技术方面的原因

这方面的原因包括固井质量不好、水泥返高不够、套管质量不合格、螺纹不密封和套管磨损(钻井、采油过程中)。

(三)不合理高压注水开发

高压注入水窜入泥岩隔层、地层界面破碎带和断层面是造成套管损坏的一个重要因素。当注水压力达到或超过上覆岩层压力时,大量高压水便窜入泥岩隔层、地层界面破碎带和断层面,引起各种地质、地层因素的变化,对套管产生破坏力。

(四)套管设计时没有考虑开发后期对套管的特殊要求

(1)套管设计是按静水柱或钻井液柱压力对套管进行抗挤强度计算的,没有考虑吸水蠕变甚至滑移。

(2)套管按受均匀荷载条件设计,与实际套管在井下情况不符。

(3)套管设计没有考虑构造位置、断层情况及注水开发后套管外载荷的改变。

(4)套管是在静荷载条件下设计和选用的,而实际套管可能是在低频动荷载条件下工作的。

(5)套管设计没有严格考虑抗内压问题,但实际要实施套管压裂等增产措施。

(五)其他因素

1. 射孔

射孔时产生的高压可能使套管严重变形,乃至破裂。

2.永冻层解冻和再冻结

当钻井通过永冻层,以及采油时热流体通过井眼穿过永冻层时,永冻层解冻,地层下沉,套管变形。完井后油井不能及时投产或产生间断,解冻的永冻层又重新冻结,水变成冰,体积增加,外部压力增加,致使套管损坏。

3.腐蚀

(1)注入水在地层硫酸盐还原菌的作用下能析出硫化氢气体,引起钢的腐蚀和损坏。

(2)水中含硫化铁是腐蚀的另一个原因。

(3)油田注入水中,用来杀菌的氧化剂有时也会对套管造成严重的腐蚀,使用时应在氧化剂中加入防腐蚀剂。

四、损坏套管的检修与修复

套管损坏的检测方法随着套管变形受到人们重视程度的加深和科学技术进步而逐步完善和配套,其常用的检测方法为:

(1)取套观察;(2)通径、打铅印测量变形的形态和位置;(3)微井径仪测量套管内径;(4)磁测井仪测壁厚变化、裂缝和内径变化;(5)井壁超声彩色成像测井仪检测套损,该仪器用于在套管内诊断套管变形,如错断、弯曲、破裂、孔洞、腐蚀等各种类型损坏的情况。

国内外套管修复技术主要有八种,根据套管损坏程度的不同,以分别采用相应的修复方法:(1)金属波纹管补贴法;(2)爆炸法;(3)胀管法;(4)补接法;(5)压差堵塞法和堵漏法;(6)整段铣除法;(7)空隔套法;(8)打第二井眼法。

五、套管损坏的预防措施

(一)防止人为因素造成套管损坏

主要做法是:(1)提高套管螺纹的密封性;(2)在油管和套管环形空间加压;(3)增加固井水泥上返高度;(4)双套管柱可提高抗挤压强度。

(二)防止地质因素造成套管损坏

主要做法是:(1)预测岩层应力;(2)在泥岩蠕变带采用综合防止套管损坏。

第二节　江汉油田王广地区套管损坏

一、资料统计分析

所有数据的统计分析表明,套管损坏点位置处的岩性多集中在泥岩、盐岩段,最为明显。

表12-1是江汉油田王广地区不同岩性的套管损坏统计表。

表12-1　江汉油田王广地区套损点数及所占比例与岩性对应关系

岩性	砂岩	泥页岩	盐岩	膏岩	合计
广华地区	4(14%)	8(29%)	13(46%)	3(11%)	28
王场地区	15(11%)	32(24%)	80(60%)	5(4%)	132
总计	19(12%)	40(25%)	93(58%)	8(5%)	160

从江汉油田王广地区套管破坏的类型统计可以看出,在 126 口有明确破坏类型说明的套损井中,有 38 口井是在未封固段或者封固质量差的井段发生破坏,在封固质量好的井段发生套管破坏的有 88 口井,其破坏形式如表 12-2 所示。

表 12-2　江汉油田王广地区套损井各种破坏类型数及所占比例

损坏类型	变形	破裂	错断
损坏井数	73	8	7
比例,%	82.95	9.09	7.95

由表 12-2 可以看出,套管损坏主要是套管变形,其原因是岩层蠕变产生过大的外挤压力超过套管的抗挤强度而使套管变形。

二、江汉油田套管损坏的原因

(一)地应力变化是造成套管损坏的主要因素

从表 12-1 和表 12-2 的统计资料来看,岩盐、盐膏和泥岩的蠕变是引起套管损坏的主要原因。

1. 泥岩、盐岩蠕变导致套管外挤压力增大和非均匀性

盐岩在高温高压下可软化成流体状态,在差异应力下可以产生局部蠕动。套管被塑性地层挤压,当投产投注后应力状态改变,盐层挤压力大于套管抗挤压强度时,则发生变形、错断。江汉油田有 45.2% 的套管损坏部位在盐岩段,分析确定为盐岩的局部蠕动引起。

由于地下岩石受到水平方向上非均匀地应力的作用,当注入水通过裂缝、断层和固井质量不好的第二胶结面进入泥岩层时,破坏了原始的含水状态,使泥岩层出现软化,产生了蠕变变形,从而在套管周围形成了随时间而增大的类似椭圆形的径向分布非均匀外载。通过室内试验,发现这种荷载在最大地应力方向将超过该深度处的最大主地应力值,而在最小地应力方向将低于该深度处的最小地应力值。

泥岩和盐岩具有相似的蠕变特性。

2. 盐易扩径造成套管损坏

盐易溶于水,未封固井段的盐岩可以被含盐量低的地下水及注入水溶解,使井径扩大。在水泥封固井段,可以由注入的淡水沿地层裂缝等窜入盐层,溶解盐岩使井径继续扩大,造成地层坍塌及滑动。

3. 构造倾角陡引起套管损坏

地层倾角陡,地层容易在重力作用下发生坍塌及滑动,造成对套管的挤压而使套管损坏。通过对套管损坏最严重的王场油田分析,发现王场油田两翼构造倾角由上到下变陡,翼部倾角达 45°~65°,因此,受重力作用的影响,易使岩层产生滑动,使套管的单例外载负荷增大,从而造成套管变形甚至错断。特别是当油田进入注水开发后,注入水使得某些薄弱地层的抗剪强度下降,更容易在重力作用下产生下滑。

4. 断层的复活

在油田注水开发过程中,原始地层压力发生变化,将引起岩体力学性质和地应力改变,使原有平衡的断层会被诱发复活,断层的复活将引起套管损坏。高压注水是油田增产、稳产的重要措施,目前,对高压注入水压引起断层复活的机理认识还不够,但认为高压注入水在引起断

层复活中起到两点作用：一是大面积高压注入水引起孔隙压力和地应力改变；二是高压注入水使裂缝扩展，水沿裂缝进入断层接触面，降低了其接触和抗剪应力，在压差（或重力）作用推动下断层滑动。

(二)采用的工程技术及其措施也是造成套管损坏的诱因

1. 未固井或固井质量差

(1)未固井及固井质量差的井段除受到油气水酸的腐蚀外，外壁还要受到潜江组、荆河镇组、广华寺组的地下水及注入水的腐蚀。由于套管内外壁同时长期受到腐蚀，必然引起套管强度降低而损坏。

(2)在水泥未封固井段及固井质量差的井段，由于套管与地层之间的空隙无水泥环撑托，地层更易坍塌及滑动。坍塌的岩块可以直接撞击、挤压套管，引起套管损坏。

(3)因套管与地层之间无水泥封固，故作业施工时，套管振动、管柱碰撞造成套管损坏。

2. 射孔造成的套管损坏

大量理论分析和现场实践表明，射孔对套管有相当大的影响。射孔时，射孔弹在瞬间爆炸，巨大的冲击波作用在套管上，使射孔段及其相邻井段的套管承受很大的爆炸冲击荷载。在孔眼附近，由于应力集中，会使套管发生明显破坏。已有试验证明，射孔后，大部分孔眼周围都有不同长度的纵向裂纹出现。这样的套管在日后的生产过程中，当然会更容易出现问题。

通过对100多口套损井数据的分析发现，12口井在砂岩层处发生破坏，除1口井是在上部未封固段出现套管变形外，其他都是在射孔段及其附近10m以内破坏。

(1)酸、油、气、水腐蚀成分可以沿水泥环裂缝及水泥与地层接触界面间的空隙，进入油层附近套管的外侧，使油层套管内外壁同时受到腐蚀，加速套管损坏。

(2)注水井注入的淡化水沿水泥环裂缝及水泥环与地层接触的空隙，通过泥岩裂缝进入盐层，溶解盐岩，使射孔位置附近的地层坍塌及滑动，从而使套管受到地层强大的挤压力而变形、错断。

(3)高压油气水、压裂液、酸液沿水泥环裂缝进入油层附近套管外侧，对套管施以挤压力。在套管腐蚀严重、抗挤压强度大大降低的情况下，使套管变形损坏。

(4)射孔位置及附近是酸化腐蚀的主要井段。

(5)油层射孔位置及附近是压裂施工作业的主要井段，这段套管更易发生机械损伤或变形。

3. 高压压裂施工

压裂对套管施加高达50~70MPa的压力，当压裂液对套管内壁及外壁的挤压不平衡，两个挤压力之差超过套管抗挤压负荷时，就会发生套管的损坏或损伤。统计实施过压裂措施的120口套管损坏井中，有55口井的套管损坏部位在射孔处，且都进行过酸化措施，说明这些井的套管在经受油、气、水的长期腐蚀及酸的腐蚀后抗挤压强度降低，再采用强化压裂，而保护套管的措施又不落实或不适当，较容易造成损坏。

4. 高压注水

向地层中加压、超量注水是提高产油量和改善驱油效果的重要措施，而向地层中大量注水会引起地层滑移，加剧盐岩、泥岩等流变性地层蠕变、膨胀和流动等。这种影响是多方面的，首先注水井射孔段由于有充足的水源，故这部分套管受注水影响最明显；其次注入水可能通过断层、岩层界面窜槽等由注入地层浸入非注入层，诱发其他部分套管的损坏；再次，注水的目的是让注入水在地层中运移，以驱动含油区向油井方向流动。但由于地下情况的复杂性，许多时候注入水的运移方向和程度是人们无法了解的,更是无法控制的,有时会大量浸入盐岩、泥岩地层,产生额外的外挤压力。

通过对江汉油田注水井资料统计,注水井井口压力一般在 10~16MPa 之间,注水压力与上覆岩层压力比值一般在 0.6~0.95 之间,个别井的比值达到 1.32。由此可以看出,高压注水是诱发套管损坏的原因之一,它既影响射孔段套管,又影响泥、盐岩段套管。

5. 深抽掏空

在试油及采油、注水过程中,深抽掏空、高压注水可以造成地层油气水对套管承受外挤压力的增加,从而使套管损坏。如王广地区近五年投产的新井有 6 口井损坏,其中 5 口井为采油井,分析为油井深抽掏空造成。

(三)套管自身原因造成套管损坏

1. 套管设计荷载偏低

江汉油田王广地区套管柱设计时外挤压力取值偏低,通过对 1976—1986 年间套损井中 114 口井的统计发现,江汉油田按上覆岩层压力当量钻井液密度($2.31g/cm^3$)进行套管外挤压力设计的只有 4 口井,约占总井数的 3.5%,其余井均按盐水柱或钻井液液柱压力作为外挤压力设计套管柱,因此外挤压力荷载明显地偏低。从反算得到的外挤压力的安全系数又明显偏小,尤其在盐岩蠕变地层,其外挤压力有时比上覆岩层压力还要大得多,故设计荷载偏低是套管损坏的原因之一。

同时套管柱设计时,是采用单轴压力设计原则进行的,单轴应力设计使得套管柱两头(井口和井底)套管强度高,中间套管强度低。而江汉油田王广地区的流动地层刚好集中在套管中部,使得设计的套管中间强度明显不够。

2. 套管质量原因

20 世纪 70 年代,江汉油田使用的套管主要依靠进口,进口量占需求量的 90% 以上,自 20 世纪 80 年代国产套管问世以来,至 1996 年,国产套管使用率占 76.29%,即从 70 年代到 90 年代,国产套管的使用率增加。通过调查,国产套管与进口套管相比,普遍存在这样几个方面的问题:(1)管体缺陷;(2)壁厚不均匀情况比较严重;(3)螺纹缺陷;(4)标记模糊;(5)内径通不过(套管外螺纹和内螺纹接箍处附近内壁有内褶)。

由于国产套管存在以上质量问题,故随着其使用比例的增加,套管损坏的速率也随着增加。然而也有部分进口套管发现有损坏,而且损坏时间较快,如马 36-5-4 井,使用的是阿根廷套管,仅 5 年的时间,就发现套管严重腐蚀穿孔。这说明套管材质差对套管损坏有较大的影响。

第三节 中原油田盐膏层套管

盐膏层在我国油田分布十分广泛,塔里木、江汉、四川、胜利、中原、华北、新疆、青海、长庆等油田都曾钻遇盐膏层。盐膏层主要分布在第三系、石炭系和寒武系地层,分属潟湖陆相沉积和滨海相沉积。从盐膏层分布看,塔里木盆地盐膏层的类型最全,有潟湖陆相沉积的第三系盐膏层,也有滨海相沉积的石炭系和寒武系盐膏层,深度不一,从盆地边缘局部地区出露头到深至 6000m 都有分布。

盐膏层的存在影响钻井的全过程。深部盐膏层钻井是钻井工程重大技术难题之一。由于盐膏层岩石性能的特殊性,致使盐膏层钻井、完井工艺较复杂,井下事故频繁。特别是当钻开井眼后,引起盐膏层蠕动,常造成井眼失稳、卡钻、固井后挤毁套管等事故,给钻井带来重大经济损失。对于深部复杂地质条件下的深井、超深井,盐膏层的影响是国际性的难题。

盐膏层对套管寿命有很大影响。中原油田是套管损坏较为严重的油田之一,从1979年投入开发,到1981年,仅经过两年就发现局部地区套管损坏,到1994年底,全油田套管损坏井数已达767口(不包括井下落物井)。1994年底到1995年10月的10个月间,全油田新增套损井204口,使全油田套损井数达971口,占油水井总数的25%左右,而同期修复套损井数仅45口,套损速度为修复速度的4.5倍以上。到2000年底,全油田共有生产井4432口,其中油井2767口,水井1624口,气井41口,而各类事故井1395口(油井824口,水井564口,气井7口)。油水井套管的大量损坏,大大地削弱了油田稳产的基础。

中原油田的复合盐膏层造成对套管的损坏的影响更为严重。中原油田是一个典型的复杂断块油气田,在多数断块内,除了复杂的压力系统外,同一井眼内多套盐膏层并存是影响油井寿命的重大难题。据调查,中原油田许多套损井的套损点均发生在盐膏层段及其附近地层。由于盐膏层具有塑性流动和蠕变频繁的不稳定性及腐蚀性,加上强注强采导致严重紊乱的地下压力系统,使套管损坏日益严重,大大影响了原油的正常生产,并造成巨大的经济损失。因此,搞清盐膏层的套损原因并找出解决办法至关重要。在国内,由于对套管损坏原因套管外挤力认识不足,从而对套管柱设计也认识不足。

研究表明,对于盐岩层或泥岩层及其他蠕变率高的地层,由于地层蠕变,产生塑性流动,井壁四周的地层向井眼中心挤压,或早或迟的地层上覆压力会部分或全部作用到套管上。随着深度的增加,地层上覆压力也增大,一般情况下,地层上覆压力梯度取22.653kPa/m,而在塑性流动地层,套管的实际外挤力(超高压)可以达到上覆地层压力的1.5～3.5倍。因而,一般高强度套管本身的强度很难抵御这样大的外挤力。同时,盐膏层对金属的腐蚀性很强,当管材受到腐蚀后,其强度就会大大下降,导致套管加速损坏。

一、盐膏层特殊性质导致盐层套管损坏

在钻遇盐膏层的所有井中,盐层的套管的损坏比例都相当大。在所钻遇的盐层中,盐层厚度绝大多数为几十米,占整个井深的比例大都小于3%,少量在5%～10%之间,例如,濮城油田的175口井中,盐层厚度只有少数超过100m(只有3口井的厚度在130～199m之间)。若以人工井底作为井深,则盐层厚度在整个井深中所占的比例为2.5%,可在盐层和临近处出现套损的井却占54.9%。大量研究表明,盐膏层内大量套管损坏不是因为盐层厚度在井深中的比例大,而是由于盐层特殊性质所决定的。

二、盐岩蠕变导致套管外挤力增大

尽管人们已普遍认识到盐层蠕变等性质会造成套管的损坏,但对盐岩蠕变导致套管外挤力增大的规律仍认识不够。表12-3是濮城油田盐层倾角与在盐层内发现套损井数的对应关系。

表12-3 中原濮城油田盐层倾角与盐层内套损井数的对应关系

盐层倾角	总井数	在盐层内以及上下20m以内损坏井数	所占比例,%
1.2°	15	2	13
5.9°	77	34	44
6.7°	73	37	51

续表

盐层倾角	总井数	在盐层内以及上下20m以内损坏井数	所占比例,%
8.0°	9	8	89
10.4°	1	1	100
合计	175	82	

在相同的盐层倾角下,随着盐层深度和盐层厚度的增加,套管的外挤压力和最大应力都有所增加,但其影响程度没有盐层倾角那样明显。表12-4是濮城油田不同盐层厚度中套损井的分布情况。可以看出,盐层厚度对套损有一定影响,但程度远不及盐层倾角那样明显。

表12-4 中原濮城油田盐层厚度对套损的影响

盐层厚度,m	总井数	盐层内损坏井数	所占比例,%
0~20	10	1	10
20~40	21	6	29
40~60	26	8	31
60~80	35	12	34
80~100	49	20	41
100~120	28	14	50
>120	6	4	67
合计	175	65	

三、盐层溶解引起套管损坏

钻井时,由于钻井液对盐层的冲刷和溶解作用,会造成井壁坍塌而形成不规则井眼和大肚子井眼,使得固井时水泥不能充满环空,或第二界面交接不好,从而使地层水和注入水侵入盐层,长期浸泡溶解后形成空洞。由基本力学原理可知,在长度为几十米这样的大肚子井眼中,套管的受力状况是十分恶劣的,很可能使套管在很短的时间内损坏。

随着盐层溶解和空洞的增大,上覆地层在重力作用下会发生坍塌,使地层与套管产生部分接触与点接触,形成非均匀荷载和点荷载。在一些特定条件下,块状岩石的下落还会冲击套管,形成冲击荷载。

鉴于地下情况的复杂性,无法一一分析盐层坍塌后的各种可能。但是有一点是可以肯定的:尽管盐层溶解、坍塌后对套管的作用形式不会像形成冲击荷载那样极端,但由于井径扩大和第二界面交结不好,地层对套管的外载肯定不再是均匀的。

第四节 盐岩蠕变分析

由于盐膏层岩性的特殊性,当钻开盐膏层后,因其蠕变常导致井眼失稳、卡钻、固井后挤毁套管等事故,造成重大经济损失。总结专家室内研究和工程实践结果表明,当埋深2100m以下、井底温度205℃以上,盐膏层受地应力作用容易造成蠕变。以下是在借鉴前人的研究成果基础上对盐膏层的蠕变规律进行了初探,提出了三维稳态蠕变分析方程,为更准确地计算蠕变压力、合理设计套管程序奠定了基础。

一、有关盐岩蠕变方程的基本概念

(一)盐岩蠕变规律

前人蠕变试验研究和理论分析结果表明,盐膏层蠕变分为 3 个阶段——瞬态蠕变、稳态蠕变以及加速度蠕变,如图 12-1、图 12-2 所示。对于石油工程,盐膏层主要表现为瞬态蠕变、稳态蠕变两个阶段,在钻进和下套管固井后主要受稳态蠕变的影响。

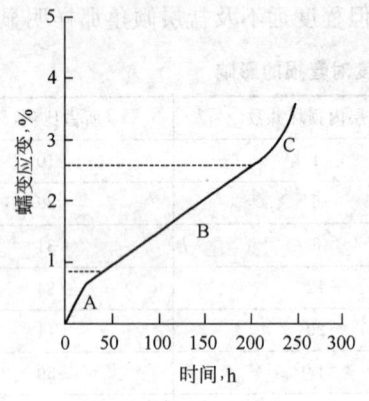
图 12-1 盐岩典型蠕变应变曲线

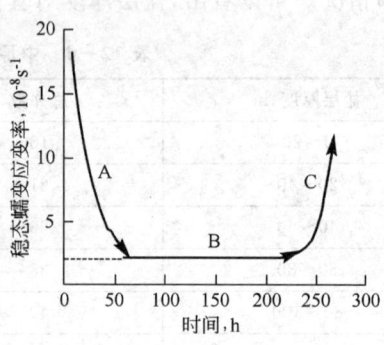
图 12-2 盐岩典型蠕变应变率曲线

(1)瞬态蠕变期,位于蠕变曲线的初始阶段,在到达下一阶段前,该阶段盐岩蠕变应变率逐渐降低。

(2)稳态蠕变期,位于蠕变曲线的第二部分,该阶段蠕变应变率保持恒定。

(3)加速蠕变期,该阶段蠕变应变率逐渐增加,直到试样破坏。

一般来说,对于脆性材料,其蠕变主要表现为瞬态蠕变和加速蠕变两个阶段,而对盐岩这类塑性材料,其蠕变则主要表现为瞬态蠕变和稳态蠕变两个阶段,在石油工程中主要表现为稳态蠕变阶段。因此找出由瞬态蠕变到稳态蠕变的位置很重要。依据典型蠕变曲线,定义由非线性段到线性段的转折点为瞬态应变极限 ε_t,由线性段到非线性段的转折点为稳态蠕变极限 ε_t,定义 ε_s 为稳态蠕变应变率。

总结前人试验结果和自己理论见解,可以得出如下结论:

(1)盐膏层蠕变有瞬态、稳态和加速度蠕变 3 个阶段,对于石油工程,盐膏层蠕变表现为瞬态蠕变和稳态蠕变,其中以稳态蠕变为主。

(2)在盐膏层蠕变的初始阶段,产生的蠕变应变率较大,稳态蠕变期,其蠕变速率保持不变。

(3)瞬态蠕变极限和稳态速率成线性关系。

(4)稳态蠕变速率与差应力、围压、温度成三维函数关系。

(二)盐岩蠕变方程

1. 瞬态蠕变应变

瞬态蠕变应变是无弹性流动的初始蠕变。蠕变试验结果展示在不同的荷载条件下瞬态蠕变期不同。相比围压,瞬态蠕变期更多依赖于偏应力。在达到稳态蠕变前,瞬态蠕变率持续降低。在小围压或单轴条件下,高压力作用下的蠕变最终进行到蠕变破裂。根据前人有限的试验数据,提出一个简单的方程式模拟蠕变应变从瞬态蠕变应变到稳态蠕变应变。简单方程式如下：

$$\varepsilon = \varepsilon_s + A\exp[(t_0 - t)/\beta] \qquad (12-1)$$

式中　ε——总蠕变应变率；

　　　ε_s——稳态蠕变应变率，是偏应力和围压的函数，并在给定荷载条件下是常数；

　　　t_0——基准时间；

　　　β、A——材料常数。

2. 稳态蠕变应变率

蠕变应变率 ε_s 是围压和轴向应力的函数。根据一些研究成果（Carter 1963，Chan 1997），ε_s 蠕变应变率的统一表达式为：

$$\varepsilon_s = f_c(\sigma_3) D(\sigma_1 - \sigma_3) H(T) \qquad (12-2)$$

式中　$f_c(\sigma_3)$——围压影响函数；

　　　$D(\sigma_1 - \sigma_3)$——偏应力影响函数；

　　　$H(T)$——温度函数；

　　　T——温度，℃。

3. 围压影响

稳态蠕变应变是盐膏岩蠕变曲线的主要部分。围压对蠕变应变率的影响随围压的增加而降低。当围压由 0MPa 变到 3MPa 时，蠕变应变率 ε_s 急剧下降；当围压大于 3MPa 时，ε_s 下降得非常小；当围压远大于 3MPa 时，ε_s 不依赖于围压变化。当应变率不依赖于围压，仅仅是偏应力的函数时，围压值的分界点为临界围压。根据前人试验结果，下面方程能描述围压对蠕变应变的影响：

$$f(\sigma_3) = A_1 + B_1 \exp\left(-\frac{\sigma_3}{B_2}\right) \qquad (12-3)$$

式中　$f(\sigma_3)$——围压对 SS 蠕变应变率的影响函数；

　　　A_1、B_1、B_2——材料常数。

根据岩盐蠕变的规律和方程可以知道：

（1）瞬态蠕变应变方程的指数函数。该函数较好地拟合了从瞬态蠕变到稳态蠕变对时间的不依赖性。

（2）卸载和再加载后的稳态蠕变应变或应变率可看作卸载和再加载前的蠕变的延续。该观测说明了蠕变应变率是应力和应变状态的函数，而不是荷载历史的函数。

（3）稳态蠕变应变率随偏应力增加而增加，随围压增加而降低。

（4）ε_s 蠕变应变率不依赖于应力路径，仅是应力状态的函数。

（三）盐岩蠕变曲线分析

根据盐岩蠕变方程可以回归成曲线，如图12-3所示盐岩蠕变挤压应力—时间曲线。

根据曲线可以得出以下初步结论：

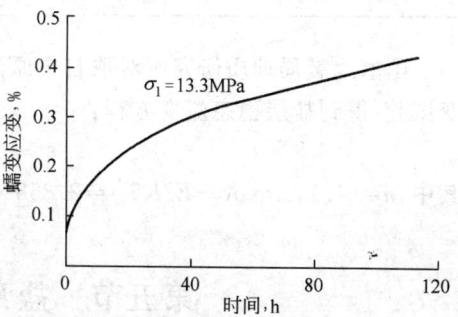

图 12-3　盐岩蠕变挤压应力—时间曲线

(1)在盐膏岩层中,套管外壁所承受径向压力随时间的推移逐步增加,且最终趋于稳定值,即接近于上覆岩层的重量。

(2)在盐膏岩层蠕变的初始阶段,其产生的蠕变挤压应力的上升速率与盐膏盐层所处的位置有密切的关系,即盐膏岩层所受上覆岩层的压力越大,其产生的蠕变挤压应力上升越快,且最后趋于的稳定值愈接近上覆岩层压力。

(3)盐膏岩层的蠕变挤压应力的上升变化速率与盐膏本身蠕变特性有密切关系,在具有指数蠕变规律的盐膏岩中,在钻井瞬间即几小时或几天内,所产生的蠕变挤压应力达到了极限值。

二、中原油田盐岩蠕变方程分析与求解

中原油田的主要产油层是东濮凹陷北部的古近系沙河街组,由于沉积时期的盐湖含盐度的变化,形成了多套盐、砂、泥岩的混合层,往往在钻达油气层时会遇到厚达几百米的层状盐层。盐岩的稳态蠕变速率受到许多条件的制约,但其主要的影响因素是温度和压力,根据中原油田"七五"期间对各层位盐岩的蠕变特性试验,得到了试验盐岩的稳态蠕变速率与应力的关系为:

$$\dot{\varepsilon} = A \cdot \exp(-E/RT) \cdot \sinh(B \cdot \Delta\sigma) \qquad (12-4)$$

式中 $\dot{\varepsilon}$——稳态蠕变速率;
A、B——常数;
E——有效激活能;
R——理想气体常数,$1.987 cal(mol \cdot K)$;
T——温度,K;
$\Delta\sigma$——差应力,MPa;
h——盐岩层厚度,m。

上式中,各参数与盐岩所处的层位有关,表12-5为中原油田文东地区盐层的流变参数。

表12-5 中原油田文东地区盐层的流变参数

	A	B	E
S3-2 粘弹性	0.046	0.34	13.5×10^3
S3-2 粘塑性	2.1×10^8	0.58	35×10^3
S3-4 粘弹性	66.82	0.69	22.68×10^3

国家地震局地质研究所对取自中原油田十三东块13-411井的S1段的盐岩岩心进行蠕变试验,得到盐层稳态流变方程:

$$\dot{\varepsilon} = A\sigma^n \exp(-E/RT) \qquad (12-5)$$

其中,$n = 4.1$,$A\exp(-E/RT) = 2.856 \times 10^{-11}$。

第五节 盐膏层套管柱的外载计算

管柱入井、注水泥及以后生产的不同时期,套管柱的受力是不同的。在不同的地层和地质条件下,套管受的外载也是不同的。例如,软地层的外挤压力按常规是无法准确计算的,根据华北油田荆丘地区的资料研究表明,软岩地层所产生的外挤压力,远不及上覆地层的压力大。

在酸化压裂和正常采油时,套管的内压力也是不同的。但总的来说,套管柱设计的基本荷载是轴向力、外挤压力和内压力。下面分别叙述。

一、轴向力

(一)套管柱本身自重产生的轴向力

$$T = \sum_{i=1}^{n} q_i L_i / 1000 \quad (i = 1, 2, \cdots, n) \tag{12-6}$$

式中　T——井口处套管的轴向拉力,kN;
　　　q_i——套管单位长度名义重量,N/m;
　　　L_i——套管长度,m;
　　　n——套管段数。

(二)浮力

$$T_f = -\gamma_i Z A_s \times 10^{-6} \tag{12-7}$$

式中　γ_i——钻井液压力梯度,kPa/m;
　　　Z——深度,m;
　　　A_s——套管截面面积,mm²;
　　　T_f——浮力,kN。

考虑浮力时,套管在泥浆中的重量为:

$$T = \sum_{i=1}^{n} q_i L_i (1 - r_i/r_s)/1000 \quad (i = 1, 2, \cdots, n) \tag{12-8}$$

式中　T——套管在泥浆中的重量,kN;
　　　r_i——泥浆密度,g/cm³;
　　　r_s——套管钢材密度,g/cm³,一般为 7.8g/cm³。

(三)井眼弯曲产生的附加轴力

当井眼上部存在较大的井斜或急弯时,由于弯曲效应,增大了套管的拉力负荷,特别是在靠近螺纹处易形成裂纹损坏,所以应该从连接强度中扣除弯曲效应的影响,其附加力计算公式为:

$$T_{bd} = 0.0733 D \theta A_s / 1000 \tag{12-9}$$

式中　T_{bd}——弯曲产生的附加压力,kN;
　　　D——套管公称外径,mm;
　　　θ——25m 井斜变化角,(°);
　　　A_s——套管横截面面积,mm²。

(四)双层组合套管产生的附加拉力

当设计的套管柱需要穿过超高压地层或盐膏层时,如果选用双层组合套管结构来抵抗径向外力时,在套管柱下部,拉伸安全系数一般很大;但在井口,拉力最大,拉伸安全系数也就最小。因此,如果选用了双层组合套管,一定要计算其产生的附加拉力。其公式为:

$$F = \frac{\pi}{4} L [(D_4^2 - D_3^2) r_s + (D_3^2 - D_2^2) r_c] \times 10^{-6} \tag{12-10}$$

式中　F——双层套管产生的附加拉力,kN;

D_4——外层套管外径,mm;
D_3——外层套管内径,mm;
D_2——内层套管外径,mm;
L——双层组合套管长度,mm;
r_s——钢材密度,7.8g/cm³;
r_c——水泥浆的密度,7.8g/cm³。

二、内压力

套管柱内压力的来源主要是地层流体压力及特殊作业时施加的压力。随着井深及井底压力的增加,由内压引起的强度安全问题和经济问题已引起人们的高度重视。

(一)井口压力

1. 井口关住、井内全为天然气

最大地表压力按套管内完全充满天然气计算,由于气柱本身重量,使得井口内压力 P_s 小于井底内压力(地层压力) P_b,其关系为:

$$P_s = \frac{P_b}{e^{1.1155 \times 10^{-4} GL}} \tag{12-11}$$

式中　P_s——井口压力,MPa;
　　　P_b——井口天然气压力,MPa;
　　　G——天然气密度,一般取甲烷密度 0.55×10^{-3} g/cm³;
　　　L——井深,m。

一般以 P_s 作用于整个套管柱考虑,由于井口以下油外挤力同时作用,所以认为井口是最危险的。

2. 以井口防喷装置的最高许用压力作为井口压力

在有些情况下,也可以用井口防喷装置的最高许用压力作为井口压力。

3. 套管鞋处附近的地层破裂压力决定井口压力

设该处的地层破裂压力梯度为 G_f,套管深度为 L,得出井口压力为:

$$P_s = L(G_f + \gamma_0)/1000 \tag{12-12}$$

式中　P_s——井口压力,MPa;
　　　L——井深,m;
　　　G_f——地层破裂压力梯度,kPa/m;
　　　γ_0——为了保证井内安全而附加的压力梯度,推荐取 1.2kPa/m。

(二)表层套管有效内压力

有效内压力是考虑管外压力的平衡作用之后的压力。据此设计套管更符合实际情况,是目前国内外普通使用方法:

(1)有效内压力=井口压力+管内外压力差;
(2)有效内压力——管外泥浆压力;
(3)表层套管在深度 Z 处的有效内压力为:

$$P_{ie} = P_s + Z(\gamma_i - \gamma_{sw})/1000 \tag{12-13}$$

式中　P_{ie}——有效内压力,MPa;

P_s——井口压力,MPa;
Z——深度,m;
γ_i——套管内液体压力梯度,kPa/m;
γ_{sw}——地层水压力梯度,kPa/m。

(三)技术套管有效内压力

当发生井涌及环空中气体和钻井泥浆液同时存在时,技术套管的内压荷载最大。在技术套管以下,应考虑使用重泥浆。技术套管必须能够承受:

(1)来自管内泥浆和气体的井涌压力;
(2)在套管柱顶部的最大井口压力;
(3)在套管柱底部的总压力,如图12-4所示。

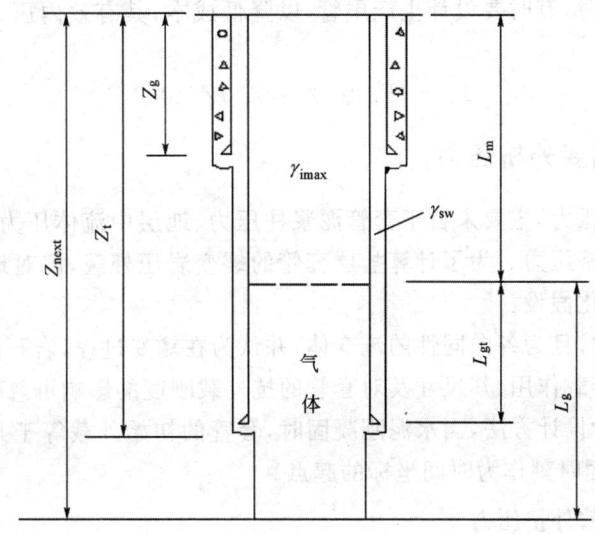

图12-4 技术套管有效内压力分析几何示意图

1. 井口到气体与泥浆界面处

$$P_{ie} = P_s + Z(\gamma_{imax} - \gamma_{sw})/1000 \tag{12-14}$$

2. 气体-泥浆界面以下

$$P_{ie} = P_s + L_m(\gamma_{imax} - \gamma_{sw})/1000 + (Z - L_m)(G_g - \gamma_{sw})/1000 \tag{12-15}$$

式中 P_{ie}——技术套管有效内压力,MPa;
P_s——井口压力,MPa;
L_m——泥浆柱高度,m;
γ_{imax}——套管内最大泥浆压力梯度,kPa/m;
γ_{sw}——地层水压力梯度,kPa/m;
G_g——气层压力梯度,kPa/m;
Z——深度,m。

(四)生产套管有效内压力

生产套管和油管环空底部用封隔器隔开,封隔器上部充满完井液,用油管进行生产。针对这种完井方式,套管受内压最严重的情况是生产初期油管螺纹漏失,高压天然气通过接头螺纹进入到油管和套管环空。在环空封闭条件下,气体滑脱上升到井口,仍保持原井底压力,这时环空底部所受压力为油管压力和液柱压力之和。套管深处 Z 处的压力为：
$$P_{iz} = P_p + \gamma_i Z/1000 \tag{12-16}$$
有效内压力应为套管深处 Z 处的压力减去管外压力，即为：
$$P_{ie} = P_s + (\gamma_i - \gamma_{sw})Z/1000 \tag{12-17}$$

式中　P_{iz}——套管深处 Z 处的内压力，MPa；

　　　P_{ie}——套管深处 Z 处的有效内压力，MPa；

　　　γ_i——套管内钻井液压力梯度，kPa/m；

　　　γ_{sw}——套管外地层水压力梯度，kPa/m；

　　　P_p——生产层压力，MPa。

(五) 生产尾管有效内压力

在设计生产套管时，有时要设计生产尾管，以降低成本，其有效内压力计算与生产套管相同为：
$$P_{ie} = P_s + (\gamma_i - \gamma_{sw})Z/1000 \tag{12-18}$$

三、盐层套管蠕变外挤压力

套管所承受外来压力，主要来自于套管泥浆柱压力、地层中流体压力、易流岩体侧压力以及挤水泥和压裂时的挤压力。为了计算盐层套管的蠕变岩压外载，需对地层及套管与地层的相互关系作如下的简化假设：

(1) 地层为水平的，且为各向同性的流变体，并认为在蠕变过程，岩石的体积不变化；

(2) 水泥环只起传载作用，其尺寸及对套管的抗外载刚度的影响可忽略不计；

(3) 按常规的套管设计方法，当水泥刚凝固时，套管的初始外载等于井眼内的泥浆液柱压力 P_i，并且把水泥凝固时刻作为时间坐标的起点。

(一) 表层套管有效外挤压力

表层套管是井口设备的惟一支撑点，但一般下入深度不大，因此按照全掏空来计算：

水泥返高点以上：
$$P_{ee} = Z\gamma_e/1000 \tag{12-19}$$
水泥返高点以下：
$$P_{ee} = [(L-H)\gamma_e - (Z-H)\gamma_c]/1000 \tag{12-20}$$

式中　P_{ee}——有效外挤压力，MPa；

　　　Z——深度，m；

　　　γ_e——套管外泥浆压力梯度，kPa/m；

　　　L——井深，m；

　　　H——水泥返高点深度，m；

　　　γ_c——水泥浆压力梯度，kPa/m。

(二) 技术套管有效外挤压力

技术套管的有效外挤压力，是以套管外挤压力与套管内压力之差来计算的。下面分两种情况来叙述(设水泥返高点深度为 H)。

1. 当套管内液面高度在水泥返高点以上时(如图 12-5 所示)

(1) 在液面以上 $(0 \leqslant Z \leqslant L)$，有效外挤压力为：

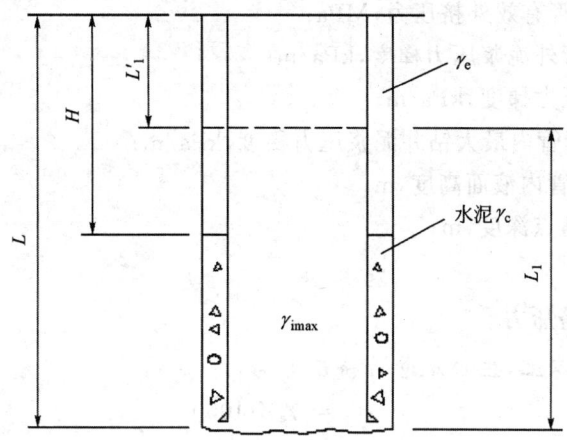

图 12-5 技术套管有效外挤压力分析(管内液面在水泥浆返高点以上)几何示意图

$$P_{ee} = \gamma_e Z/1000 \tag{12-21}$$

(2)在液面以下,水泥返高点以上($L<Z\leqslant H$)有效外挤压力为:

$$P_{ee} = \gamma_e L'_1/1000 + (\gamma_e - \gamma_{imax})(Z - L'_1)/1000 \tag{12-22}$$

(3)在水泥返高点以下($Z>H$),有效外挤压力为:

$$P_{ee} = \gamma_e H/1000 + (\gamma_e - \gamma_{imax})(H - L_1)/1000$$
$$+ (Z - H)(\gamma_e - \gamma_{imax})/1000 \tag{12-23}$$

2. 当套管内液面高度在水泥返高点以下时(如图 12-6 所示)

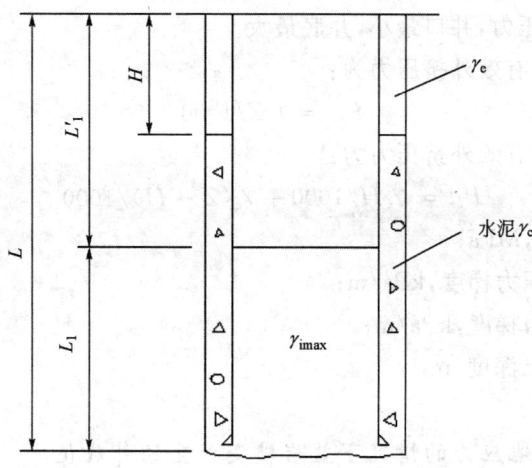

图 12-6 技术套管有效外挤压力分析(管内液面在水泥浆返高点以下)几何示意图

(1)在水泥返高点以上($0<Z\leqslant H$),有效外挤压力为:

$$P_{ee} = \gamma_e Z/1000 \tag{12-24}$$

(2)在水泥返高点以下($H<Z\leqslant L$),有效外挤压力为:

$$P_{ee} = \gamma_e H/1000 + \gamma_c(Z - H)/1000 \tag{12-25}$$

(3)在水泥返高点以下($Z>L$),有效外挤压力为:

$$P_{ee} = \gamma_e H/1000 + \gamma_c(L'_1 - H)/1000$$
$$+ (\gamma_c - \gamma_{imax})(Z - L'_1)/1000 \tag{12-26}$$

式中　P_{ee}——技术套管有效外挤压力，MPa；
　　　γ_e——技术套管外泥浆压力梯度，kPa/m；
　　　γ_c——水泥浆压力梯度，kPa/m；
　　　γ_{imax}——技术套管内最大钻井泥浆压力梯度，kPa/m；
　　　L_1'——技术套管内液面高度，m；
　　　H——水泥返高点深度，m；
　　　Z——深度，m。

(三)生产尾管外挤压力

1. 在水泥返高点以上，生产尾管外挤压力为：
$$P_{ee} = \gamma_e Z/1000 \tag{12-27}$$

2. 在水泥返高点以下，生产尾管外挤压力为：
$$P_{ee} = \gamma_e H/1000 + \gamma_c(Z-H)/1000 \tag{12-28}$$

式中　P_{ee}——外挤压力，MPa；
　　　γ_e——管外泥浆压力梯度，kPa/m；
　　　γ_c——水泥浆压力梯度，kPa/m；
　　　H——水泥返高点深度，m；
　　　Z——深度，m。

(四)生产套管盐岩蠕变外挤压力

在没有遇见异常地层高压时，油气井进入生产后期，有可能出现全空状态。因此，有效外挤压力就是套管外泥浆压力，井口最小，井底最大。

在水泥返高点以上，有效外挤压力为：
$$P_{ee} = \gamma_e Z/1000 \tag{12-29}$$

在水泥返高点以下，有效外挤压力为：
$$P_{ee} = \gamma_e H/1000 + \gamma_c(Z-H)/1000 \tag{12-30}$$

式中　P_{ee}——外挤压力，MPa；
　　　γ_e——管外泥浆压力梯度，kPa/m；
　　　γ_c——水泥浆压力梯度，kPa/m；
　　　H——水泥返高点深度，m；
　　　Z——深度，m。

1. 盐膏层均匀水平地应力的情况下盐岩蠕变产生的外载值

设套管外壁与地层在离井轴 $r=a$ 处接触，水平均匀地应力 $(\sigma_{Hh})_{r\to\infty}=P_0$，套管内有液柱压力 P_i。当水泥凝固后，由于地层的蠕变，套管与地层间会逐渐增长接触的挤压力，它是时间 t 的函数，可表达为 $P(t)$。

假设在 $r=-a$，解除对地层的约束，将出现三种情况：

(1)地层对套管作用于 $P(t)$，将使套管往里变形，其径向位移为：
$$U_R = [P_R(t) - P_i]/K_R \tag{12-31}$$
$$K_R = \frac{E_R}{1-\mu_R^2} \cdot \frac{h}{a^2}$$

式中　K_R——套管抗外挤变形的刚度；

h——套管壁厚；

E_R, μ_R——套管的杨氏模量和泊松比。

(2) 套管上的反力 $P_R(t)$ 将使地层产生径向回弹位移为：

$$U_e = [P_R(t) - P_i]/K_e \tag{12-32}$$

$$K_e = \frac{E}{1+\mu} \cdot \frac{1}{a}$$

式中　K_e——地层内壁的刚度；

E、μ——地层的杨氏模量和泊松比。

(3) 地层可视为无限厚的厚壁圆筒，在外压力 P_0 及内压 $P_R(t)$ 的作用下，其内壁将产生朝向井眼里面的蠕变位移 $U_C(t)$。

由于当径向位移为 U 时，切向应变分量为 $\varepsilon_\theta = U/r$，故有：

$$U_C(t)_{r=a} = \int_0^t U_c(t) dt \Big|_{r=a} = \int_0^t \exp(-E/RT) \sinh(B\Delta\sigma) dt \Big|_{r=a} \tag{12-33}$$

根据弹性理论中厚壁圆筒的公式，在内、外压分别为 $P_R(t)$ 及 P_0 的作用下（壁厚为无限大），井壁上所产生的应力差为：

$$(\sigma_\theta - \sigma_r)_{r=a} = 2[P_0 - P_R(t)] \tag{12-34}$$

代入式 (12-33)，可利用蠕变试验的结果得出：

$$U_C(t)_{r=a} = aB \int_0^t \exp(-E/RT) \sinh[2C(P_0 - P_R(t))] dt \tag{12-35}$$

由于井壁与地层位移的连续性和相容性，必定存在如下关系：

$$|U_R| = |U_C| - |U_e| \tag{12-36}$$

将上述的位移表达整理后得：

$$P_R(t) - P_i = a \cdot B \cdot K_A \cdot \exp\left(-\frac{E_0}{RT}\right) \cdot \int_0^t \sinh[2C(P_0 - P_R(t))] dt \tag{12-37}$$

对式 (12-37) 求积分，得：

$$n = a \cdot B \cdot K_A \exp\left(-\frac{E_0}{RT}\right) \tag{12-38}$$

$$P(t) - P_i = n \int_0^t \sinh[2C(P_0 - P(t))] dt \tag{12-39}$$

令：$aa = \exp(-2Cp_\infty + 2p_{\bar{\imath}})$

$$bb = \text{Atanh}(aa)$$

$$cc = \tanh(aCt + bb)$$

对式 (12-39) 积分后得：

$$P(t) = [P_0 C + 0.5\lg(cc)]/C \tag{12-40}$$

上式即为均匀地应力下盐岩蠕变产生的外载值。

2. 盐膏层非均匀地应力情况下盐岩蠕变产生的外载值

这里用在钻井及生产过程中，盐岩蠕变对套管产生的外挤力是一个非线性粘弹性问题，因而无法用解析法求得理论解。根据盐岩蠕变曲线分析可知，盐岩蠕变在盐膏层常发生径向高压，在油井生产一段时间以后，蠕变外载将会成为一稳定值，该稳定值将成为以后的油井套管生产的稳定外载，根据经验，可以引用经验公式为：

$$P_{ee} = \beta Z G_0 / 1000 \tag{12-41}$$

式中　P_{ee}——外挤压力，MPa；

G_0——上覆岩层压力梯度，kPa/m；

β——系数，根据经验数据，中原油田 β 在 1.8～1.9 之间；

Z——深度，m。

该经验公式可以预测油井在生产 20 年时盐岩蠕变的外挤压力值，从而可以有效预测油井盐层套管的寿命。

第六节 盐膏层套管设计

鉴于盐膏层的蠕变和腐蚀特点，要避免或减少复合盐膏层段的套损，除了工艺措施、生产管理外，主要是要研究盐膏层段的套管选材、套管串组合及其强度的设计。针对中原油田盐膏层特性（其盐膏层都是以复合盐膏层形式存在）和埋深情况，随着对复合盐膏层的特性和结构力的进一步认识，认为目前解决复合盐膏层套损比较有效的办法是使用高强度套管、特厚壁套管和双层组合套管等，但高强度套管和特厚壁套管因为各种原因难以满足盐层段超高压外挤压力的要求。而从承受力(即安全性)角度考虑，在盐膏层段采用局部双层组合套管能够承受更大的远远高于地层上覆压力的外挤压力，所以，选择局部双层组合套管是最佳办法。这种局部双层组合套管的设计是目前比较适合盐膏层段实际受力情况的。

一、盐膏层套管强度设计方法

(1)影响套管强度的因素很多，套管柱强度设计时必须综合考虑各种因素的影响，否则将导致套管损坏。

(2)套管柱设计必须遵循既安全又经济的原则，为此必须准确计算复杂外载条件下套管的强度及套管柱所受的有效外载，这是套管强度设计的关键。

(3)常规套管柱设计没有考虑外载条件对套管强度的影响，因而，不能达到既安全又经济的目的。

(4)本设计考虑了盐层蠕变对套管强度的影响，采用局部双层组合套管，符合中原地区套管损坏的实际情况，针对性强。

(一)局部双层组合套管抗盐膏层外挤压力设计

1. 局部双层组合套管的受力特点

(1)局部双层组合套管能够承受更大的外挤压力。

据有关研究资料表明：双层组合套管的挤毁强度至少等于两层套管挤毁强度之和。只要套管之间的水泥环有足够的强度，保证不会在外层套管承受挤压过程中，水泥环被挤坏而在环隙中"流动"，双层组合套管所能承受的外挤力远大于两层套管挤毁强度之和。故要求水泥环有较高的强度是非常必要的，也是双层组合套管达到高强度的关键所在。在做双层组合套管计算时，有一增强系数为：

$$X_r = P_m/(P_m + P_n) \quad (12-42)$$

式中　X_r——增强系数；

P_n——双层组合套管的挤毁压力，MPa；

P_m——外层套管的挤毁压力，MPa；

P_t——内层套管的挤毁压力,MPa。

当 $X_r=1$,说明水泥环不起增强作用;当 $X_r>1$,说明水泥环有较高强度,有增强作用;当 $X_r<1$ 时,说明水泥环强度不够,在挤压期间会产生"流动",这时双层组合套管的挤毁强度取决于外层套管的剩余强度与内层套管的强度。

(2)内外层套管的"偏心"大小对挤毁强度没有影响。

(3)已经变形的外层套管对双层组合套管挤毁强度影响不大。

2. 局部双层组合套管抗外挤强度设计

(1)计算局部双层组合套管抗外挤强度的假设条件是:在内、外压力作用下,由于存在连续特性,故交界处的层间压力应相等,径向变形也应相等。双层组合套管的抗挤强度。在理论上可当成异性材料的厚壁多层组合来分析。根据双层组合套管结构在井下的工作状态,考虑为平面应变状态,采用如下变形方程:

$$U = \frac{1+\mu}{E}\left[\frac{[(1-2\mu)r^2+r_H^2]}{r(t_n^2-1)}P_i - \frac{[r_H^2+(1-2\mu)r^2t_n^2]}{r(t_n^2-1)}P_0\right] \quad (12-43)$$

$$t_n = r_H/r_B$$

式中 U——径向变形,cm;

r_B——单层套管的内半径,cm;

r_H——单层套管的外半径,cm;

r——研究点的半径,cm;

E——弹性模量,MPa;

P_i——套管承受的内压力,MPa;

P_0——套管承受的外压力;

μ——泊松比。

应用胡克定律和材料力学原理,在给定边界条件下,推导出以下径向、切向应力公式为:

$$\left. \begin{array}{l} \sigma_r = \dfrac{r^2-r_H^2}{r^2(t_n^2-1)}P_i - \dfrac{r^2t_n^2-r_H^2}{r^2(t_n^2-1)}P_0 \\ \sigma_t = \dfrac{r^2-r_H^2}{r^2(t_n^2-1)}P_i - \dfrac{t_n^2r+r_H^2}{r^2(t_n^2-1)}P_0 \\ \sigma_z = \dfrac{2\mu}{t_n^2-1}P_i - \dfrac{2\mu t_n}{t_n^2-1}P_0 \end{array} \right\}$$

$$(12-44)$$

式中 σ_r——径向应力,kPa;

σ_t——例向应力,kPa;

σ_z——垂向应力,kPa。

图 12-7 为双层组合套管强度计算示意图。

在层间压力 P_2、P_3 和外压力 P_0 作用下,利用各界面的连续条件,即可得出如下联立方程:

$$\begin{cases} P_2 = \dfrac{f_2}{f_0+f_1}P_0 \\ P_3 = \dfrac{f_3P_2+f_6P_0}{f_4+f_5} \end{cases} \quad (12-45)$$

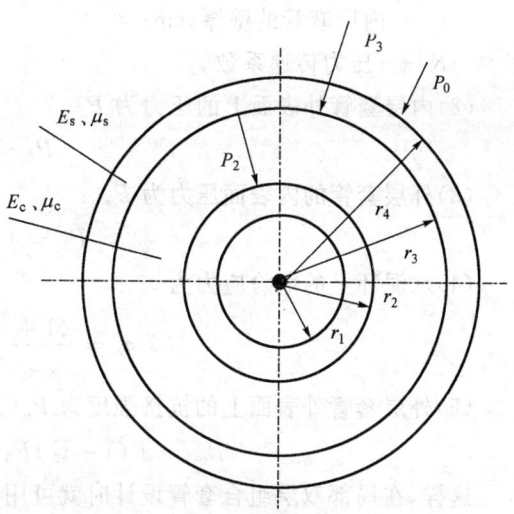

图 12-7 双层组合套管强度计算示意图
r_1—内层套管内径;r_2—内层套管外径;r_3—外层套管内径;r_4—外层套管外径;E_s,E_c—钢材及水泥的弹性模量;μ_s,μ_c—钢材及水泥的泊松比;P_0—外挤压力;P_2—内层套管外表面上的压力;P_3—外层套管内表面上的压力

$$f_0 = \frac{1+\mu_s}{E_s} \cdot \frac{r_2 + (1-2\mu_s)t_1^2 r_2}{t_1^2 - 1} \tag{12-46}$$

$$f_1 = \frac{1+\mu_c}{E_c} \cdot \frac{r_3^2 + (1-2\mu_c)r_2^2}{(t_2^2 - 1)r_2} \tag{12-47}$$

$$f_2 = \frac{1+\mu_c}{E_c} \cdot \frac{r_3^2 + (1-2\mu_c)t_2^2 r_2^2}{(t_2^2 - 1)r_2} \tag{12-48}$$

$$f_3 = \frac{1+\mu_c}{E_c} \cdot \frac{r^3 + (1-2\mu_c)r_3}{t_2^2 - 1} \tag{12-49}$$

$$f_4 = \frac{1+\mu_c}{E_c} \cdot \frac{r_3 + (1-2\mu_c)t_2^2 r_3}{t_2^2 - 1} \tag{12-50}$$

$$f_5 = \frac{1+\mu_s}{E_s} \cdot \frac{(1-2\mu_s)r_3^2 - r_4^2}{r_3(t_3^2 - 1)} \tag{12-51}$$

$$f_6 = \frac{1+\mu_s}{E_s} \cdot \frac{(1-2\mu_s)t_3^2 r_3^2 + r_4^2}{r_3(t_3^2 - 1)} \tag{12-52}$$

式中 $t_1 = r_2/r_1, t_2 = r_3/r_2, t_3 = r_4/r_3$。

从而可求出双层套管内、外表面上的受力大小。

设双层组合套管的内层套管之内表面上的抗挤强度为 P_{i0}，由于公式(12-45)可写成 $P_2 = KP_0$，故有：

$$P_{i0} = \frac{2\sigma_y}{K}\left[\frac{(D/t)-1}{(D/t)^2}\right] \tag{12-53}$$

$$K = f_2 f_6 / [(f_0 + f_1)(f_4 + f_5) - f_2 f_3] \tag{12-54}$$

式中 σ_y——内层套管的最低屈服极限值，MPa；
   D——内层套管的外径，cm；
   t——内层套管的壁厚，cm；
   K——压力传递系数。

(2)内层套管外表面上的压力为 P_2。

$$P_2 = KP_{i0} \tag{12-55}$$

(3)外层套管的内表面压力为 P_3。

$$P_3 = (K/f_2)P_{i0} \tag{12-56}$$

(4)水泥环上的危险应力为 σ_c。

$$\sigma_c = \frac{(1+t_2^2)P_2 - 2t_2^2 P_3}{t_2^2 - 1} \tag{12-57}$$

(5)外层套管外表面上的抗挤强度为 P_0(这是双层组合套管的最大强度即 P_∞)：

$$P_\infty = [(1+t_3^2)P_3 + (t_3^2 - 1)\sigma_y]/(2t_3^2) \tag{12-58}$$

这样，在局部双层组合套管设计时就可用以上公式来计算、设计井的双层组合套管串的强度。

(二)套管三轴抗拉设计

当设计的抗拉强度或抗内压强度不能满足时，则应选用高一级的套管并改为抗拉强度设计。

首先按 API 公式计算该段套管的下入长度 L_0，

$$L_0 = \frac{\frac{T_0}{S_T} - \sum_{i=1}^{n} q_i L_i K_f}{q_0 K_f} \tag{12-59}$$

式中 T_0——设计段套管的 API 抗拉强度，kN；

q_i——设计段套管以下第 i 段套管每米重量，kN/m；

L_i——设计段套管以下第 i 段套管的长度，m；

q_0——设计段套管每米重量，kN/m；

K_f——浮力系数；

S_T——抗拉安全系数。

设在三轴应力下该段套管的下入长度 L_T，根据三轴抗拉强度公式，得：

$$T_a = \pi(P_i r_i^2 - P_0 r_0^2) + \sqrt{T_0^2 + 3\pi^2(P_i - P_0)^2 r_0^4} \tag{12-60}$$

$$P_i = 9.81(H - L_0)(1 - \rho_m)P_{i\min} \tag{12-61}$$

$$P_0 = 9.81(H - L_0)P_{0\max} \tag{12-62}$$

式中 ρ_m——钻井液密度，g/cm³。

由公式(12-60)并将 P_i、P_0 的值代入即可求出 T_a。这样有：

$$L_T = \frac{\frac{T_a}{S_T} - \sum_{i=1}^{n} q_i L_i K_f}{q_0 K_f} \tag{12-63}$$

如果 $\left|\frac{L_T - L_0}{L_T}\right| \leq 0.01$，则取 $L_T = L_0$，然后进行该段套管抗内压校核；

如果 $\left|\frac{L_T - L_0}{L_T}\right| > 0.01$ 时，令 $L_0 = L_T$ 重复上述计算，直到 $\left|\frac{L_T - L_0}{L_T}\right| \leq 0.01$ 为止，然后进行该段套管抗内压校核，这样直到设计井深。

二、应用实例

(一)盐层套管设计不当导致套损增加

中原油田的许多套管柱都是按单轴应力设计的，按这种计算，套管柱的中部应力最小，故可以使用较弱的套管，因此中原油田大量的井中，在中段使用的都是很弱的 J55×7.72 套管。而中原油田的套管盐层深度恰恰都集中在 2100m 以下的几百米中，这样的套管在盐层中的强度是不够的。中原油田根据斯伦贝谢测井公司的密度测井资料，回归得出的上覆地层压力梯度方程为：

$$G = 0.13569 H^{0.06033} \tag{12-64}$$

当井深 $H = 2100$m 时，便得：

$$G = 0.215 \text{kg/cm}^2/\text{m} = 0.02197 \text{MPa/m}$$

于是可计算出在 2100m 的位置处地层对套管的外压力为 46.14MPa，即盐层段套管的挤毁压力至少应大于此值。

(二)使用双层组合套管抵抗盐膏层外挤压力

由于地层对套管的作用是非均匀的，因此，在 2000m 深度以上的盐层中，单层油层套管不能有效地抵抗变形损坏。根据研究者辛勤试验得出的结论是：有效预防盐层套管损坏的最好方法是使用双层组合套管。下面是中原濮城油田几口井的原设计、套损情况以及用局部双层组合套管的设计结果,从中可以看到原设计的不合理之处和新方法取得的效果。例如中原油田 51—165 井,该井于 1991 年 2 月完井,套管柱的有关参数和计算如表 12—6 所示。

表 12—6 套管柱记录、盐层参数、套损点分析参数

表层套管	0～144.82m,外径 339.73mm
技术套管	0～1252.98m,外径 244.78mm
油层套管	0～611.12m,P110×7.72
	611.12～2128.43m,J55×7.72
	2128.43～2412.75m,P110×9.17
	2412.75～2876.59m,P110×7.72
盐层位置	2359～2452m
盐层倾角	8°
盐层厚度	103m
套损位置	2370m
套损点套管	P110×9.17
套损时间	1992 年 1 月
完好寿命	11 个月
套管最大应力	786.00MPa
P110 钢材屈服强度	755.8MPa

计算结果表明,盐层内套管损坏是必然的。

如果使用局部双层组合盐层套管方法计算套管并设计,其结果如表 12—7 所示。

表 12—7 双层组合套管设计参数

外层套管外径	193.67mm
外层套管壁厚	12.7mm
外层套管钢级	C—95
内层套管外径	139.7mm
内层套管壁厚	10.54mm
内层套管钢级	P—110
内层套管钢材屈服极限	755.8MPa
内层套管最大应力	643.1MPa

由表 12—7 数据可知,使用这种套管柱,内层套管柱不会损坏。综上所述,得如下结论:

(1)局部双层组合套管是提高套管柱强度、抵抗盐岩蠕变、防止产生异常高压地层压力的最有效措施。

(2)通过使用局部双层组合套管,可以简化井身结构,节省管材,降低管材费用,从而节约钻井成本。这种设计方法较适用于具有复合盐膏层的特点的中原油田。

(3)盐膏层的套管外挤压力是非均匀荷载,其等效压力梯度比上覆岩层的压力梯度大。

(4)在盐膏层段采用新型高抗挤强度套管(TP130TT)的复合管柱设计技术,是解决含盐膏层井套管挤毁问题的有效方法。

第七节 软泥岩的套损分析

盐岩和软泥岩的蠕变特性除了受应力作用比较大外,盐岩还主要受温度的影响,而泥岩由于是由粘土矿物组成,粘土矿物本身的一些结构特点使它具有很强的亲水性,因此,软泥岩的蠕变特性还受含水量的影响,且影响比较大。当泥岩中的粘土矿物与水接触时,就有可能由于粘土矿物吸水而导致泥岩吸水,泥岩吸水后会对泥岩的蠕变特性产生较大的影响。

水对泥岩蠕变特性的影响,可以从以下几个方面来分析:

(1)泥岩吸水后,粘土矿物颗粒度变细,使泥岩的塑性变形能力加强,蠕变特性增强。

(2)泥岩吸水后,会产生许多新的显微裂缝,使粘土矿物颗粒间的粘结力减弱,变形性加大;另外,裂隙增多,沿裂隙面的滑移变形加大,蠕变特性增强。

(3)粘土矿物吸水后形成化膜包围的水合分子,水合分子的斥力可以降低粘土矿物颗粒间的粘结力。另外水化膜还可以起到润滑粘土矿物颗粒表面的作用,使滑移变形所遇到的摩擦阻力下降。这些作用会使粘土矿物颗粒的滑移变形和旋转易于进行,从而大大地加快泥岩的蠕变速度,其具体表现为泥岩的弹性模量及粘性流动系数下降。吸水量越多,这种作用越强。

(4)水进入裂隙中,对裂隙尖端产生应力腐蚀作用,导致时效裂纹,加快蠕变速度。另外,裂隙中存在水,会使沿这些面的滑移变形易于进行。

软泥岩的蠕变模式可用 Burger 体来表示,其蠕变方程的形式为:

$$\varepsilon = \varepsilon'_e + \varepsilon^c_e e^{-t/t_1} + \dot{\varepsilon}_2 t \qquad (12-65)$$

式中 ε——总应变;

ε'_e——顺时弹性应变;

ε^c_e——滞弹性应变;

$\dot{\varepsilon}_2$——稳态蠕变速率;

t_1——时间常数;

t——时间。

各种含水量下,泥岩的蠕变方程具有如下形式:

(1)含水量为 4.51%, $\varepsilon = \dfrac{\sigma_1-\sigma_3}{3.34\times10^4} + \dfrac{(\sigma_1-\sigma_3)^{1.38}}{8.797\times10^7}t$。

(2)含水量为 5.81%, $\varepsilon = \dfrac{\sigma_1-\sigma_3}{2.17\times10^4} + \dfrac{(\sigma_1-\sigma_3)^{1.20}}{3.445\times10^7}t$。

(3)含水量为 6.75%, $\varepsilon = \dfrac{\sigma_1-\sigma_3}{1.93\times10^4} + \dfrac{(\sigma_1-\sigma_3)^{1.11}}{1.903\times10^7}t$。

至于软泥岩对套管损坏的机理及分析方法与盐岩对套管的损坏类似,在此不作赘述。

参 考 文 献

1. 李志明,张金珠. 地应力与油气勘探开发. 北京:石油工业出版社,1997
2. 刘向君,罗平亚. 岩石力学与石油工程. 北京:石油工业出版社,2004
3. 谭延栋. 裂缝油气藏测井解释模型与评价方法. 北京:石油工业出版社,1987
4. J. L. 吉得利等. 水力压裂技术新发展. 单文文等译. 北京:石油工业出版社,1995
5. 郭启良,丁键民,梁国平. 确定深部地壳应力方向的一种新方法——钻孔崩落椭圆法. 见:国家地震局地壳应力研究所编. 地壳构造与地壳应力文集(一). 北京:地震出版社,1987
6. 蔡美峰. 岩石力学与工程. 北京:科学出版社,2002
7. 张景和,孙宗欣. 地应力、裂缝测试技术在石油开发中的应用. 北京:石油工业出版社,2000
8. 赵良孝. 用测井资料分析压裂漏失及井壁应力崩落的机理和特征. 钻井液与完井液,1995(1)
9. 张华,曲国胜. 地层倾角测井在油田开发中的新应用. 石油与天然气地质,1993(6)
10. R. D. Kuhlman et al. Field Tests of Downhole Extensometer Used to Obtain In−Situ Stress Data. SPE25905. 1993
11. 徐思煌等. 裂缝储层岩心检测技术及其应用. 地质科技情报,1998(6)
12. Teufel L W. Determination of in-situ Stress from Anelastic Strain Recovery Measurement of Oriented Core. SPE11649. 1991
13. R D Kuhlman et al. Micro-Fracture Stress Test, Anelastic Strain Recovery, and Differential Strain Analysis Assist in Bakken Shale Horizontal Drill Program. SPE 24379
14. 王越之. 各向异性地层应力的推算及深孔地层破裂压力的预测. 岩石力学与工程学报,1998,17(3)
15. M. B. Dusseault. Stress Changes in Thermal Operations. SPE25809. 1993
16. 葛洪魁等. 水力压裂地应力测量有关问题的讨论. 石油钻采工艺,1998,20(6)
17. 殷有泉,陈虎. 储层应力场的数值模拟. 地质力学学报,1999,5(1)
18. 谢和平,刘夕才,王金安. 关于21世纪岩石力学发展战略的思考. 岩土工程学报,1996,18(4):98~102
19. 王泳嘉,冯夏庭. 关于计算岩石力学发展的几点思考. 岩土工程学报,1998,18(4):103~105
20. 屈展. 水力压裂裂缝的分形(fractal)几何描述. 石油学报,1993,14(4):91~98
21. M. Mayerhofer. Understanding Fracture Performance by Interating Well Testing & Fracture Modeling. SPE49044
22. 张士诚,张劲. 压裂开发理论与应用. 北京:石油工业出版社,2003
23. 李海涛,王永清. 压裂施工井的射孔优化设计方法. 天然气工业,1998,18(2):43~46
24. 张士诚,王世贵. 限流法压裂射孔方案优化设计. 石油钻采工艺,2000,22(2):60~63
25. 陈子光. 岩石力学性质与构造应力场. 北京:地质出版社,1986
26. 谷乾胜,柳涛,赵林. 水力压裂裂缝延伸方向的新认识. 内蒙古石油化工,2005(5)
27. 张宋谦,顾纯学. 成像测井技术及应用. 北京:石油工业出版社,1997
28. 练章华等. 裂缝宽度预测的有限元数值模拟. 天然气工业,2001(5)
29. 楼一珊等. 利用地应力计算压裂裂缝几何参数的新方法. 江汉石油学院学报,2000(5)

30 王越之,李自俊.地应力在石油工业中的研究现状.大自然探索,1996,15(3)
31 刘泽凯,陈耀林,唐汝众.地应力技术在油田开发中的应用.油气采收率技术,1994(9)
32 李志明.地应力与油层改造方案.石油钻采工艺,1998年6月
33 王仲茂.地壳应力在低渗裂缝砂岩油田开发中的应用.石油勘探与开发,1992,19(4)
34 金业权,周创兵.滑动最小二乘法深部地层应力场模拟计算中的应用研究.岩石力学与工程学报,2004(23)
35 金业权,徐弘.地震资料预测地层破裂压力的方法.重庆石油高等专科学校学报,2003(1)
36 金业权,王越之,李自俊.地震资料预测地层压力的研究.石油钻探技术,2001(3)
37 金业权,王越之,李自俊.地震资料预测地层孔隙压力应基于欠压实成因.石油钻探技术,2000(3)
38 张杰,张铜洲,陈平等.基于渗流理论的调整井地层压力预测方法.钻采工艺,2005(3)
39 高志华,侯德艳,唐莉.调整井地层压力预测方法研究.大庆石油地质与开发,2005(3)
40 赵宁.调整井钻井地层压力预测新方法.石油钻探技术,2004(3)
41 梁何生,闻国峰,王桂华等.开发井油层孔隙压力动态预测新方法.钻井液与完井液,2003(5)
42 路士华.多井之间地层压力预测.胜利油田职工大学学报,2002(2)
43 肖国益,王秀东,李连坤等.调整井复杂地层压力预测的新方法.石油钻探技术,2002(2)
44 戚蓝,崔澈.灰色理论在地应力场分析中的应用.岩石力学与工程学报,2002,21(10)
45 陈继明,胡明.构造地应力的计算机数值模拟.计算机应用,1992(5).
46 朱焕春,赵海斌.河谷地应力场的数值模拟.水利学报,1996(5).
47 殷有泉,陈虎.储层应力场的数值模拟.地质力学学报,1999,5(1)
48 P. Lancaster, K. Salkauskas. Surface Generated by Moving Least Square Method[J]. Mathematics of Computation,1981,37:141~158
49 王杰光,曾顺德.板分析的滑动最小二乘法插值函数残值法.应力力学学报,2002,19(4)
50 王杰光.滑动最小二乘法插值在加权残值法中的应用.桂林工学院学报,2000,20(3)
51 王连接,张利容.地应力与油气运移.地质力学学报,1996,2(2)
52 李传亮,孔祥言.油井压裂过程中岩石破裂压力计算公式的理论研究.石油钻采工艺,2000(2)
53 程远方,王桂华,王瑞和.水平井水力压裂增产技术中的岩石力学问题.岩石力学与工程学报,2004(4)
54 张广清,陈勉.水平井水力裂缝非平面扩展研究.石油学报,2005(3)
55 张广清,陈勉,王学双等.射孔对地层破裂压力的影响(英文).Petroleum Science,2004(3)
56 张广清,陈勉,王强.斜井井筒附近水力裂缝空间转向模型研究.石油大学学报(自然科学版),2004(4)
57 张广清,殷有泉,陈勉等.射孔对地层破裂压力的影响研究.岩石力学与工程学报,2003(1)
58 陈勉,陈治喜,黄荣樽.大斜度井水压裂缝起裂研究.石油大学学报(自然科学版),1995(2)
59 李传亮.射孔完井条件下岩石破裂压力计算公式.石油钻采工艺,2002(2)
60 屈展.力压裂裂缝的分形(fractal)几何描述.石油学报,1993,14(4):91~98
61 杜伊芳.国外水力压裂工艺技术现状和发展.西安石油学院学报,1994(6)

62 杨秀夫,刘希圣等.国外水力压裂技术现状及发展趋势.钻采工艺,1998(4)
63 吴月先.四川八角场气田香四砂岩气藏水力压裂缝高确定方法.新疆石油地质,1994,19(2):169~170
64 刘舟波,姚飞.层间最小主应力差对水力裂缝扩展的影响——F3D压裂软件的应用(一).钻井液与完井液,1998,15(4):16~18
65 李峰等.油气井压裂裂缝高度分析.哈尔滨工业大学学报,1999(8)
66 胡永全,任书泉.水力压裂裂缝高度控制分析.大庆石油地质与开发,1996,15(2):55~58
67 张宋谦,顾纯学.成像测井技术及应用.北京:石油工业出版社,1997
68 Valko P, Economides M J. Fracture Height Containment with Continuum Damage Mechanics. SPE26589. 1993
69 G. S. De. Predicting Natural or Induced Fracture Azimuths From Shear-Wave Anisotropy. SPE37773
70 W. K. Miller ll et al. In-Situ Stress Profiling and Prediction of Hydraulic Fracture Azimuth for the Canyon Sands Formation, Sonora and Sawyer Field, Sutton County, Texas. SPE21848
71 陈得坦,王世顺.关于地应力制约裂缝取向及油藏压裂开发几个问题的探讨.石油钻采工艺,1989(4):47~53
72 蒋延学.复杂断块砂岩油藏中估算水力裂缝方位的动态分析方法及其应用.石油钻采工艺,1999,21(1)
73 李玉喜,肖淑梅.储层天然裂缝与压裂裂缝关系分析.特种油气藏,2000(3)
74 Morales R H. Microcomputer Analysis of Hydraulic Fracture Behavior Using a Quasi 3D Simulator. SPE15305. 1986
75 Grump J. Effects of Perforation Entry Friction on Bottom Hole Treating Analysis. SPE15474
76 Cramer D D. The Application of Limited Entry Techniques in Massive Hydraulic Fracturing Treatments. SPE16189
77 Brevetti J C. Application of Rock Stress in Hydraulic Stimulation. SPE21645
78 J. C. Brevetli et al. Application of Rock Stress in Hydraulic Stimulation. SPE21645
79 叶芳春.水力压裂技术进展.钻采工艺,1995,18(1):33~36
80 王仲茂,胡江明.水力压裂形成裂缝形态的研究.石油勘探与开发,1994,21(6)
81 N. R. Warpinski. Mapping Hydraulic Fracture Growth and Geometry Using Microseismic Events Detected by a Wireline Retrievable Accelerometer Array. SPE40014
82 Ye Hong Ong. Fracturing of a Deviated Well in Anisotropic Formations. SPE299931995
83 Ill R E, Peterson R E. Techniques for Determining Subsurface Stress Direction and Assessing Hydraulic Fracture Azimuth. SPE29192. 1995
84 Hopkins C W. The Importance of In-Situ Stress Profiles in Hydraulic Fracturing Applications. SPE38458. 1996
85 Roland E Blauer. The Detection, Stimulation, and Reservoir Performance Impact of Slowly Closing Fractures. SPE37404. 1997
86 G. S. De. Predicting Natural or Induced Fracture Azimuths From Shear-Wave Anisotro-

py.SPE37773
87 夏惠芬等.水力压裂垂直裂缝几何形态数值模拟及影响因素分析.大庆石油学院学报,1996(3)
88 王越之,李自俊.地应力在石油工业中的研究现状.大自然探索,1996,15(3):72~75
89 刘泽凯,陈耀林,唐汝众.地应力技术在油田开发中的应用.油气采收率技术,1994(9)
90 李志明.地应力与油层改造方案.石油钻采工艺,1998(6)
91 王仲茂.地壳应力在低渗裂缝砂岩油田开发中的应用.石油勘探与开发,1992,19(4):91~95